新世纪应用型高等教育
计算机类课程规划教材

# Visual Basic
# 语言及应用

## VISUAL BASIC YUYAN JI YINGYONG

新世纪应用型高等教育教材编审委员会 组编

主编 赖申江

大连理工大学出版社

**图书在版编目(CIP)数据**

Visual Basic 语言及应用 / 赖申江主编. 一大连：
大连理工大学出版社，2011.11
新世纪应用型高等教育计算机类课程规划教材
ISBN 978-7-5611-6270-5

Ⅰ. ①V… Ⅱ. ①赖… Ⅲ. ①
BASIC 语言－程序设计－高等学校－教材 Ⅳ. ①TP312

中国版本图书馆 CIP 数据核字(2011)第 106697 号

大连理工大学出版社出版

地址：大连市软件园路 80 号　邮政编码：116023
发行：0411-84708842　邮购：0411-84703636　传真：0411-84701466
E-mail：dutp@dutp.cn　URL：http://www.dutp.cn
大连美跃彩色印刷有限公司印刷　　大连理工大学出版社发行

幅面尺寸：185mm×260mm　　印张：19.25　　字数：445 千字
印数：1～2000
2011 年 11 月第 1 版　　　　2011 年 11 月第 1 次印刷

责任编辑：潘弘喆　　　　　　　　责任校对：孙碧薇
封面设计：张　莹

ISBN 978-7-5611-6270-5　　　　　　　定　价：38.00 元

# 前　言

　　目前国内大多数工科院校都在探索如何在现有教学资源的基础上，充分发挥自身特色，培养满足社会需求的应用型本科人才。应用型本科教育有别于研究型教育，有其自身的内涵和特征。尤其是工程应用型本科教育，要求学生具有一定的理论基础，突出专业方向，并具有较强的实际应用能力。

　　为了满足在教学过程中对教材的同步需求，在出版社的组织安排下，作者编写了这本面向应用型本科教育的教材《Visual Basic 语言及应用》。

　　本书以 Visual Basic 语言内容为主线，以应用为重点，按照"知识＋能力"的要求设计教材架构，力求能较好地把握理论教学与能力培养两者之间的关系。书中理论知识以应用为目的，以必需、够用为度。能力培养则注重知识应用能力和编程能力的培养，并体现在各章的案例、实例、操作训练中。

　　书中第 1～2 章的内容是 Visual Basic 语言的基础。第 3 章是结构化程序设计的基础，主要介绍基本控制结构、过程及数组。第 4～5 章介绍了窗体、基本控件的设计和应用，这两章的内容则是面向对象程序设计的基础。第 6 章是图形；第 7 章是键盘与鼠标事件。第 8 章着重介绍了应用程序界面设计的内容和方法。第 9 章详细叙述了 Visual Basic 数据库设计及应用。第 10 章较为完整地介绍了数据文件的访问方式以及文件系统控件的应用。

　　《Visual Basic 语言及应用》着重突出了以下几方面特点：

　　1. 面向应用型本科教育：教材对象的定位是具有一定的理论基础，并有较强的实际应用能力的应用型本科人才。

　　2. 较好地把握理论与实践两者之间的关系。理论部分定位本科层次，实践突出应用，重点培养学生的知识综合能力和实际应用能力。本书在案例、实例、操作训练中充实了许多新的内容。这些内容题材结合工程应用，源自作者的科研项目实践。

新世纪

3. 教材内容涵盖了全国计算机等级考试二级《Visual Basic 语言程序设计》考纲中语言部分的基本知识和基本要求,因此本书可以作为计算机等级考试辅导教材。

4. 通俗易懂:理论部分尽可能避免对名词和术语的繁琐陈述,以最通俗易懂的语言和简明扼要的方式表达基本概念。实践部分以应用为目的,注重学生应用能力的培养,旨在提高学生的综合能力和编程能力。书中各章节都有大量的实例或案例。这些实例均能单独运行,也可以组合后构成具有一定功能的完整的应用程序。

5. 图文并茂:为了加深理解,教材各章中许多重要的操作环节尽可能辅以图示。为了便于上机操作训练,实例中一般都有程序运行界面图例。

6. 习题丰富:书中的每一章都附有一定类型和数量的习题和操作训练。习题内容紧贴教材中各主要知识点,习题类型还参考了全国计算机等级考试的题型。

7. 考虑到教学的实际需要,本教材提供了完整的课件、习题参考答案以及书中所有实例的源程序,可到我们的网站下载。

本书适用于高等院校应用型本科教育的计算机基础教学,也可供工程领域的相关科技人员作为参考。

本书的参考学时为 60 学时,各院校可根据各自的教学安排对书中的内容作适当取舍。

本书由上海应用技术学院赖申江编写。在本书的编写过程中还参阅了多种同类教材和著作,在此向其编著者致谢。

所有意见和建议请发往:dutpbk@163.com

欢迎访问我们的网站:http://www.dutpbook.com

联系电话:0411-84707492　84706104

**编　者**

2011 年 11 月

# 目　录

**第 1 章　Visual Basic 工程设计概述** ································· 1

1.1　Visual Basic 简介 ····································· 2

1.2　面向对象的程序设计 ································· 4

1.3　Visual Basic 6.0 集成开发环境 ················· 7

1.4　工程的管理及环境的设置 ······················· 13

1.5　工程设计实例 ······································· 19

**第 2 章　数据类型及其运算** ································· 26

2.1　数据类型 ············································· 27

2.2　变量与常量 ·········································· 30

2.3　运算符和表达式 ····································· 33

2.4　常用标准函数 ······································· 37

2.5　编码规则 ············································· 47

**第 3 章　程序设计基础** ····································· 51

3.1　Visual Basic 应用程序框架 ······················ 52

3.2　基本控制结构 ······································· 53

3.3　过　程 ··············································· 70

3.4　数　组 ··············································· 77

3.5　程序调试 ············································· 84

**第 4 章　窗体设计** ··········································· 92

4.1　窗　体 ··············································· 93

4.2　多重窗体 ············································· 102

4.3　多文档界面 ·········································· 106

**第 5 章　控件及应用** ······································· 111

5.1　控件设计 ············································· 112

5.2　控件应用 ············································· 130

**第 6 章　图　形** ············································· 147

6.1　坐标系、图形层和颜色 ··························· 148

6.2　图形控件及方法 ····································· 153

6.3　图形应用 ············································· 166

**第 7 章　键盘与鼠标事件** ································· 176

7.1　键盘事件 ············································· 177

7.2　鼠标事件 ············································· 181

7.3 拖 放 …………………………………………………………… 186

**第 8 章 界面设计** ………………………………………………… 197

8.1 对话框 …………………………………………………… 198

8.2 菜 单 …………………………………………………… 208

8.3 工具栏和状态栏 ………………………………………… 215

8.4 应用程序向导 …………………………………………… 222

**第 9 章 数据库应用** ……………………………………………… 227

9.1 数据库基础 ……………………………………………… 228

9.2 SQL 语言 ……………………………………………… 234

9.3 可视化数据管理器 ……………………………………… 240

9.4 数据控件 ………………………………………………… 249

9.5 ADO 数据控件 ………………………………………… 263

**第 10 章 数据文件** ……………………………………………… 273

10.1 文件概述 ……………………………………………… 274

10.2 文件的读写 …………………………………………… 276

10.3 文件系统控件 ………………………………………… 295

# 第 1 章   Visual Basic 工程设计概述

## 教学目标

通过本章学习,学生应掌握 Visual Basic 6.0 语言的基本概念,了解用 Visual Basic 语言进行程序设计的初步方法和过程。掌握在 Visual Basic 的集成开发环境下,使用工程资源管理器及相关工具,用来建立一个简单工程的初步操作。

## 教学要求

| 知识要点 | 能力要求 |
| --- | --- |
| Visual Basic 的发展及功能特点 | 掌握 Visual Basic 6.0 软件的安装及运行操作方法 |
| 对象的属性、事件及方法 | 掌握面向对象程序设计的基本方法 |
| Windows 工作方式 | 掌握集成开发环境、标题栏、菜单栏、工具栏和工具箱的基本内容和初步操作方法 |
| Visual Basic 程序设计初步 | 掌握工程资源管理器、属性窗口、代码窗口、立即窗口、窗体布局窗口和窗体设计器的基本内容和初步操作方法,建立简单工程 |

# 1.1   Visual Basic 简介

## 1.1.1   Visual Basic 的发展

Visual Basic 是一门程序设计语言。从该语言的名称上可以看出,它综合了 Basic 语言以及可视化程序设计两方面的基本内容。

Basic 语言是计算机发展史上应用最为广泛的程序设计语言,它起源于 20 世纪 60 年代,它的全称是 Beginners All-Purpose Symbolic Instruction Code,意为初学者通用符号指令代码。由于该语言简单易学,一经推出便迅速流行并普及,成为早期微机程序设计的主要语言之一。20 世纪 80 年代,随着结构化程序设计的需要,新版本的 Basic 语言增加了新的数据类型和程序控制结构,其中较有影响的语言有 True Basic、Quick Basic 和 Turbo Basic 等。

1988 年,微软(Microsoft)公司推出了 Windows 操作系统,它提供了图形用户界面(GUI),深受用户欢迎。但对于程序员而言,要开发一个基于 Windows 环境的应用程序工作量非常大。正是在这种背景下,可视化程序设计语言应运而生。可视化程序设计语言除了具有常规的编程功能外,还提供了一套可视化的设计工具,便于程序员建立图形对象。

1991 年,微软公司推出了首个 Visual Basic 版本。经过改进,1993 年推出 Visual Basic 3.0 版,该软件迅速进入实用阶段。1997 年前相继又推出 Visual Basic 4.0、5.0 版。直到 1998 年,微软公司发布 Visual Studio 6.0,所有程序设计语言的开发环境版本均升至 6.0。

进入新世纪,Visual Basic 还在不断发展。2002 年,微软公司推出 Visual Basic. NET 2002,2003 年推出 Visual Basic. NET 2003,2005 年在 Visual Studio 2005 内推出 Visual Basic 2005,2008 年又在 Visual Studio 2008 内推出 Visual Basic 2008。

目前,Visual Basic 已成为一种专业化的开发语言和环境。作为一本可视化程序设计语言的入门教材,本书主要介绍 Visual Basic 6.0 中文版。

## 1.1.2   Visual Basic 6.0 的功能特点

为了满足不同层次的用户需求,Visual Basic 6.0 提供了学习版、专业版和企业版三种不同的版本。

学习版(Learning)是最基本的入门版本。学习版包含了 Visual Basic 6.0 最基本的功能,具有建立 Windows 主流应用程序所需要的主要工具,包括所有的内部控件以及网格、选项卡和数据绑定控件。在此基础上,用户可以非常方便地建立 Windows 应用程序。

专业版(Professional)面向计算机专业人员。除了具有学习版的全部功能外,专业版还为用户提供了一套功能完整的工具,以便于程序设计人员开发应用软件。

企业版(Enterprise)是 Visual Basic 6.0 的最高版本。除了具备专业版的全部功能外,企业版中还包含了 Microsoft 企业开发工具的全部补充件。

Visual Basic 6.0 是面向对象的程序设计语言,采用事件驱动的编程机制。它为用户提供了一个功能完善的集成开发环境。程序设计人员可以在该平台的支持下设计应用程序的工作界面、编写源程序代码、运行和调试程序、编译并生成能在 Windows 下能直接运行的可执行文件。

与先前的版本相比,Visual Basic 6.0 除了完善并增强了一些已有的功能外,还增加了许多新的内容和功能,主要体现在以下几方面:

### 1. 语言特性

Visual Basic 6.0 的三个版本均支持以下新增的语言特性:

(1)使用 Type 语句定义包含一个或多个元素的用户自定义数据类型。

(2)数组新功能:函数和过程可以返回数组。

(3)文件系统对象(File System Object)。

(4)新增字符串函数:包括四个格式函数 FormatCurrency、FormatDateTime、FormatNumber、FormatPercent;还有一些其他函数,如 Filter、InStrRev、Join 等函数。

### 2. 数据访问

Visual Basic 6.0 支持以下三种数据存取模式:

(1)数据存取对象 DAO(Data Access Objects)

DAO 的体系结构包括三级,分别是 DAO 用户接口、DAO 数据库引擎以及物理数据库。DAO 用户接口是 Visual Basic 开发的。DAO 能够访问的数据源可以是 Jet 数据源,如 Microsoft Access;也可以是 ISAM 数据源,如 dBase、FoxPro 和文本文件;还可以是 ODBC 数据源,如 Oracle 和 SQL Server。也就是说,DAO 能够访问任何提供标准 ODBC 驱动程序的客户－服务器数据库。

(2)远程数据对象 RDO(Remote Data Objects)

RDO 数据库模式是专为存取 Oracle 和 SQL Server 等数据库服务器数据源而设计的,它提供了一个对远程 ODBC 数据源的直接的 Visual Basic 接口。RDO 和 DAO 的功能相类似,两者的区别是:使用 DAO 存取数据库要通过数据库引擎,而 RDO 则直接与 ODBC 交互。

(3)ActiveX 数据对象(ActiveX Data Objects)

ADO 是基于 OLE DB(动态连接与嵌入数据库)的数据访问接口,是数据访问对象 DAO、远程数据对象 RDO 和开放式数据库互连 ODBC 三种方式的扩展。OLE DB 是一种技术标准,它对各种的数据存储(Data Store)都提供一种相同的访问接口,使用户能以同样的方法访问各种数据,而不用考虑数据的具体存储地址、格式或类型。

为了显示数据库中的信息,Visual Basic 6.0 提供了多种数据绑定控件:包括 FlexGrid 控件的升级版本、DataGrid 控件以及 DataCombo 和 DataList 控件。

在上述基础上,Visual Basic 6.0 的专业版和企业版增加了以下数据访问工具:

(1)数据环境设计器(Data Environment designer)

数据环境设计器提供了一个创建 ADO 对象的交互式的设计环境。

（2）数据报表设计器（Microsoft Data Report designer）

数据报表设计器是一个多功能的报表生成器，用于创建分层结构报表。它与数据源（如数据环境设计器）一起使用，可以从几个不同的相关表中提取数据创建输出报表。除了创建可打印报表之外，也可以将报表导出到 HTML 或文本文件中。

（3）数据视图窗口

数据视图窗口提供对一个特定连接的数据库的整体结构的访问。用户可以使用"数据视图"窗口浏览所连接的所有数据库，并查看这些数据库的表、视图、存储过程等信息。

另外，Visual Basic 6.0 企业版还提供了可视化数据库工具（Visual Database Tools）。在 Visual Basic 开发环境中，用户可以使用数据库设计器查看数据库中的表和它们之间的关系，也可以改变数据库的物理结构。用户也可以使用查询设计器来创建 SQL 语句，用于查询或更新数据库。

3. Internet 特性

（1）Web 发布向导（所有版本）：用户可以使用打包和展开向导，很方便地将打包好的应用程序发布到 Web 站点。

（2）IIS 应用程序（专业版和企业版）：用户可以使用 Visual Basic 代码编写服务器端 Internet 应用程序，用于响应来自浏览器用户的请求。

（3）开发 DHTML 应用程序（专业版和企业版）。

4. 向导的新内容

（1）增强的安装向导（所有版本）

Visual Basic 6.0 增强了打包和展开向导。用户可以将.Cab 文件部署到 Web 服务器、网络共享或其他的文件夹中。这个新的向导集成了对 ADO、OLE DB、RDO、ODBC 以及 DAO 的数据访问的支持，同时也支持新的 IIS 和 DHTML 应用程序。

（2）增强的应用程序向导（所有版本）

用户可以通过该向导自定义应用程序菜单，还可以直接从应用程序向导内部启动数据窗体向导和工具栏向导，以便创建数据窗体和工具栏。

（3）数据对象向导（专业版和企业版）

（4）外接程序设计器（专业版和企业版）

（5）增强的类生成器实用程序（专业版和企业版）。

# 1.2　面向对象的程序设计

## 1.2.1　基本概念

面向对象的程序设计又称为可视化编程，它的设计方法完全不同于传统的结构化程序设计。

结构化程序设计自 20 世纪 70 年代提出以来，在应用软件的开发中得到了广泛的应用。它提出了自顶向下、模块化的程序设计原则。通过系统分析，用模块分割方法最终将程序的结构分为顺序、选择和循环三种基本结构。结构化程序设计能够把一个复杂的程序分成若干个较小的过程，每个过程都可单独进行调试。这类设计方法面向程序设计人员，它从程序员的角度考虑如何使程序设计更为简单，而不是从功能角度考虑如何使用户操作更为方便。使用结构化程序设计方法设计的程序流程完全由程序员控制，用户只能做由程序员预先安排好的事情。

面向对象程序设计（OOP，Object-Oriented Programming）是将数据结构和程序作为一个实体，统一设计它的属性和行为。这类程序设计的思想是面向对象，即设计的主要任务在于描述对象。在程序设计时，主要考虑建立哪种对象，并针对某一具体对象编写事件过程代码来实现一定功能。

面向对象设计的应用程序在运行过程中，程序等待的是一个发生在对象上的事件。也就是说，运行时程序要执行哪一部分代码由事件驱动，至于发生什么事件则要看用户的操作。例如用鼠标单击、双击对象是事件，对象的初始化也是一个事件。响应某个事件后所执行的程序命令就是事件过程。在应用软件运行过程中，面对用户不同的功能操作，一个对象可能产生多个事件，因此它可以拥有多个事件过程。

当然，面向对象程序设计也没有完全抛弃结构化程序设计方法，而是站在比结构化程序设计更高、更抽象的层次上去解决问题，使程序设计工作变得更为简单、方便、灵活。当它分解为低级代码模块时，仍然需要结构化编程技巧。下面介绍面向对象程序设计相关的基本概念。

## 1.2.2 对象的属性、事件及方法

### 1. 对象和类

对象（Object）和类（Class）是面向对象程序设计方法的两个基本概念。

客观世界里的任何实体都可以被看作是对象。对象可以是具体的物，也可以是某些概念。对象有三个要素，即属性、事件和方法。

在 Visual Basic 6.0 中，工程中的每一个窗体都是一个独立的对象，窗体上的命令按钮、标签、文本框等控件也是对象。一个数据库被视为一个对象，它还包括其他对象，如表、记录集、字段、索引等。另外，Visual Basic 6.0 还提供了打印机（Printer）、剪贴板（Clipboard）、屏幕（Screen）、应用程序（App）等系统对象，相关内容将在以后的章节中详细介绍。

类和对象的关系密切，但并不相同。类是同类对象集合的抽象，是对同类对象性质的描述。类中的对象具有相同的属性及方法。类好比是一类对象的模板，有了类定义后，基于类就可以生成这类对象中任何一个对象。通常，将基于类生成的对象称为这个类的一个实例。例如，设计时把窗体看成是类，而运行中的某一个窗体是类实例。又如，在Visual Basic 6.0"工具箱"上的可视类图标是系统设计好的标准控件类，而在工程具体设计时，往窗体内添加一个控件，则建立了该控件的类实例。也就是说，当用户在窗体上画一个控件时，就将类转换为对象，即创建了一个控件对象，简称为控件。

### 2. 属性

属性(Property)是指对象的一项描述内容,用来描述对象的一个特征。每个对象可以用若干个不同的属性来描述。许多对象具有某些共同的属性(共性),而绝大多数对象有其特殊的属性(个性)。在面向对象程序设计中,通过对不同的对象设置不同的属性来控制对象的外观和操作。

例如,窗体、标签、命令按钮三个对象都具有 Name(名称)、Caption(标题)、Font(字体)、BackColor(背景色)、Height(高度)、Width(宽度)、Enabled(是否响应用户事件)等相关的属性。但这三个对象也有各自特殊的属性,如窗体的 WindowState(运行状态)属性,标签的 DataSource(数据源)属性,命令按钮的 Style(外观样式)属性。

### 3. 事件

事件(Event)是指由系统预先定义、能够被对象识别的动作。例如,Click(单击)事件、DblClick(双击)事件、Load(装入)事件、MouseMove(移动鼠标)事件等。不同的对象能识别的事件不全相同。对象的事件是固定的,用户不能建立新的事件。Visual Basic 提供了丰富的内部事件,这些事件能满足 Windows 中绝大部分的操作需要。

事件的来源有三种:

(1)用户:如命令按钮的单击(Click)事件。

(2)程序:如窗体的初始化(Initialize)事件。

(3)系统:如定时器的定时(Timer)事件。

当事件由用户或系统触发时,对象就会对该事件作出响应。响应某一个事件后所执行的程序代码就是事件过程。所以,事件过程是为处理特定事件而编写的一段程序。一个对象可以识别一个或多个事件,因此,可以使用一个或多个事件过程对用户或系统的事件作出响应。此外,事件过程也可以像方法一样被调用,从而使得程序的开发更加灵活有效。Visual Basic 应用程序设计的主要工作就是为对象编写事件过程的程序代码。一般而言,对于必须响应的事件过程需要编写代码,而不必理会的事件过程则不需要编写代码,称为空事件过程,系统运行时不处理空事件过程。当用户对一个对象发出一个动作时,可能同时在该对象上发生多个事件。例如,鼠标单击就同时发生了 Click、MouseDown、MouseUp 事件,程序设计时并没有要求对这些事件过程都编写代码。至于那些事件是最重要的,必须立即处理;那些事件是无关紧要的,可以作为空事件不予处理。则完全要视系统的功能需求而定。

### 4. 方法

方法(Method)是系统为对象预设的通用过程和函数,使对象能执行一个动作。Visual Basic 已将一些通用的过程和函数编写好并封装起来,作为方法供用户直接调用。

虽然方法与事件都称为过程,但事件过程是系统给定的,用户不能建立新事件,而方法过程可以根据用户需要由用户自己建立。另外,事件过程是由对象的动作事件触发或在事件的程序代码中调用的,方法过程则只能在事件的程序代码中调用。

# 1.3 Visual Basic 6.0 集成开发环境

## 1.3.1 Visual Basic 6.0 的启动

Visual Basic 6.0 安装完成后,其应用程序的默认路径为 C:\Program Files\Microsoft Visual Studio\VB98。在该目录下找到 VB6 文件,双击运行后便进入图 1-1 所示的新建工程窗口。在窗口中选中"标准 EXE"图标后,单击【打开】按钮,则进入集成开发环境。

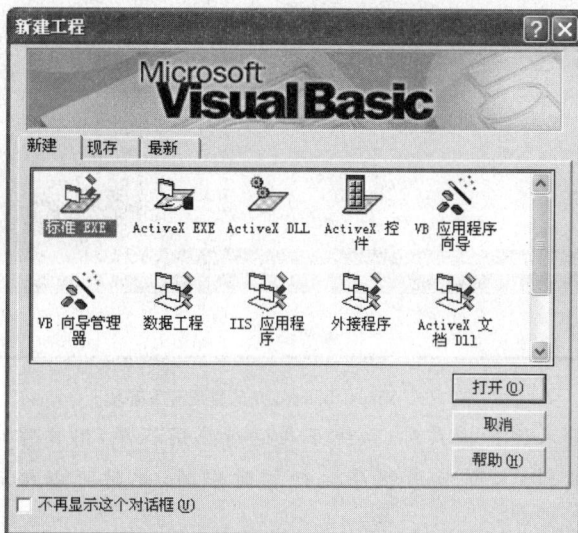

图 1-1 新建工程窗口

## 1.3.2 集成开发环境

Visual Basic 6.0 系统将大多数工具都集成在一个操作环境中,通常称它为 Visual Basic 6.0 的集成开发环境(Integrate Development Environment,简称 IDE),其界面如图 1-2所示。

Visual Basic 6.0 的集成开发环境主要包括以下几个组成部分:

1. 标题栏

Visual Basic 6.0 标题栏位于集成开发环境的最上层。标题栏左侧是主窗口的控制菜单,右侧是最大化、最小化和关闭按钮,中间是标题栏的标题。图 1-2 中标题为"工程 1- Microsoft Visual Basic[设计]",说明此时集成开发环境处于设计模式。当进入其他模式时,方括弧中的文字会作相应变化。

⚠ 注意:Visual Basic 6.0 有设计(Design)、运行(Run)及中断(Break)三种工作模式。在设计模式中,用户可以进行应用软件的开发,包括工程资源管理、用户界面设计、代

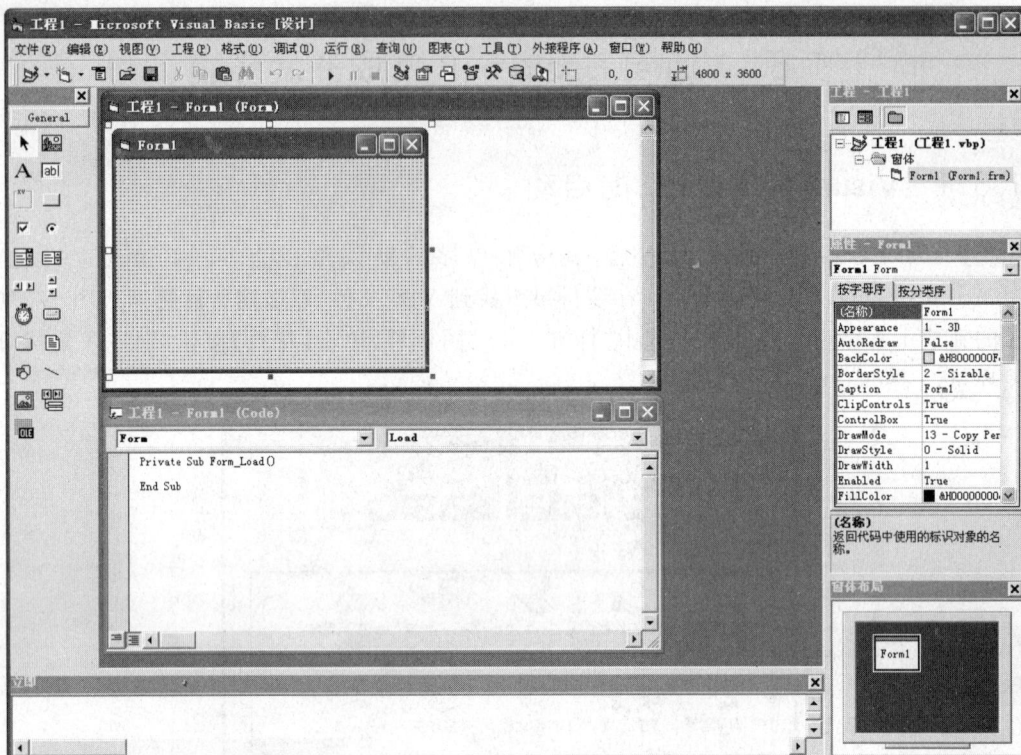

图 1-2　Visual Basic 6.0 的集成开发环境

码设计等内容。当进入运行模式时,系统正在运行应用程序,用户暂时不能设计界面或编辑代码。若进入中断模式,则应用程序运行暂时中断,此时可以编辑代码,但不能设计界面。

### 2.菜单栏

Visual Basic 6.0 的菜单栏为用户提供了执行绝大部分操作的方法。通常可以用下面两种方式来选择菜单。

使用鼠标:将鼠标指针移到某个菜单标题上,单击后打开下拉菜单,然后移动鼠标选择子菜单项,单击后则执行该子菜单项操作。

使用键盘:按住 Alt 键不放,再按主菜单标题中有下划线的字母,打开下拉菜单,然后通过上下移动键选择子菜单,按【Enter】键执行。

Visual Basic 6.0 菜单栏如图 1-3 所示。它包括 13 个下拉菜单。某些下拉菜单中的子菜单项是灰色的,表明该子菜单项暂时无效,不能使用。只有当系统满足该子菜单使用条件时,它才会自动激活并有效。

文件(F) 编辑(E) 视图(V) 工程(P) 格式(O) 调试(D) 运行(R) 查询(U) 图表(I) 工具(T) 外接程序(A) 窗口(W) 帮助(H)

图 1-3　菜单栏

下面介绍部分最常用的菜单项。

(1)文件(File):用于对磁盘上的文件进行操作,主要包括新建、打开、添加、移除、保存(或另存为)工程文件,还能保存(或另存为)窗体文件。文件菜单项还包括打印设置、打印文件和生成.exe 可执行程序文件功能。若执行退出命令,则退出 Visual Basic 6.0,返回操作系统。

(2)编辑(Edit):用于对程序源代码或文本进行编辑。包括剪切、复制、粘贴等一般编辑命令,另外还包括查找、替换等操作命令。

(3)视图(View):用于显示或隐藏集成开发环境下的各个元素。包括窗体的对象及代码窗口,工程资源管理器中的属性及窗体布局窗口,还有表、工具箱及数据视图窗口。另外,还能对工具栏进行编辑和自定义。

(4)工程(Project):用于向当前工程项目添加窗体、模块、类、用户控件及数据环境等内容,还能将工程中的窗体移出当前工程。此外,还可以设置当前工程的属性。

(5)格式(Format):用于对窗体中多个控件的尺寸、间距、排列顺序、位置、对齐方式进行调整和处理。也可以通过锁定控件子菜单命令锁定当前窗体中各控件的位置。

(6)调试(Debug):用于对应用程序代码进行调试。包括逐语句、逐过程调试命令,也可以通过设置断点和添加监视命令了解程序运行过程的中间结果。

(7)运行(Run):包括在 Visual Basic 6.0 的 IDE 环境下启动、中断、结束应用程序的菜单命令。

(8)查询(Query):在数据库应用程序设计时,用于设计 SQL 属性。

(9)图表(Diagram):该菜单项添加了一些在开放环境中对数据库操作的支持,用于添加数据库的关联表,并能修改用户的自定义视图。

(10)工具(Tools):在该菜单项中,用户可以使用过程菜单命令打开"添加过程"对话框,在当前的代码段中插入一段自定义的函数或子程序,也可以使用菜单编辑器命令打开"菜单编辑器",在当前的窗体中插入、编辑或删除用户菜单。用户还可以单击【选项】菜单命令打开"选项"窗口,对 IDE 的工作环境进行配置。

(11)外接程序(Add-Ins):用于为工程增加或删除外接程序。

(12)窗口(Windows):用于屏幕窗口的层叠、平铺等布局处理。

(13)帮助(Help):为用户学习和掌握 Visual Basic 6.0 语言及程序设计方法提供联机帮助。

3. 工具栏

工具栏位于菜单栏下方,如图 1-4 所示。工具栏是微软公司流行软件的共同特色。对于经常使用的功能,使用工具栏按钮要比使用菜单更为便捷。它以图标的形式提供了部分常用菜单命令和功能。用户可以利用工具栏快速访问这些常用菜单命令,而不必通过打开下拉菜单来寻找子菜单项;用户还可以根据自己需要创建、编辑、隐藏和定制工具栏。

图 1-4　工具栏

常用工具栏的按钮图标及功能见表 1-1。

表 1-1                     常用工具栏的按钮图标及功能

| 按钮 | 名称功能 | 按钮 | 名称功能 | 按钮 | 名称功能 |
|---|---|---|---|---|---|
| | 添加标准工程 | | 粘贴 | | 工程资源管理器 |
| | 添加窗体 | | 查找 | | 属性窗口 |
| | 菜单编辑器 | | 撤消 | | 窗体布局窗口 |
| | 打开工程 | | 重复 | | 对象浏览器 |
| | 保存工程 | | 启动 | | 工具箱 |
| | 剪切 | | 中断 | | 数据视图窗口 |
| | 复制 | | 结束 | | 控件管理器 |

### 4. 窗体

窗体(Form)既是一个容器或控件,也是应用软件运行时的一个窗口或界面,有些语言(如 Visual FoxPro)将它称为"表单"。窗体是应用程序运行时的窗口,也是人机交互的工作界面。

每个窗体必须有一个唯一的窗体名称,建立新窗体时默认的窗体名为 Form1。

Visual Basic 中,一个应用程序至少应有一个窗体。如果工程中拥有多个窗体,称为多重窗体应用程序。除了一般窗体外,Visual Basic 还可以建立多文档界面,也称为 MDI 界面。它由一个 MDI 窗体和若干个子窗体组成,每个子窗体都是独立的。

作为一个对象,窗体有它的属性、事件和方法。有关窗体设计的具体内容将在第 4 章中作详细介绍。

### 5. 工具箱窗口

工具箱窗口(ToolBox)随着 Visual Basic 6.0 的集成开发环境窗口一起打开,也可以通过执行主菜单中的【视图】|【工具箱】命令或单击"工具栏"上的"工具箱"图标打开,如图 1-5 所示。工具箱内含 21 个按钮图标,用户可以利用工具箱在窗体内新建或添加各种控件。

### 6. 工程资源管理器窗口

工程资源管理器(Project Explorer)是管理工程的窗口。一般而言,一个应用程序就是一个工程(项目)。一个工程中除了窗体外,根据设计需要还可以包含标准模块、类模块等内容。工程资源管理器窗口以树结构形式显示出当前被打开的工程结构及内容,如图 1-6 所示。

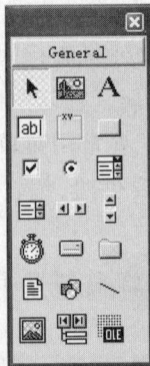

图 1-5  工具箱

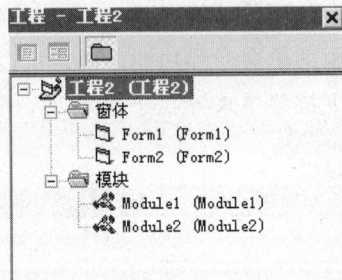

图 1-6  工程资源管理器窗口

在图 1-6 中,工程的名称为工程 2,它包括 Form1、Form2 两个窗体以及 Module1、Module2 两个模块。

工程资源管理器上方有三个工具按钮,分别是"查看代码"、"查看对象"以及"切换文件夹",这三个按钮在工程设计时用于窗体及代码窗口的切换。

### 7. 属性窗口

属性窗口(Properties)位于工程资源管理器的下方,用来编辑或修改当前工程中窗体或控件的属性。在设计过程中打开属性窗口有两种方式:执行主菜单中的【视图】|【属性窗口】命令或单击"工具栏"上的"属性窗口"图标。属性窗口如图 1-7 所示。

属性窗口由以下几部分组成。

(1)对象列表框

对象列表框显示当前被选定对象的名称。单击列表框右侧的下拉箭头将显示当前窗体中所有的控件对象(包括窗体)。当用户选定了某个对象,列表框中的内容随之相应变化。

(2)属性显示排列方式

有"按字母序"和"按分类序"两种排列方式,单击排列方式的相应选项卡进行切换。

图 1-7 属性窗口

(3)属性列表框

属性列表框列出了所选对象所有的属性。列表框左侧为属性名,右侧为属性值。新建对象的属性值为系统默认值。在设计模式,用户可以用鼠标单击选定某一属性名,然后设置或修改其属性值。需要说明的是,对象的大部分属性也可以在程序设计时通过代码设置,在程序运行时实现属性的改变。

(4)属性说明框

当用户在属性列表框中选取某一属性时,说明框内显示其内容及含义。

### 8. 代码窗口

代码窗口(Code)用于应用程序的代码设计。代码设计是按照 Visual Basic 6.0 的语法规则,为当前工程中的标准模块,为各种对象(窗体、控件)产生的事件编写语句集合。代码设计时,用户可以在代码窗口中输入、编辑和修改应用程序的源程序代码。用户也可以打开多个代码窗口,查看不同的窗体或标准模块中的代码,并在不同窗口间进行代码的剪切、复制及粘贴等操作。

可以通过三种方法打开代码窗口:

(1)从工程资源管理器选中一个窗体或标准模块,单击【查看代码】按钮;

(2)用鼠标双击窗体或窗体中控件打开代码窗口;

(3)执行主菜单中的【视图】|【代码窗口】命令。

代码窗口如图 1-8 所示。代码窗口的左侧为"对象列表框",可以通过单击下拉按钮显示当前窗体及控件对象名称。其中"通用"表示与特定对象无关的通用代码,一般在此声明窗体级变量。代码窗口的右侧为"过程列表框",列出所有对应于"对象列表框"中对象的事件过程名称。代码窗口的主区域是代码编辑框,用户在此输入和修改代码。

代码设计时,用户首先在对象列表框中选择对象名,然后在过程列表框中选择事件过

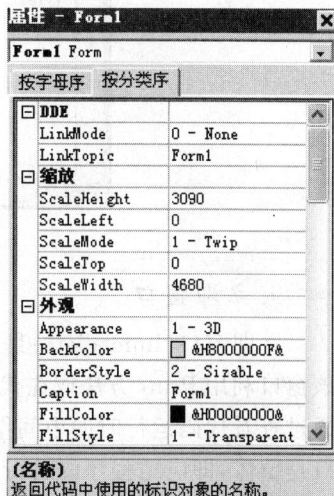

程名,接下来在编辑框中输入代码。

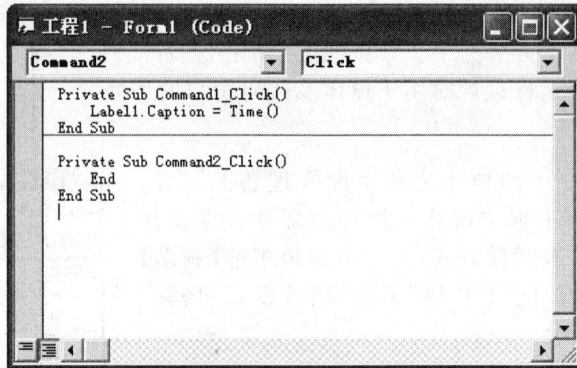

```
Private Sub Command1_Click()
    Label1.Caption = Time()
End Sub

Private Sub Command2_Click()
    End
End Sub
```

图 1-8  代码窗口

### 9.立即窗口

立即窗口(Immediate)是为方便应用程序调试而提供的辅助窗口。用户可以直接在该窗口利用 Print 方法或在代码中插入 Debug. Print 语句显示一些变量或表达式的值,并通过查看代码运行时的中间结果,了解程序运行过程。图 1-9 所示的工程 1 中,上面的窗口是窗体,即应用程序的运行界面;中间的窗口是代码窗口,编写代码时在循环中嵌入了一条 Debug. Print 语句,用于在程序运行过程中显示变量 s 的值。最下面的便是立即窗口,通过它可以显示变量 s 在循环中的变化值。

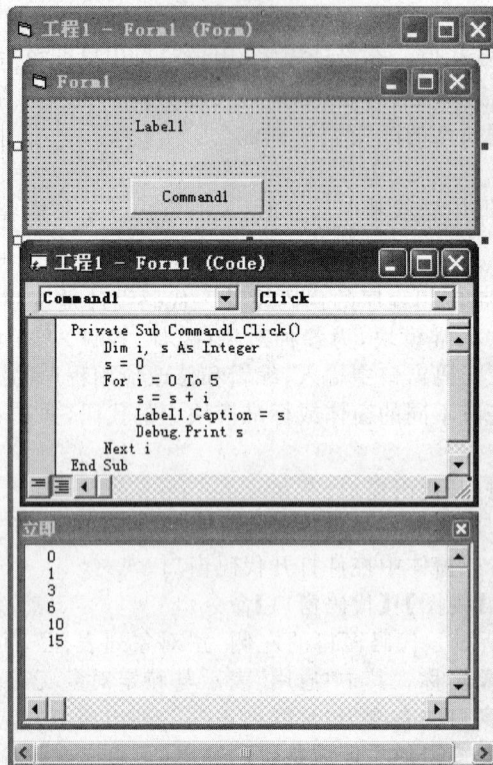

```
Private Sub Command1_Click()
    Dim i, s As Integer
    s = 0
    For i = 0 To 5
        s = s + i
        Label1.Caption = s
        Debug.Print s
    Next i
End Sub
```

```
0
1
3
6
10
15
```

图 1-9  工程 1 中的窗体、代码窗口及立即窗口

### 10. 窗体布局窗口

窗体布局窗口(Form Layout)位于属性窗口下方,屏幕的右下角处,如图 1-10 所示。窗体布局窗口主要用于指定窗体在程序运行时的初始位置。用户可以移动窗体或将窗体相互重叠放置。在多窗体应用程序中,可以指定每个窗体相对于主窗体的位置。

图 1-10　窗体布局窗口

### 11. 对象浏览器窗口

打开对象浏览器窗口(Object Browser)有两种方式:执行主菜单中的【视图】|【对象浏览器】命令或单击"工具栏"上的"对象浏览器"图标。通过对象浏览器窗口,用户可以查看在工程中定义的模块或过程,也可以查看对象库、类型库、类、方法、属性、事件以及在过程中使用的常数。图1-11显示了工程名为工程1的模块和对象。

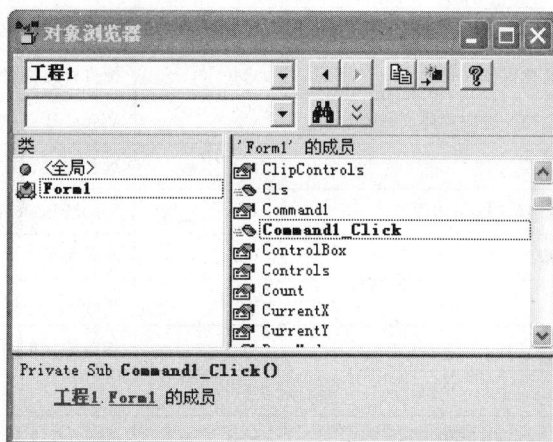

图 1-11　对象浏览器窗口

## 1.4　工程的管理及环境的设置

Visual Basic 6.0 使用工程来管理构成应用程序的所有文件。当用户建立一个应用程序后,系统根据其功能建立了一系列文件,这些文件的有关信息被保存在称为"工程"的文件中。在设计过程中,用户可能对一些文件内容进行修改。每次保存工程时,这些信息都会被更新。

### 1.4.1　工程文件的格式

工程由不同类型的文件构成。一个工程需要哪些文件取决于它的范围和功能。Visual Basic 在设计和运行时都会创建和使用一些文件,这些文件可以分为三种类型:设计时创建的文件、开发时产生的杂项文件和运行时文件。设计时创建的文件主要是工程的模块级文件,如窗体模块(.frm)和标准模块(.bas);杂项文件是由 Visual Basic 开发环境中的各种不同的进程和函数产生的,例如打包和展开向导从属文件(. dep)。运行时文件是由编译应用程序时产生的,所有必须的文件都被包括在运行时可执行文件中。为了便于使用时参考,表 1-2 列出了工程中常用文件的类型和说明。

**表 1-2**　　　　　　　　　　**工程文件的类型和说明**

| 设计时创建的和开发时产生的文件 | | | |
|---|---|---|---|
| 扩展名 | 说明 | 扩展名 | 说明 |
| . bas | 基本模块 | . log | 加载错误的日志文件 |
| . cls | 类模块 | . oca | 控件类型库缓存文件 |
| . ctl | 用户控件文件 | . pag | 属性页文件 |
| . ctx | 用户控件的二进制文件 | . pgx | 二进制属性页文件 |
| . dca | 活动的设计器的高速缓存 | . res | 资源文件 |
| . ddf | 打包和展开向导 CAB 信息文件 | . tlb | 远程自动化类型库文件 |
| . dep | 打包和展开向导从属文件 | . vbg | Visual Basic 组工程文件 |
| . dob | ActiveX 文档窗体文件 | . vbl | 控件许可文件 |
| . dox | ActiveX 文档二进制窗体文件 | . vbp | Visual Basic 工程文件 |
| . dsr | 活动的设计器文件 | . vbr | 远程自动化注册文件 |
| . dsx | 活动的设计器二进制文件 | . vbw | Visual Basic 工程工作空间文件 |
| . dws | 部署向导脚本文件 | . vbz | 向导发射文件 |
| . frm | 窗体文件 | . wct | WebClass HTML 模板 |
| . frx | 二进制窗体文件 | . log | 加载错误的日志文件 |
| 运行时文件 | | | |
| . dll | 运行中的 ActiveX 部件 | . vbd | ActiveX 文档状态文件 |
| . exe | 可执行文件或 ActiveX 部件 | . wct | WebClass HTML 模板 |
| . ocx | ActiveX 控件 | . vbd | ActiveX 文档状态文件 |

## 1.4.2　新建、打开和保存工程

### 1.新建工程

可以用两种方式新建一个工程。

(1)启动 Visual Basic 6.0,进入图 1-1 所示的新建工程窗口。在窗口中选中"标准 EXE"图标,单击【打开】按钮,进入集成开发环境并自动生成一个工程。

(2)在集成开发环境中,执行主菜单中的【文件】|【新建工程】命令也可以新建一个工程。

新建工程的默认文件名是工程 1。新建工程内自动包含一个窗体,窗体的默认文件名是 Form1。

### 2.打开工程

通过执行主菜单中的【文件】|【打开工程】命令或单击"工具栏"上的"打开工程"图标,

可以打开一个已经存在的工程。

注意: 若 IDE 中已经有一个工程处于打开状态, 用户试图再打开另外一个工程时, 系统会通过窗口提示用户是否保存对当前工程文件的修改。若此时单击【否】按钮, 则此前对工程所作的编辑或修改将被撤销, 工程内文件不作更新。

3. 保存工程

在应用程序设计阶段, 当应用程序还没有设计完毕, 但必须暂停设计工作时, 应该及时保存工程。保存工程的方法是执行主菜单中的【文件】|【保存工程】命令或单击"工具栏"上的"保存工程"图标。若是新建工程, 系统会自动弹出"文件另存为"对话框, 提示用户输入文件名来保存此工程。当然, 用户也可以执行主菜单中的【文件】|【工程另存为】命令修改工程文件名。

## 1.4.3　添加、移除和保存文件

1. 添加文件

最简单的工程只有一个窗体文件, 但在实际的应用程序设计中, 可能要使用多个窗体, 还有可能要建立多个标准模块、类模块以及其他用户控件。

添加窗体的方法是执行主菜单中的【工程】|【添加窗体】命令或单击"工具栏"上的"添加窗体"图标, 打开"添加窗体"窗口, 如图 1-12 所示。图中有两个选项卡。若在"新建"选项卡中选择"窗体"后单击【打开】按钮, 则在当前工程中建立了一个新的窗体; 若希望将已有的窗体文件纳入当前工程, 则应在"现存"选项卡中找到该窗体文件, 然后再单击【打开】按钮。

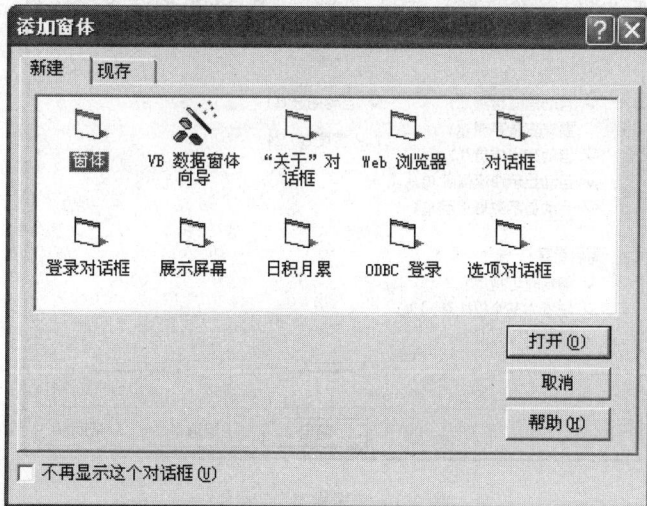

图 1-12　添加窗体窗口

注意: 在工程中添加文件时, 系统只是将对于该文件的引用纳入当前工程, 而不是添加该文件的复制件。因此, 如果该文件经过修改并被保存, 将会影响包含此文件的其他工程。所以,如果在设计中要用到其他工程中的文件(如窗体文件),建议先将该文件复制到当前工程所在目录,然后再将其添加到当前工程内。

### 2. 移除文件

一般来说,工程中所包含的文件是为某一个应用程序服务的。如果文件不需要了,就可以从当前工程中移去。移除窗体的方法是先在工程资源管理器中单击选中该窗体,然后执行主菜单中的【工程】|【移除<窗体名>】命令。移除标准模块与移除窗体的操作相同。需要说明的是,命令中显示的窗体或模块名随着用户的选择而动态变化。

⚠ 注意:在工程中移除文件后,该文件仅从工程中被删除,但仍存在于磁盘上。

### 3. 保存文件

保存窗体或标准模块的方法是先在工程资源管理器中单击选中该文件,然后执行主菜单中的【文件】|【保存<文件名>】命令。

## 1.4.4 环境设置

在应用程序设计中,用户往往会根据实际情况需要调整自己的程序开发环境。Visual Basic 6.0 在这方面提供了许多环境设置功能。

执行主菜单中的【工具】|【选项】命令,打开选项窗口。选项窗口中共有五个选项卡。下面介绍"编辑器"选项卡和"通用"选项卡中的一些常用设置。

### 1. 编辑器选项卡

"编辑器"选项卡如图 1-13 所示。该选项卡分为代码设置和窗口设置两部分。

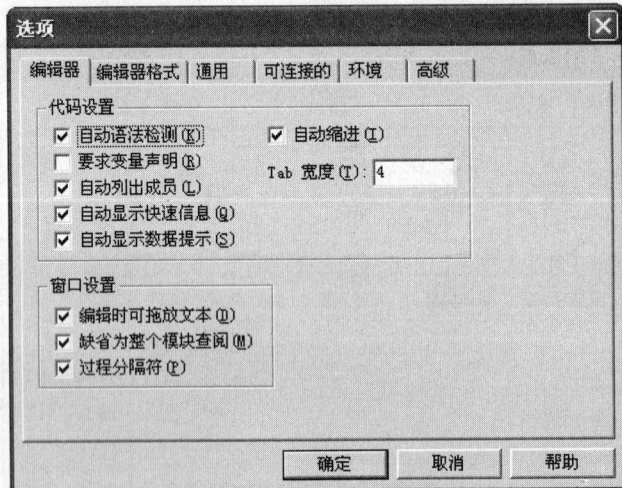

图 1-13 "编辑器"选项卡

代码设置部分主要有下列几个选项:

(1)自动语法检测

选中该复选项后,用户在代码窗口输入每一条命令,Visual Basic 都会自动进行语法检查。当用户结束命令行输入并按下【Enter】键时,若系统发现语法错误,该行代码会变成红色,同时弹出警告信息窗口,提示用户修改,如图 1-14 所示。

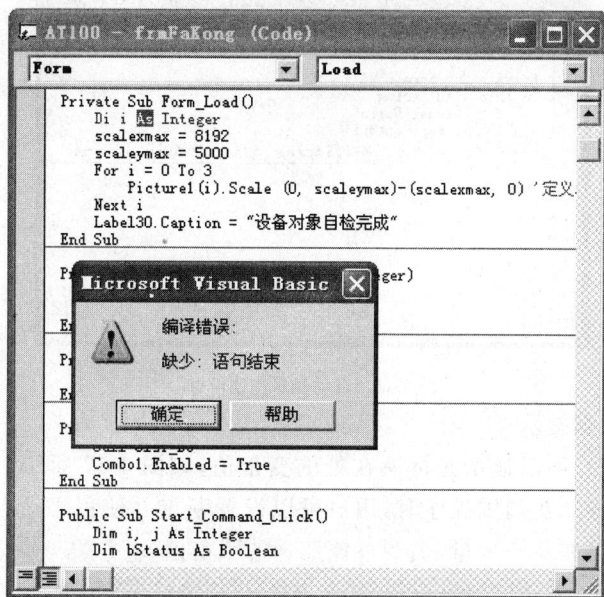

图 1-14　自动语法检查

(2)要求变量声明

选中该复选项后,程序代码输入要求显式变量声明。系统在窗体和模块中自动加入
"Option Explicit"语句。若程序中使用了未经声明的变量,运行时会报错。

(3)自动列出成员

选中该复选项后,编写程序代码时,若用户输入控件名和句点(即在输入控件的属性
或方法时),系统会自动列出该控件可用的属性和方法。在图 1-15 中,当用户键入
"Label1.",系统列出了标签控件 Label1 相应的属性和方法。

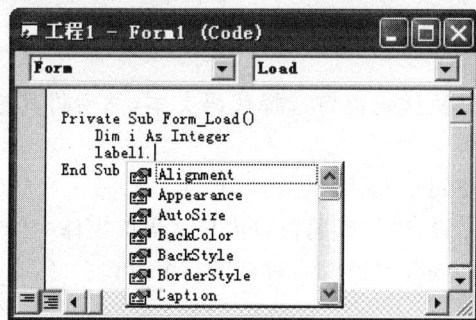

图 1-15　自动列出成员

(4)自动显示快速信息

选中该复选项后,程序代码中要调用标准函数时,只要输入函数名和左括弧,系统会
自动列出该函数的参数信息。在图 1-16 中,当用户键入"Label1.caption＝Mid (",系统
列出了该函数的形参信息。Visual Basic 6.0 这一功能为程序设计带来了极大的方便。

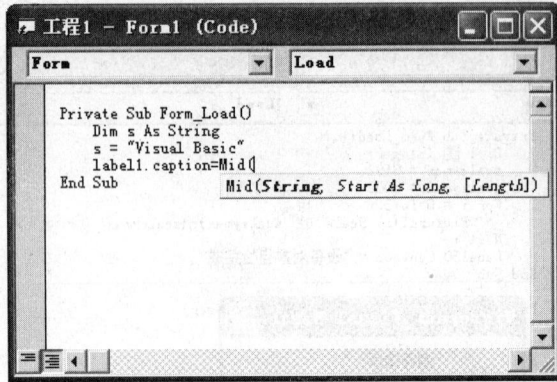

图 1-16  自动显示快速信息

（5）自动显示数据提示

选中该复选项后，可以显示光标所在处的变量值，如图 1-17 所示。自动显示数据提示只能用于中断模式。在调试程序时，用户可以设置断点并使程序运行到断点处，然后，移动鼠标使光标停留在某一变量上，观察该变量的当前值。

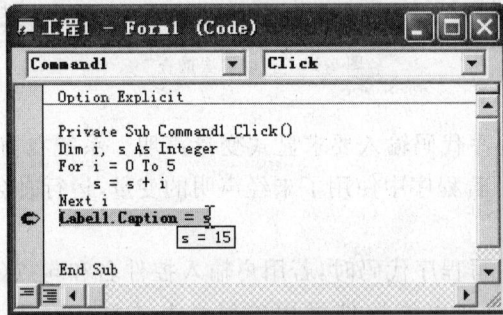

图 1-17  自动显示数据提示

"编辑器"选项卡的窗口设置部分共有三个选项：

（1）编辑时可拖放文本

选中该复选项后，可以从代码窗口选择代码文本，然后将其拖放到立即窗口或监视窗口。

（2）缺省为整个模块查阅

选中该复选项后，程序设计时，代码窗口内显示当前窗体中所有对象（包括窗体）的事件过程。若该复选项无效，则代码窗口内只显示一个过程。

（3）过程分隔符

选中该复选项后，程序设计时，代码窗口内各过程间显示分割线。

2．通用选项卡

"通用"选项卡如图 1-18 所示。该选项卡指定当前工程的窗体网格设置、错误捕获和编译选项设置，相关功能说明如下。

"通用"选项卡的窗体网格设置部分共有三个选项：

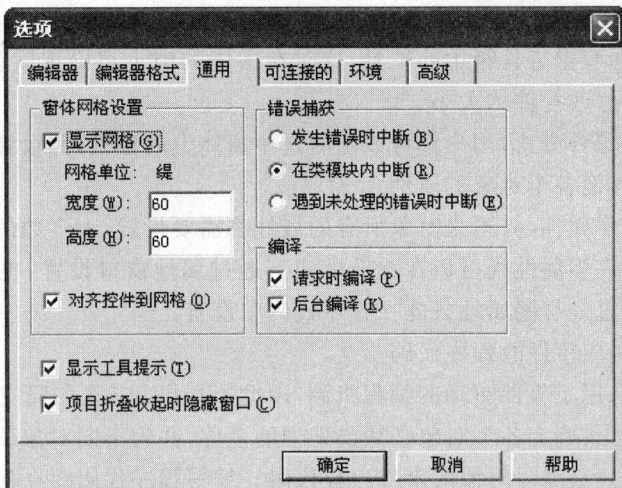

图 1-18  "通用"选项卡

（1）显示网格

该复选项决定设计时是否在窗体上显示网格，其默认值是选中。显示网格的目的是方便用户在窗体内调整控件的位置并对齐控件。

（2）宽度和高度文本框

文本框内的数字表示网格间的距离，单位为缇（twip）。用户可以在文本框内输入数字调整网格的间距。

（3）对齐控件到网格

这也是 Visual Basic 提供的非常实用的选项。选中该复选项后，系统会自动调整控件大小和位置，使其对齐到网格线上。

"通用"选项卡的错误捕获设置部分有三个选项，用于指定出错时的中断条件。

"通用"选项卡的编译设置部分有两个选项，用于指定编译方法，一般取默认值。

# 1.5  工程设计实例

## 1.5.1  工程设计的一般步骤

一个 Visual Basic 应用程序也称为一个工程，工程由窗体、标准模块、自定义控件及应用所需的环境设置组成。在 Visual Basic 集成开发环境中，建立一个标准工程的基本步骤一般如下：

（1）创建一个标准工程，设置工程开发环境。

（2）建立并设计用户界面。

应用程序用户界面设计的一般原则是既能实现系统功能，又便于用户操作。由于新建工程内自动包含一个窗体，因此，建立用户界面的过程就是在窗体上添加控件的过程。添加控件可以用两种方法：

方法一：用鼠标单击选中工具箱中的工具，然后在窗体的合适位置上用鼠标拖动的方法画出合适大小的控件。

方法二:用鼠标双击工具箱中的工具,这时在窗体的中央将出现默认大小的控件,然后再移动其位置并修改控件的大小。

无论使用上述哪种方式,用户都可以随时选中窗体上的控件,并设置其位置和大小。

(3)设置用户界面各个对象的属性。

一个对象有许多属性,并不是对象所有的属性都需要设置,大多数的属性我们使用其默认值即可。对象许多属性既可以在设计模式下通过属性窗口设置,也可以在运行模式下通过程序代码设置。有些属性只能在程序代码中设置。

(4)编写对象响应事件的程序代码

Visual Basic 采用了事件驱动的编程机制,因此,设计时应该按照应用程序的功能要求,根据用户操作方式确定各个对象必须要处理的事件,并为不同对象事件设计过程。程序设计的主要工作就是编写对象的事件过程代码。编写程序代码要在代码窗口中进行。

(5)运行程序

在集成开发环境中,可以用三种方法运行一个应用程序:

方法一:执行主菜单中的【运行】|【启动】命令;

方法二:单击工具栏上的"启动"按钮图标;

方法三:按下热键【F5】。

要结束当前应用程序的运行,回到设计模式,也有如下三种方法:

方法一:执行主菜单中的【运行】|【结束】命令;

方法二:单击工具栏上的"结束"按钮图标;

方法三:单击窗体右上角的【关闭】按钮图标。

(6)调试应用程序。

(7)保存工程

保存工程主要是指保存设计时创建的文件。例如工程文件(.vbp)、窗体文件(.frm)、标准模块文件(.bas)等等。

(8)创建可执行程序

当程序经过测试达到设计要求后,即可编译生成可执行文件。

## 1.5.2 建立一个简单工程

为了使读者对 Visual Basic 6.0 应用程序设计有一个最基本、直观的了解,下面结合实例介绍建立一个简单工程的方法和过程。

**例 1-1** 要求在 Visual Basic 的集成开发环境下,新建一个名称为"实例 1"的工程。该工程编译后生成的应用程序应能在 Windows 平台上直接运行,运行时窗体界面内显示一个动态的实时时钟,应用程序用户界面如图 1-19 所示。当用户单击【计时】命令

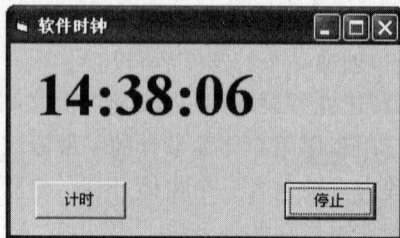

图 1-19 应用程序用户界面

按钮,标签内显示系统当前时间,单击【停止】命令按钮则停止时钟计时。

设计过程如下:

### 1.创建一个新工程

启动 Visual Basic 6.0,进入新建工程窗口。在窗口中选中"标准 EXE"图标,单击【打开】按钮,进入集成开发环境并自动生成一个工程。

新建工程默认名称是工程 1,它包含一个窗体。窗体的默认名称是 Form1。工程资源管理器界面如图 1-20 所示。

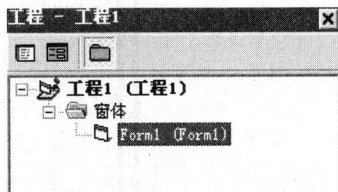

图 1-20　新建工程后的工程资源管理器

### 2.为工程和窗体重新命名

为了便于记忆和分类,在一般情况下,程序员都要为自己设计的工程以及工程中的窗体重新命名。工程及窗体文件改名的方法如下:

(1)执行【工程】|【工程 1 属性】菜单命令,打开"工程属性"对话框;对话框中显示的是工程 1 的工程属性;

(2)在"通用"选项卡的"工程名称"栏内输入工程名称"实例 1";

(3)单击工程资源管理器窗口中的 Form1 图标,属性窗口中显示窗体 Form1 的属性;

(4)在属性窗口(名称)属性栏内输入窗体名称"软件时钟"。

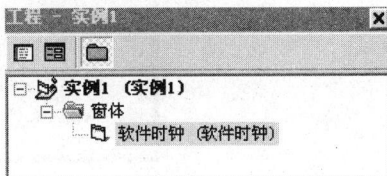

重新命名后的工程资源管理器界面如图 1-21 所示。

图 1-21　重新命名后的工程资源管理器

### 3.窗体设计

本案例中,应用程序运行后的界面很简单,因此窗体设计过程并不复杂。步骤如下:

(1)先单击并选中工程资源管理器窗口中的"软件时钟"窗体,然后在属性窗口 Caption 属性栏内输入窗体的标题"软件时钟"。

(2)单击工程资源管理器窗口中的【查看对象】按钮,打开设计窗口,窗口显示未经设计的用户窗体界面,如图 1-22 所示。

(3)打开工具箱,根据实例要求,向窗体中添加一个标签、一个定时器以及两个命令按钮控件。参考图 1-19 用户界面进行布局,如图 1-23 所示。

标签(Label)控件一般用来在窗体上显示信息或数据,实例中使用该控件的 Caption 属性显示数字时间。

定时器(Timer)控件在设定的时间间隔到达后会触发定时器事件,以提供时间信息。但其在运行期间不可见,可以安放在窗体的任何位置上。

命令按钮(Command Button)控件一般用于激活一个事件并通过该事件完成一些动作,实例中的两个命令按钮用于启动或停止计时。

上述控件的属性、事件和方法将在第 5 章中作详细介绍。在这里,读者只要有一个大致的了解就可以了。

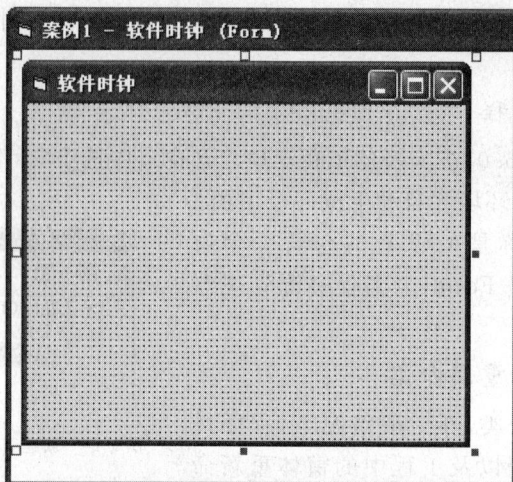

图 1-22　窗体设计窗口

图 1-23　用户界面中的控件布局

（4）打开属性窗口设置对象属性,各控件的主要属性设置如表 1-3 所示。表中未列出的属性取默认值。

表 1-3　　　　　　　　　　　　　窗体及控件的属性设置

| 控件名称 | 属　性 | 属性值 |
| --- | --- | --- |
| 软件时钟（窗体） | Caption | "软件时钟" |
| Label1（标签） | Font | Times New Roman |
| Command1（命令按钮） | Caption | "计时" |
| Command2（命令按钮） | Caption | "停止" |
| Timer1（定时器） | Enabled | False |
| | Interval | 200 |

（5）打开代码窗口,输入各控件的事件过程代码,代码窗口的内容见图 1-24。

4.运行应用程序

运行应用程序后,显示图 1-19 所示界面。

5.保存工程

在磁盘上新建一个用户工作目录,然后执行主菜单中的【文件】|【保存工程】命令或单击"工具栏"上的"保存工程"图标,将当前工程保存到工作目录中。

图 1-24　代码窗口的内容

### 6. 编译

执行主菜单中【文件】|【生成实例 1. exe】命令,打开"生成工程"窗口。然后在窗口中设置文件保存的路径以及文件名,如图 1-25 所示。最后,单击【确定】按钮,系统编译工程并自动生成可执行文件。

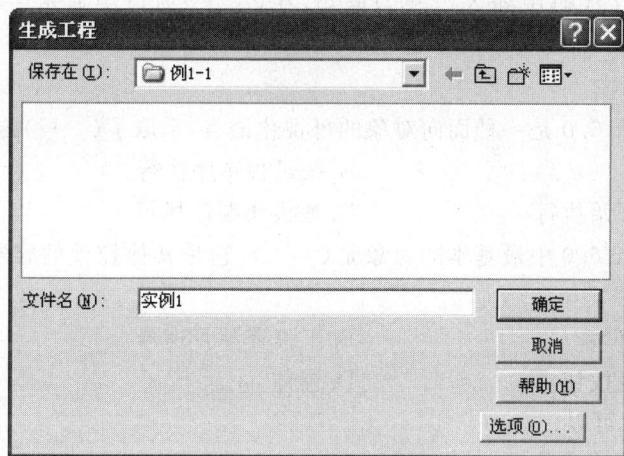

图 1-25　"生成工程"窗口

## 本章小结

本章首先介绍了 Visual Basic 6.0 的功能特点,然后叙述了面向对象程序设计的相关概念,这是可视化程序设计的基础。要重点理解类和对象的定义:类是同类对象集合的抽象。对象是类的一个实例。对象有三要素:属性、方法和事件。

为了提高程序开发效率,Visual Basic 6.0 提供了一个功能强大的应用程序集成开发环境 IDE。本章对集成开发环境的功能及操作方法作了详细介绍,并叙述了如何在该环境支持下进行工程管理及用户环境设置。为了使读者加深理解上述内容,本章还结合实例介绍了建立一个简单工程的方法及步骤。

## 习 题

### 一、填空题

1. Visual Basic 6.0 不仅支持面向过程的程序设计,还支持(　　)的程序设计。

2. 类是同类对象集合的(　　),对象是类的一个(　　)。

3. 对象有三要素:(　　)、(　　)和(　　)。

4. Visual Basic 6.0 的 IDE 中,有(　　)、(　　)和(　　)三种工作模式。

5. Visual Basic 6.0 中,工程文件的扩展名为(　　)。

6. 代码窗口"对象列表框"中的"通用"表示与特定对象无关的(　　)。

7. 在工程中移除文件后,该文件仅从(　　)中被删除,但仍存在于(　　)上。

8. 表示窗体上网格间距离的单位为(　　)。

9. 自动显示数据提示只能用于(　　)模式。

10. 用户可以在代码中插入(　　)语句,在(　　)窗口中显示一些变量或表达式的值。

### 二、选择题

1. Visual Basic 6.0 是一种面向对象的可视化语言,采取了(　　)的编程机制。

A. 事件驱动　　　　　　　　B. 按过程顺序执行

C. 从主程序开始执行　　　　D. 按模块顺序执行

2. Visual Basic 6.0 中最基本的对象是(　　),它是其他控件的容器,也是应用程序运行的界面。

A. 集成开发环境　　　　　　B. 工程资源管理器

C. 标签和命令按钮　　　　　D. 窗体

3. 一个工程中可以(　　)。

A. 包含至少一个窗体　　　　B. 不包含任何窗体

C. 不包含窗体文件　　　　　D. 不包含工程文件

4. 以下不属于 Visual Basic 6.0 的工作模式的是(　　)。

A. 设计　　　　B. 运行　　　　C. 中断　　　　D. 编译

5. 编译一个工程的目的是(　　)。

A. 将工程中的程序翻译成用户可以看懂的文本文件

B. 将工程中的程序重新正确编排

C. 将工程的程序生成能够执行的机器代码,使之能够脱离 Visual Basic 6.0 的 IDE 独立运行

D. 检查工程中有无错误机器代码,使之能够脱离 Visual Basic 6.0 IDE 独立运行

6. 若在"编辑器"选项卡内选中"要求变量声明"复选项,则系统在新建窗体和模块中自动加入(　　)语句。

A. IDE Exam　　　　　　　　B. Option Explicit

C. Property Check                    D. Method Check

**三、简答题**

1. 简述结构化程序设计与面向对象程序设计两者在设计方法上的主要区别。

2. 简述创建一个简单工程的主要步骤。

3. 将工程中的某个窗体移除,该窗体文件是否由操作系统自动放入 Windows 的回收站?

4. 在程序代码输入时,要求显式变量声明有什么优点?

**四、操作题**

要求在 Visual Basic 6.0 的集成开发环境下,新建一个名称为"操作题1"的工程。该工程编译后生成的应用程序应能在 Windows 平台上直接运行。运行时,当用户单击【显示】命令按钮,窗体内的标签控件显示"Visual Basic 程序设计基础",如图 1-26 所示。当用户单击【清除】命令按钮,则清除标签内容。

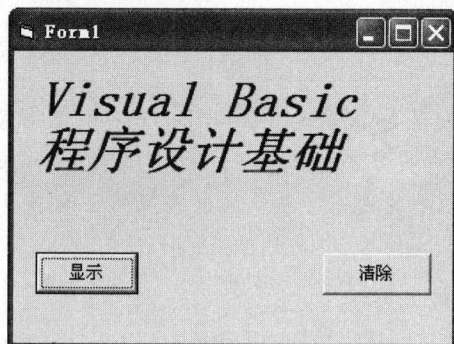

图 1-26 "操作题1"程序运行窗口

# 第 2 章 数据类型及其运算

**教学目标**

通过本章学习,学生应了解和掌握 Visual Basic 各种数据类型的使用范围和方法。掌握变量和常量的概念及声明方法。掌握各种运算符与表达式的使用方法。理解标准函数的概念,掌握常用标准函数的使用方法。应能按规则正确书写程序源代码。

**教学要求**

| 知识要点 | 能力要求 |
|---|---|
| 数值、日期、逻辑、字符等数据类型的概念、关键字、类型符、前缀及范围 | 掌握各种数据类型的用法 |
| 变量的概念及声明<br>系统常量的概念,符号常量的声明 | 掌握变量的命名,掌握变量的声明方法<br>掌握常量的声明方法 |
| 数值表达式、字符表达式、日期时间表达式、关系表达式和逻辑表达式的概念 | 掌握 5 种表达式的运算符号及书写方法 |
| 标准函数的概念,数学函数、转换函数、字符串函数、日期时间函数、格式输出函数 | 了解各类标准函数的功能,熟悉常用标准函数的使用方法 |
| 编码规则 | 能按规则正确书写程序源代码 |

# 2.1 数据类型

数据是指存储在某一种媒体上能够识别的物理符号。数据的概念在数据处理领域中已被大为拓宽,不仅包括由字符组成的文本形式的数据,而且还包括其他类型的数据。

数据处理是指将数据转换成信息的过程。微机在数据处理过程中,常常要面对大量的临时数据,还要存放各种处理结果。不同类型的数据在存储器中所占的位置及空间是不一样的,处理时的速度也不尽相同。因此,数据类型是程序设计人员必须掌握的重要概念。

程序设计语言数据类型的规定和处理方法是各不相同的。Visual Basic 6.0 为用户提供了丰富的数据类型。除了标准数据类型外,用户还可以自定义数据类型。不同的数据类型具有各自的取值范围和特点,计算机根据不同的数据类型,进行不同的操作。

## 2.1.1 标准数据类型

标准数据类型是系统定义的数据类型,表 2-1 列出了 Visual Basic 6.0 支持的标准数据类型。

表 2-1　　　　　　　　　　　Visual Basic 的标准数据类型

| 数据类型 | 关键字 | 类型符 | 前缀 | 占字节 | 范围 |
|---|---|---|---|---|---|
| 字节型 | Byte | 无 | byt | 1 | 0～255 |
| 逻辑型 | Boolean | 无 | bln | 2 | True 和 False |
| 整型 | Integer | % | int | 2 | −32768～+32767 |
| 长整型 | Long | & | lng | 4 | −2147483648～+2147483647 |
| 单精度型 | Single | ! | sng | 4 | 负数:−3.402823E38～−1.401298E−45<br>正数:1.401298E−45～3.402823E38 |
| 双精度型 | Double | # | dbl | 8 | 负数:−1.79769313486232E308～<br>−4.94065645841247E−324<br>正数:4.94065645841247E−324～<br>1.79769313486232E308 |
| 货币型 | Currency | @ | cur | 8 | −922 337 203 685 477.5808～<br>922 337 203 685 477.5807 |
| 日期型 | Date(time) | 无 | dtm | 8 | 01,01,100～12,31,9999 |
| 字符型 | String | $ | str | 串长 | 0～65535 |
| 对象型 | Object | 无 | obj | 4 | 任何对象引用 |
| 变体型 | Variant | 无 | vnt | 按需分配 | |

### 1. 数值数据类型

数值类型用来存放由正负号、数字和小数点组成的且能参与数值运算的数据,例如 12,20.87,−3500。为了表示很大或很小的数值,也可以使用科学记数法书写。例如,用

3.402823E38 表示 $3.402823 \times 10^{38}$，用 1.6E－12 表示 $1.6 \times 10^{-12}$。

Visual Basic 6.0 中数值型数据可以分为整型数和浮点数两类。其中整型数又分为整数和长整数，浮点数分为单精度浮点数和双精度浮点数。

(1)整型和长整型

整型数(Integer)：指不带小数点和指数符号的数值，在机器内部以二进制补码形式表示，只占 2 个存储字节(16 位)，最高位是符号位，所以数值范围是：－32768～＋32767。

整型数的表示形式为±n[％]，其中 n 为 0～9 的数字，％是整型类型符，可以省略。例如，768、＋100、200％均表示整型数。

长整型数(Long)：当存放一个大于 32767 或小于－32768 的整数值时，应采用长整型。长整型数以带符号的 4 字节(32 位)二进制数表示，数值范围是－2 147 483 648～＋2 147 483 647。

长整型数的表示形式为±n&，n 为数字，& 是长整型类型符。例如，768&、－100&均表示长整型数。

(2)单精度和双精度型

单精度数(Single)：以 4 字节(32 位)存储，其中符号占 1 位，指数占 8 位，其余 23 位表示尾数，此外还有一个附加的隐含位。单精度浮点数可以精确到 7 位十进制数。

单精度浮点数有多种表示形式，如±n. n、±n!、±nE±m、±n. nE±m。例如，123.45、123.45!、0.12345E＋3 都表示同值的单精度浮点数。

双精度数(Double)：以 8 字节(64 位)存储，其中符号占 1 位，指数占 11 位，其余 52 位用来表示尾数，此外还有一个附加的隐含位。双精度浮点数可以精确到 15 位十进制数。

双精度浮点数也有多种表示形式。对小数只要在数字后面加"＃"，或用"＃"代替"!"。对指数形式，用"D"代替"E"或指数形式后加"＃"。例如，123.45＃、0.12345D＋3、0.12345E＋3＃都表示同值的双精度浮点数。

(3)货币型

货币型数(Currency)：货币型数以 8 字节(64 位)存储，用于货币计算。它与数值型的区别在于：货币型数是一个定点实数或整数，最多保留小数点左边 15 位和右边 4 位。表示形式是在数字后面加"@"，例如，123.45@、1234@。

(4)字节型

字节型数(Byte)：以 1 字节存储 8 位无符号二进制数，数值范围为 0～255。

2. 日 期 数 据 类 型

日期型数据(Date)：用 8 字节的浮点数来存储日期、时间或同时存储日期时间。日期的范围从公元 100 年 1 月 1 日到 9999 年 12 月 31 日，时间范围为 00:00:00～23:59:59。

日期型数据有两种表示方法：

一种是用"＃"将可以被认作日期和时间的字符括起来。例如，＃January 1,2000＃、＃01/12/2000＃、＃2000-5-12 12:30:00 PM＃都是合法的日期型数据。

另一种是以数字序列表示。小数点左边的数字代表日期，右边的数字代表时间，0 为午夜，0.5 为中午 12 点，负数代表 1899 年 12 月 31 日之前的日期和时间。例如－2.5 表示的日期时间为 1899-12-28 12:00:00。

### 3.逻辑数据类型

逻辑型数据(Boolean):用于逻辑判断,其结果只有 True 和 False 两个值。当逻辑数据转换成整型数据时,True 转换成 $-1$,False 转换为 0。当将其他类型数据转换成逻辑数据时,非 0 数转换为 True,0 转换为 False。

### 4.字符数据类型

字符型数据(String):字符型数据由 ASCII 码字符组成,包括标准 ASCII 码字符和扩展 ASCII 码字符,可以是所有西文字符和中文汉字。若字符型数据中包括多个字符,称为字符串。字符串两侧用界定符括起来,界定符为双引号("")。例如,"123"、"Visual Basic 程序设计"。界定符必须成对匹配,不能一边用单引号而另一边用双引号。

Visual Basic 中的字符串分为两种,即定长字符串和变长字符串。定长字符串长度固定,含有确定个数的字符,最大长度不超过 $2^{16}$(65535)个字符。变长字符串的长度不确定,字符个数可以从 $0\sim2^{31}$。

### 5.对象数据类型

对象型数据(Object):用 32 位(4 字节)地址存储,该地址可引用应用程序中的对象。

### 6.变体数据类型

变体数据类型(Variant):如果在声明中没有说明一个变量的数据类型,系统会根据规定将该变量默认为变体数据类型。当指定变量为 Variant 变量时,用户在程序设计中不必在数据类型之间进行转换,Visual Basic 会根据代码的上下文含义来确定它的数据类型,自动完成各种必要的转换。

变体数据类型可以包含数值、日期、对象及字符四种类型。此外,它还可以包括下列四种特殊的数据:

Empty(空):表示未指定确定的数据。

Null(无效):表示数据不合法。

Error(出错):指出过程中出现了一个错误条件。

Nothing(无指向):表示数据还没有指向一个具体对象。

## 2.1.2 自定义数据类型

自定义数据类型也称为记录类型,它由若干个标准数据类型组成,类似于 C 语言中的结构体类型。在 Visual Basic 6.0 中,使用自定义数据类型前必须先用 Type 语句定义,语句格式如下:

```
Type  自定义类型名
      元素名 As 类型名
      ……
      元素名 As 类型名
End Type
```

其中:元素名表示自定义数据类型中的一个成员,类型名为标准类型。

例如,以下的语句段声明了一个自定义数据类型,类型名为 stuType,用来表示一个学生的基本信息。

```
Private Type stuType        'stuType 是自定义数据类型
    No As String * 8        '学号元素名为 No,字符串类型,长度为 8
    Name As String * 3      '姓名元素名为 Name,字符串类型,长度为 3
    Sex As String * 1       '性别元素名为 Sex,字符串类型,长度为 1
    Dep As String * 2       '院系元素名为 Dep,字符串类型,长度为 2
End Type
```

## 2.2　变量与常量

变量(Variable)是内存中的一个存储区域,是应用程序运行期间用于存放临时数据的单元空间。变量值就是存放在这个存储区域里的数据,变量的类型取决于变量值的类型。当一个变量被赋予一个新的值时,该变量存储区中原来的内容就被新值覆盖。

### 2.2.1　变量的命名规则

Visual Basic 6.0 中,变量命名规则如下:

(1)变量名由英文字母、汉字、数字或下划线构成,但必须以英文字母或汉字开头,长度不超过 255 个字符。

(2)不能使用 Visual Basic 中的关键字。

(3)变量名不区分大小写。

例如,ma、x1 都是合法的变量名,而 Integer、5m1、π 是不合法的变量名。

需要说明的是,变量命名时,应该为变量赋予表义性强的名字。在简单的程序中,使用诸如 ma、x1 作为变量名确实方便实用。但在 Visual Basic 实际应用程序设计时,时常要用到许多变量并频繁引用控件。如果在复杂的过程中,无法辨别变量与控件,也无法区分不同数据类型的变量,程序代码的可读性就很差。因此,在为变量命名时,需要有一个简便的方法,既能根据变量名区分变量和控件,又能确定变量的数据类型。匈牙利标记法就是一种较为流行并有效的命名约定。

匈牙利标记法因它的发明人查尔斯·西蒙尼的祖籍是匈牙利而得名。它用 3 字符缩写的前缀来表示变量的数据类型和控件类型。3 个字符可以实现充分的多变性,并使前缀合乎逻辑和直观。使用前缀可以参考表 2-1。

例如,变量 strName 是字符型的,用于存放姓名数据;变量 intAge 是整型的,用于存放年龄数据;变量 curSalary 是货币型的,用于存放货币数据。使用这些前缀使得代码语句更加容易理解。

除了使用前缀表示变量的数据类型外,还可以使用作用域指示字符来表示变量的作用域。作用域指示字符置于数据类型前缀的前面,并且用一个下划线将它们隔开。

例如,用 g_strSavePath 来表示一个全局字符型变量;用 m_blnDataChanged 来表示一个模块或窗体级的逻辑型局部变量;用 st_blnInHere 来表示一个静态变量。

⚠️ **注意**：在 Visual Basic 程序代码中，前缀并不仅用于变量。所有标准对象(包括窗体和控件)都有一个标准的 3 字符前缀，将这些前缀正确地应用于所有的变量和对象，会使程序更加直观明了并容易维护。关于用于标准控件、ActiveX 控件以及数据库对象的前缀，将在相关章节中再作介绍。

## 2.2.2　变量声明

在 Visual Basic 语言中，变量作为语句的一部分，出现在各级过程中。随着过程在应用程序中的位置不同，变量有着不同的作用域。根据作用域，可将变量分为局部变量、窗体/模块级变量以及全局变量三种类型。下面先介绍局部变量的声明方法，其他作用域变量声明将在第 3 章过程部分作详细叙述。

可以用两种方法声明变量：

**1. 用 Dim 语句显式声明变量**

Dim 语句格式如下：

DIM　变量名［As 类型］

说明：

(1)类型应为表 2-1 中列出的关键字，方括弧表示该部分内容可以省略。若省略"As 类型"部分，则所创建的变量默认为变体类型。

(2)为方便定义，也可以在变量名后面加表 2-1 中列出的类型符来替代"As 类型"，此时，变量名与类型符间不应有空格。

(3)一条 DIM 语句可以同时定义多个变量，变量间用逗号分隔，但每个变量必须有自己的类型声明，类型声明不能共用。

例如：

Dim intMx1 As Integer
Dim intMx2 As Integer
Dim lngMn1 As Long
Dim sngMs1 As Single

上面的语句定义了 intMx1、intMx2 为整型变量，定义 lngMn1 为长整型变量，定义 sngMs1 为单精度型变量。这 4 条 Dim 语句也可以用 1 条语句实现：

Dim intMx1 ,intMx2 As Integer , lngMn1 As Long , sngMs1 As Single

当然也可以写成如下形式：

Dim intMx1%, intMx2%, lngMn1&, sngMs1!

对于字符串类型变量，根据其存放的字符串长度是否固定，其定义方法有两种：

Dim 字符串变量名 As String
Dim 字符串变量名 As String * 字符数

前一种方法定义不定长的字符串变量，后一种方法定义固定长度的字符串，字符串长度由 * 号后面的字符数决定。在变量使用过程中，若试图将超过定长的字符放入定长字符串变量，则超出部分的字符将被系统舍弃。

例如：

```
Dim strS1 As String          '声明变长字符串变量
Dim strS2 As String * 10     '声明定长字符串变量,可放 10 个字符
```

⚠ **注意**：除了用 Dim 语句声明变量外,还可以用 Static、Public、Private 等关键字声明变量,相关内容将在"函数过程的定义和调用"中详细叙述。

**2. 隐式声明**

在第 1 章介绍集成开发环境设置时曾经提到,用户可以在"编辑器"选项卡中选择是否要求变量声明。换句话说,若该复选项无效,用户使用变量前无需声明。在 Visual Basic 6.0 中,未经声明而直接使用一个变量,称为隐式声明。所有隐式声明的变量都是 Variant 类型的。

## 2.2.3 常量

常量是指在程序运行过程中不变化的数据。

Visual Basic 6.0 中有三种常量,分别是直接常量、用户声明的符号常量和系统常量。

**1. 直接常量**

直接常量是表 2-1 列出的标准数据类型的常数值。通常这些值直接反映了其类型,也可以在常数值后面紧跟类型符进一步说明其数据类型。例如 123、123&、123.45、1234E2、123D3 分别为整型、长整型、单精度浮点数(小数形式)、单精度浮点数(指数形式)、双精度浮点数。

整型常量有三种不同数制表示形式。例如:1234 表示十进制,&H1A 表示十六进制(以 &H 开头),&O123 表示八进制(以 &O 或 & 开头)。

长整型常量也有三种不同数制表示形式。例如:12345678 表示十进制,&H12A& 表示十六进制(以 &H 开头,& 结尾),&O123& 表示八进制(以 &O 或 & 开头,& 结尾)。

**2. 用户声明符号常量**

在程序代码设计中,经常会反复用到一些常数值,例如圆周率 3.14159。为了增加程序的可读性和可维护性,用户可以在程序代码中自定义常量,即声明符号常量来代表一个常量。语句格式如下:

Const 符号常量名[As 类型]＝表达式

说明:

(1)符号常量名的命名规则与变量名相同,为了与一般变量名区别,常量名一般用大写字母。

(2)[As 类型]说明了该常量的数据类型。若语句中省略该选项,则数据类型由表达式确定。

(3)表达式由数值常数或字符串常数以及运算符组成,但在表达式中不能使用函数调用。

例如:Const PI As Single＝3.14159 或者 Const PI ＝3.14159 定义了一个常量 PI,在

程序中 PI 和 3.14159 是等值的。

又如:Const Y2K As Date = "01/01/2000"定义了一个日期常量 Y2K,它表示 2000 年 1 月 1 日这一日期型常数。

在程序代码中使用符号常量,除了便于理解代码中的数值含义外,也为调试工作带来了极大的方便。可以试想一下,假如整个程序中有大量的语句引用了符号常量 PI,调试时若要改动圆周率的精度,只需修改 Const 语句中的表达式即可,否则工作量是很大的。

⚠️注意:尽管符号常量有点像变量,但不能像对变量那样修改常量,也不能对常量赋以新值。

### 3. 系统常量

Visual Basic 6.0 提供了应用程序和控件的系统定义的常量,这些常量位于对象库中。在"对象浏览器"中的 Visual Basic(VB)和 Visual Basic for applications(VBA)对象库中列举了 Visual Basic 的常数。其他提供对象库的应用程序,如 Microsoft Excel 和 Microsoft Project,也提供了常数列表,这些常数可与应用程序的对象、方法和属性一起使用。另外,在每个 ActiveX 控件的对象库中也定义了常数。

为了避免发生常数名字冲突,引用时可使用 2 个小写字母前缀来限定对象库。例如用 vb 表示 VB 和 VBA 中的常量,用 xl 表示 Excel 中的常量,用 db 表示 Data Access Object 库中的常量。

以窗体对象为例,该对象的窗口状态属性 WindowState 有三个值,Visual Basic 对象库中分别用三个系统常量表示,见表 2-2。这样,在程序设计中,用户可以使用下面语句将窗体最大化。

　Form1. WindowState=vbMaximized

显然,这条语句要比 Form1. WindowState=2 更容易阅读和记忆。

表 2-2　　　　　WindowState 常量

| 常量 | 值 | 描述 |
| --- | --- | --- |
| vbNormal | 0 | 正常 |
| vbMinimized | 1 | 最小化 |
| vbMaximized | 2 | 最大化 |

# 2.3　运算符和表达式

运算是对数据进行加工的过程。描述各种不同运算的符号称为运算符,而参与运算的数据称为操作数。Visual Basic 提供了算术、字符、关系、逻辑以及日期 5 种运算符。

表达式是由常量、变量、函数和括弧通过特定的运算符连接起来的式子。表达式中若只有一个操作数参与运算,称为单目运算,例如取负运算;如果有两个操作数参与运算,称为双目运算。在程序设计中,会用到大量各种类型的表达式。按照一定的运算规则,每个表达式都能计算出一个结果,这个结果称为表达式的值。表达式值的数据类型由数据和运算符共同决定。

运算优先级表示当表达式中有多个操作符时,先执行哪个操作符。若表达式中多个操作符的优先级别相同,则按从左到右的顺序执行。

表达式中如果出现多种运算符并存,可以使用括弧改变处理的优先顺序。括弧必须成对出现,均使用圆括弧。当表达式中有括弧时,先计算括弧内的值。在括弧之内,运算符的优先顺序不变。若有多个括弧,则先计算最里面括弧内的运算结果。

在 Visual Basic 中,表达式可分为数值表达式、字符表达式、关系表达式、逻辑表达式和日期表达式。

### 1. 数值表达式

数值表达式是由算术运算符将数值型的常量、变量、数组元素、函数连接起来的式子。数值表达式的运算结果是数值型数据,包括整型、长整型、单精度和双精度等类型。

数值表达式中的算术运算符包括幂运算、取负、乘和除、整除、模运算(取余)、加和减,其含义和优先级如表 2-3 所示(假定表中变量 a 为整型,值为 3)。

**表 2-3**                                         **算术运算符及其优先级**

| 运算符 | 含义 | 优先级 | 实例 | 结果 |
| --- | --- | --- | --- | --- |
| ^ | 幂运算 | 1 | a^3 | 27 |
| — | 取负 | 2 | —a | —3 |
| * | 乘 | 3 | a * a | 9 |
| / | 除 | 3 | 10/a | 3.33333333333333 |
| \ | 整除 | 4 | 10\a | 3 |
| Mod | 模运算 | 5 | 10 Mod a | 1 |
| + | 加 | 6 | 10+a | 13 |
| — | 减 | 6 | 10—a | 7 |

说明:

(1)乘号不能省略。例如 x 乘以 y,应写成 x * y,不能写成 xy。

(2)表达式从左到右在同一基准上书写,无高低、大小。例如,已知数学表达式 $\frac{-b+\sqrt{b^2-4ac}}{2a}$,写成 Visual Basic 数值表达式应为(—b+Sqr(b^2—4 * a * c) )/(2 * a)

(3)若表达式中的数据有不同的数据精度,则表达式的值采用精度高的数据类型。

(4)幂运算是指计算一个数的指数次方。

(5)模运算是指取两个整型数整除后的余数作为运算结果,若参与的操作数为浮点数,则先四舍五入为整数。

**例 2-1** 计算下列数值表达式的值。

表达式 (5 * (5^2+3)—80)/2 的值为 30

表达式—((1000 / 33) Mod 7 + 18)的值为—20

### 2. 字符表达式

字符表达式是由字符运算符将字符型数据连接起来的式子。字符运算符包括"&"和

"+",它们都用于字符串连接。由于"&"还用作长整型类型符,使用"&"运算符时为了便于区别,在变量与"&"之间应加一个空格。

运算符"&"和"+"之间在用法上有如下区别:

"+"运算符可以用来计算数值的和,也可以用来做字符串的串接操作。如果"+"运算符两边的操作数为数值,则表达式的值是数值型数据;如果两边的操作数均为字符型数据,则表达式的值也是字符型数据;如果一边的操作数是数值型数据,另一边是字符型数据,则 Visual Basic 按数值求和处理;如果一边的操作数是数值型数据,另一边是不能转换成数字的字符串,则显示类型不匹配错误。

"&"运算符两边的操作数不管是字符型还是数值型,Visual Basic 先将其转换为字符型数据,然后再进行连接操作。在有些情况下,使用"&"运算符比用"+"更为安全。

**例 2-2**　计算下列表达式的值。

表达式 34+6 的值为 40

表达式 "34"+6 的值为 40

表达式 "34"+ "6"的值为"346"

表达式 "ab"+6 操作数类型不匹配,出错

表达式 "ab" & 6 的值为"ab6"

### 3. 关系表达式

关系表达式是由关系运算符将两个运算对象连接起来的式子。

关系运算符是双目运算符,关系运算的结果为逻辑值,若关系成立,则返回 True,否则返回 False。在 Visual Basic 中,True 用$-1$表示,False 用 0 表示。

参与关系运算的对象可以是数值型、字符型,可以是简单的变量或常量,也可以是数值表达式。在比较时遵循如下规则:

(1)数值型数据按数值大小进行比较。

(2)字符型数据按字符串的 ASCII 码值从左到右逐一进行比较。即首先比较两个字符串的第 1 个字符,如果第 1 个字符相同,则比较第 2 个字符,以此类推,直到出现不同的字符为止。

(3)关系运算符的优先级相同。

Visual Basic 的关系运算符及含义见表 2-4。表中,"Like"关系运算符与通配符"?"、"*"、"#"、[范围]结合使用,在数据库的 SQL 语句中用于模糊查询。"Is"关系运算符用于两个变量的引用比较。

表 2-4　　关系运算符

| 运算符 | 说明 | 运算符 | 说明 |
| --- | --- | --- | --- |
| = | 等于 | <= | 小于等于 |
| > | 大于 | <> | 不等于 |
| >= | 大于等于 | Like | 字符串匹配 |
| < | 小于 | Is | 对象引用比较 |

**例 2-3**　计算下列关系表达式的值。

表达式 $125.67>=5-2*5$ 的值为 True

表达式 "ABCD" = "ABC" 的值为 False

表达式 "ABCD" > "ABC" 的值为 True

表达式 "ABCD" < "ABC" 的值为 False

表达式 "ABCD" <> "ABE" 的值为 True

### 4. 逻辑表达式

逻辑表达式是由逻辑运算符将多个逻辑型数据连接起来的式子。逻辑表达式只有两个值：真(True)和假(False)。

Visual Basic 6.0 提供的逻辑运算符有 6 个,分别为逻辑非 Not、逻辑与 And、逻辑或 Or、异或 Xor、等价 Eqv 和蕴含 Imp。逻辑运算符可以处理任意类型的数据和表达式,其运算规则见表 2-5,优先级顺序见表 2-6。

表 2-5　　逻辑运算规则

| 数据 a | 数据 b | Not a | Not b | a And b | a Or b | a Xor b | a Eqv b | a Imp b |
|---|---|---|---|---|---|---|---|---|
| False | False | True | True | False | False | False | True | True |
| False | True | True | False | False | True | True | False | True |
| True | False | False | True | False | True | True | False | False |
| True | True | False | False | True | True | False | True | True |

表 2-6　　逻辑运算的优先级

| 运算符 | 说明 | 优先级 |
|---|---|---|
| Not | 取反 | 1 |
| And | 逻辑与 | 2 |
| Or | 逻辑或 | 3 |
| Xor | 异或 | 3 |
| Eqv | 等价 | 4 |
| Imp | 蕴含 | 5 |

说明:

(1)Not 是逻辑非运算符。它是逻辑运算符中唯一的单目运算符,执行取反操作,即当操作数为 True 时,取反后的值为 False,反之亦然。

(2)And 是逻辑与运算符。参与 And 运算的两个操作数中,只要有一个操作数为 False,逻辑表达式的值就为 False;只有当两个操作数均为 True 时,逻辑表达式的值才为 True。

(3)Or 是逻辑或运算符。参与 Or 运算的两个操作数中,只要有一个操作数为 True,逻辑表达式的值就为 True。

(4)Xor 是逻辑异或运算符。若参与 Xor 运算的两个操作数一个为 True,另一个为 False,则其结果为 True,反之为 False。

(5)Eqv 是等价运算符。若参与 Eqv 运算的两个操作数均为 True 或均为 False,则其结果为 True,反之为 False。

(6)Imp 是蕴含运算符。若参与 Imp 运算的第一个操作数为 True,第二个操作数为

False 时,则其结果为 False,其余均为 True。

**例 2-4** 计算下列逻辑表达式的值。

表达式 125.67>=5^2 * 5 And 12/2=6 的值为 True

表达式 (55-5) * 5<>200 Or (55-5) * 5=200 的值为 True

表达式 5<2 Xor 8/2>=2 的值为 True

表达式 2^3=8 Eqv 4 * 2>=8 的值为 True

表达式 "Abc" <> "ABC" Imp "ef1" = "ef2" 的值为 False

如果逻辑运算符处理的是数值,则对数的二进制值逐位处理,其运算规则见表 2-7。

表 2-7                 二进制数逻辑运算规则

| 数据 a | 数据 b | Not a | Not b | a And b | a Or b | a Xor b | a Eqv b | a Imp b |
|---|---|---|---|---|---|---|---|---|
| 0 | 0 | 1 | 1 | 0 | 0 | 0 | 1 | 1 |
| 0 | 1 | 1 | 0 | 0 | 1 | 1 | 0 | 1 |
| 1 | 0 | 0 | 1 | 0 | 1 | 1 | 0 | 0 |
| 1 | 1 | 0 | 0 | 1 | 1 | 0 | 1 | 1 |

**例 2-5** 计算下列逻辑表达式的值。

表达式 10 And 8 的值为 8

表达式 10 Or 8 的值为 10

表达式 10 Xor 8 的值为 2

表达式 10 Eqv 8 的值为 -3

表达式 8 Imp 10 的值为 -1

在工业控制、图形处理等应用领域,某些情况下,常对二进制数进行如下逻辑运算处理:

(1)用 And 运算屏蔽一个二进制数的某些位。

(2)用 Or 运算将一个二进制数的某些位置 1。

(3)对一个数连续两次进行 Xor 操作,可恢复原值。

5. 日期表达式

日期表达式使用的日期运算符有"+"和"-"两种。"+"用来计算某一个日期加上几天后等于什么日期,"-"用来计算两个日期之间的天数。

**例 2-6** 计算下列日期表达式的值。

表达式 #8/19/2010# + 31 的值为日期型数据 2010-09-19。

表达式 #8/19/2010# - #8/19/1998# 的值为 4383(天)。

⚠ 注意:当一个表达式内有多种不同类型的运算符时,数值型运算符的优先级最高,其次是关系型运算符,最低一级是逻辑型运算符。

# 2.4 常用标准函数

标准函数是系统提供的可以实现特定功能的一段程序。只要调用它,就能得到相应的输出结果。函数的一般形式如下:

函数名（[<参数名 1>][,<参数名 2>]…[,<参数名 n>]）

一个函数必须有一个函数名,函数名后面必须跟一对圆括弧,括弧内为用户指定的参数。函数经过计算或处理后返回一个值,称为返回值(或函数值)。函数返回值的类型决定了函数的类型。若函数名后面有 $ 符号,表示函数返回值为字符串。

Visual Basic 提供了大量标准函数,有些函数将在以后各章节中结合相关内容介绍,下面先介绍其中一些比较常用的函数。

1. 数学函数

数学函数通常用于数值计算,主要包括三角、对数、指数等函数。表 2-8 列出了 Visual Basic 6.0 提供的一些常用数学函数。

表 2-8 数学函数

| 函 数 | 功 能 | 实 例 | · 返 回 值 |
|---|---|---|---|
| Abs(<数值表达式>) | 求<数值表达式>的绝对值 | Abs(−50.3) | 50.3 |
| Sqr(<数值表达式>) | 求平方根,<数值表达式>≥0 | Sqr(25) | 5 |
| Exp(<数值表达式>) | 求 e 的<数值表达式>次方的值 | Exp(1) | 2.71828182845905 |
| Log(<数值表达式>) | 求<数值表达式>的自然对数值 | Log(2.72) | 1.00063188030791 |
| Sin(<数值表达式>) | 正弦函数,<数值表达式>为弧度 | Sin(0) | 0 |
| Cos(<数值表达式>) | 余弦函数,<数值表达式>为弧度 | Cos(0) | 1 |
| Tan(<数值表达式>) | 正切函数,<数值表达式>为弧度 | Tan(3.14/8) | 0.413980342883654 |
| Atn(<数值表达式>) | 求<数值表达式>的反正切值 | Atn(1#) | 0.785398163397448 |
| Int(<数值表达式>) | 求<数值表达式>的整数部分 | Int(−8.4) | −9 |
| Fix(<数值表达式>) | 求<数值表达式>的整数部分 | Fix(−8.4) | −8 |
| Round(<数值表达式>) | 四舍五入取整 | Round(−8.6) | −9 |
| Rnd [(<数值表达式>)] | 返回一个随机数 | Rnd(0) | 0.66 |
| Sgn(<数值表达式>) | 求<数值表达式>的正负符号 | Sgn(−23.45) | −1 |

说明:

(1)三角函数 Sin( )、Cos( )和 Tan( )中,自变量(数值表达式)应该用弧度表示。将一个已知角度变换成弧度的方法是:

首先定义常量 PI,如 Const PI As Single = 3.14159265358979,然后将该角度除以 180 后再乘 PI 即可。

(2)反三角函数 Atn( )函数中,自变量是该角对边的长度与邻边长度之比,返回值是对应角的弧度值,范围是从 $-\pi/2$ 到 $\pi/2$ 弧度。注意 Atn( )是 Tan( )的反三角函数,不要混淆 Atn( )与余切(正切的倒数)函数。

(3)Int( )和 Fix( )函数的区别在于:如果函数中<数值表达式>为负数时,Int( )函数返回小于或等于自变量参数的第一个负整数,而 Fix( )函数返回大于或等于自变量参数的第一个负整数。因此,在表 2-8 实例中,Int( )函数将−8.4 转换为−9,而 Fix( )函数将−8.4 转换为−8。

(4)Rnd( )函数返回一个小于1但大于或等于0的值。函数中＜数值表达式＞的值决定了 Rnd( )函数生成随机数的方式,如表 2-9 所示。

表 2-9　　　　　　　Rnd 函数生成随机数的方式

| ＜数值表达式＞的值 | Rnd 函数生成 |
| --- | --- |
| 小于零 | 每次都相同的值,使用＜数值表达式＞作为种子 |
| 大于零 | 序列中的下一个随机数 |
| 等于零 | 最近生成的数 |
| 省略 | 序列中的下一个随机数 |

需要强调的是:由于每一次连续调用 Rnd( )函数时都用序列中的前一个数作为下一个数的种子,所以对于任何最初给定的种子都会生成相同的数列。为了在程序运行时产生不同的随机数,可以在调用 Rnd( )之前,先使用无参数的 Randomize 语句初始化随机数生成器,该生成器具有基于系统时钟的种子。

要产生指定范围的随机整数,可以使用以下公式:

Int((范围上界 － 范围下界 ＋ 1) ＊ Rnd ＋范围下界)

例如,如果希望用 Rnd( )函数产生 10～99 的随机数,表达式可以写成 Int((99－10＋1) ＊ Rnd ＋10)。

(5)Sgn( )函数返回表示数字符号的整数。当函数中＜数值表达式＞的值大于零时,返回1;当＜数值表达式＞的值等于零时,返回0;当函数中＜数值表达式＞的值小于零时,返回－1。

在数值计算中,有许多非标准的数学函数可以通过 Visual Basic 6.0 提供的标准数学函数导出。表 2-10 列出了由标准函数导出这些数学函数的公式,供读者编程时参考。

表 2-10　　　　　　　　　　由标准函数导出数学函数

| 非标准函数 | 英文名 | 导出公式 |
| --- | --- | --- |
| 正割 | Secant | Sec(X) = 1 / Cos(X) |
| 余割 | Cosecant | Cosec(X) = 1 / Sin(X) |
| 余切 | Cotangent | Cotan(X) = 1 / Tan(X) |
| 反正弦 | Inverse Sine | Arcsin(X) = Atn(X / Sqr(−X ＊ X ＋ 1)) |
| 反余弦 | Inverse Cosine | Arccos(X) = Atn(−X / Sqr(−X ＊ X ＋ 1)) ＋ 2 ＊ Atn(1) |
| 反正割 | Inverse Secant | Arcsec(X) = Atn(X / Sqr(X ＊ X − 1)) ＋ Sgn((X) − 1) ＊ (2 ＊ Atn(1)) |
| 反余割 | Inverse Cosecant | Arccosec(X) = Atn(X / Sqr(X ＊ X − 1)) ＋ (Sgn(X) − 1) ＊ (2 ＊ Atn(1)) |
| 反余切 | Inverse Cotangent | Arccotan(X) = Atn(X) ＋ 2 ＊ Atn(1) |
| N 为底对数 | | LogN(X) = Log(X) / Log(N) |

### 2.转换函数

转换函数主要包括数制、码制、字符大小写以及数据类型转换等函数。表 2-11 列出了 Visual Basic 6.0 提供的一些常用转换函数。

表 2-11                                                    转换函数

| 函　数 | 功　能 | 实　例 | 返　回　值 |
|---|---|---|---|
| Asc(字符串) | 返回字符串中首字母的 ASCII 代码 | Asc（"Abc"） | 65 |
| Chr＄(字符代码) | 返回 ASCII 代码相对应的字符 | Chr＄(65) | "A" |
| Str＄(数值) | 返回数值字符串 | Str＄(123.456) | 123.456 |
| Val(字符串) | 返回包含于字符串内的数字 | Val("123.456B")<br>Val("&H16") | 123.456<br>22 |
| Lcase＄(字符串) | 字符串中的大写字母转换成小写字母 | Lcase＄("ABcd123.4") | "abcd123.4" |
| Ucase＄(字符串) | 字符串中的小写字母转换成大写字母 | Ucase＄("abcd123.4") | "ABCD123.4" |
| Hex[＄](数值) | 十进制数转换成十六进制 | Hex（111） | 6F |
| Oct[＄](数值) | 十进制数转换成八进制 | Oct（10） | 12 |
| CBool(表达式) | 将表达式值转换为逻辑型,若表达式为零,返回 False,否则返回 True | CBool(5<>3)<br>CBool(0) | True<br>False |
| CByte(表达式) | 将表达式值转换成 0～255 的单字节整数 | CByte(254.5678)<br>CByte(255.5678) | 255<br>溢出 |
| CCur(表达式) | 将表达式值转换成货币数据类型 | CCur(543.214588) | 543.2146 |
| CDate(表达式) | 将表达式值转换成日期类型 | CDate("October 19, 2009") | 2009-10-19 |
| CSng(表达式) | 将表达式值转换成单精度类型 | CSng(234.12345678) | 234.1235 |
| CDbl(表达式) | 将表达式值转换成双精度类型 | CDbl(234.5678) | 234.5678 |
| CInt(表达式) | 将表达式值转换成整数 | CInt(234.5678) | 235 |
| CLng(表达式) | 将表达式值转换成长整型数 | CLng(25427.55) | 25428 |
| CStr(表达式) | 将表达式值转换成字符类型 | CStr(234.5678) + "ab" | 234.5678ab |
| CVar(表达式) | 将表达式值转换成变体数据类型 | CVar(234 & "000") | 234000 |

说明:

(1)Asc( )和 Chr＄( )函数互为反函数。

(2)Str＄( )函数将非负的数值转换成字符串,会在转换后字符串左边增加空格,暗示空格位置省略了正号。

(3)Val( )函数将字符串内的数字转换成数值。转换过程中,当遇到不能被识别为数字的第一个字符时,停止读入字符串。有些通常被认为是数值的一部分的符号和字符,例如美元号与逗号,系统都不能被识别。例如,Val("1,234,567.89B")的返回值是 1,但是 Val( )函数可以识别进位制符号 &O(八进制)和 &H(十六进制)。

(4)Hex( )函数将十进制数转换成十六进制(最大到 8 位)。若被转换的数值不是整数,则先将它四舍五入为最接近的整数后再转换。

(5)Oct( )函数将十进制数转换成八进制(最大到 11 位)。若被转换的数值不是整数,也先将它四舍五入为最接近的整数后再转换。

### 3. 字符串函数

字符串函数用于处理字符及字符串。Visual Basic 6.0 提供的常用字符串函数见表2-12。

**表 2-12**            字符串函数

| 函 数 | 功 能 | 实 例 | 返回值 |
|---|---|---|---|
| InStr([N1,]C1,C2[,M]) | 在字符串 C1 中从 N1 开始找 C2,省略 N1 从头开始找,找到返回字符位置,找不到返回 0 | InStr (1, "abcdefg", "c")<br><br>InStr (1, "abcdefg", "x") | 3<br><br>0 |
| InStrRev(C1,C2[,N1][,M]) | 在字符串 C1 中从尾部开始找 C2,找到返回字符位置,找不到返回 0 | InStrRev("abcdefgab", "a", −1, 1)<br>InStrRev("abc", "x", −1, 1) | 8<br><br>0 |
| Left(C,N) | 取字符串 C 左边 N 个字符 | Left ("abcdefg",3) | "abc" |
| Right(C,N) | 取字符串 C 右边 N 个字符 | Right ("abcdefg",3) | "efg" |
| Mid(C,N1[,N2]) | 在字符串 C 中从 N1 开始向右取 N2 个字符,省略 N2 取到结束 | Mid ("abcdefg",4,2)<br>Mid ("abcdefg",4) | "de"<br>"defg" |
| Replace(C,C1,C2 [,N1][,N2][,M]) | 在字符串 C 中从 1(或 N1)开始将 C2 代替 C1,若有 N2 则替换 N2 次 | Replace("abcdefg", "defg", "abc", 1, 1, 0) | "abcabc" |
| LTrim(C) | 去掉字符串 C 左边空格 | LTrim(" abc") | "abc" |
| RTrim(C) | 去掉字符串 C 右边空格 | RTrim("abc ") | "abc" |
| Trim(C) | 去掉字符串 C 两边空格 | Trim(" abc ") | "abc" |
| String(N,C) | 返回由 C 首字符组成的长度为 N 的字符串 | String (3,"abc") | "aaa" |
| Space(N) | 返回由 N 个空格组成的字符串 | Space(3) | " " |
| Len(C) | 返回字符串 C 的长度 | Len("abcdefg") | 7 |
| LenB(C) | 返回字符串 C 所占的字节数 | LenB("abcdefg") | 14 |
| StrReverse(C) | 将字符串 C 反序 | StrReverse ("abcdefg") | "gfedcba" |
| StrComp(C1,C2, M) | 返回字符串 C1 和 C2 比较结果 | StrComp("abc", "ab", 1)<br>StrComp("123", "1234", 1) | 1<br>−1 |
| Jion(A, [,D]) | 将数组 A 各元素按 D(或空格)分隔符连接成字符串 | Dim A As Variant<br>A = Array("10", "20", 30")<br>Join(A, ",") | 10,20,30 |
| Split(C, [,D]) | 将字符串按 D(或空格)分隔符分隔成字符数组 | Dim A As Variant<br>A = Split("123, 45", ",") | A(0) = "123"<br>A(1) = "45" |

说明:

(1)InStr( )函数返回某字符串在另一字符串中第一次出现的位置。函数中参数 M 为可选项,它决定字符串比较类型。当 M=1(或系统常量 vbTextCompare)时,执行字符串文本比较;当 M=0(或系统常量 vbBinaryCompare)时,将执行二进制比较。

(2)InStrRev( )函数与 InStr( )函数功能类似,但语法上有些区别。函数中 N1 为搜索的开始位置,如果忽略,则使用−1。参数 M 的用法与 InStr( )函数相同。

表的实例 InStrRev("abcdefgab","a",−1,1)中,字符串 C1 有两个字符"a",由于是从尾部开始搜索,所以返回的是第二个"a"的位置。

(3)Mid()函数返回从字符串中取出的指定数目的字符。函数中参数 N1 表示被提取字符的开始位置,如果 N1 超出了字符串的长度,则返回零长度字符串。N2 指出要返回的字符数。如果 N2 省略或 N2 超过文本的字符数(包括 N1 处的字符),将返回字符串中从 N1 到字符串结束的所有字符。

(4)StrComp()是字符串比较函数,它返回字符串 C1 和 C2 的比较结果。如果 C1 大于 C2,返回 1;如果 C1 小于 C2,返回−1;如果 C1 等于 C2 则返回 0。参数 M 指定比较方式:当 M=1 时,执行文本比较;当 M=0 时,执行二进制比较。

### 4.日期时间函数

Visual Basic 6.0 提供的常用日期时间函数见表 2-13。

表 2-13                           日期时间函数

| 函　数 | 功　能 | 实　例 | 返回值 |
|---|---|---|---|
| Now | 返回系统日期和时间 | Now | 2010-9-13 15:01:30 |
| Date[()] | 返回系统日期 | Date() | 2010-9-13 |
| Time[()] | 返回系统时间 | Time() | 15:01:30 |
| DateSerial(年,月,日) | 返回指定形式日期 | DateSerial(1998, 8, 19) | 1998-8-19 |
| DateValue(C) | 返回字符串 C 指定的日期 | DateValue("8/19/1998") <br> DateValue("December 30, 1991") | 1998-8-19 <br> 1991-12-30 |
| Year(C｜N) | 返回年代号(1753~2078) | Year("December 30, 1991") <br> Year(370) | 1991 <br> 1901 |
| Month(C｜N) | 返回月份代号(1~12) | Month("December 30, 1991") <br> Month(180) | 12 <br> 6 |
| Day(C｜N) | 返回日期代号(0~31) | Day("December 30, 1991") <br> Day(50) | 30 <br> 18 |
| Hour(C｜N) | 返回小时(0~24) | Hour(#1:12:56 PM#) | 13 |
| Minute(C｜N) | 返回分钟(0~59) | Minute(#1:12:56 PM#) | 12 |
| Second(C｜N) | 返回秒(0~59) | Second(#1:12:56 PM#) | 56 |
| MonthName(N) | 返回月份名 | MonthName(12) | 十二月 |
| WeekDay(C｜N) | 返回星期代号(1~7) <br> 星期日为 1,星期一为 2 | WeekDay("9/13/2010") | 2 |
| WeekDayName(N) | 将星期代号(1~7)转换为星期名称 | WeekDayName(2) | 星期一 |
| DateAdd(C,N,D) | 按间隔字符 C 对应的日期形式(见表 2-14)对日期 D 增减,增减量为 N | DateAdd("m",2,#2010-9-13#) <br> DateAdd("yyyy",5,#1998-8-19#) | 2010-11-13 <br> 2003-8-19 |
| DateDiff(C,D1,D2) | 按间隔字符 C 对应的日期形式(见表 2-14)求日期 D1 和 D2 之差 | DateDiff("yyyy", #8/19/1998#, Now) <br> DateDiff("d", #8/19/1998#, Now) | 12 <br> 4408 |

说明：

（1）Now、Date( )、Time( )函数返回系统的日期和时间，注意它们返回值的区别。

（2）Date( )函数返回系统日期，是日期型数据，而 Date＄( )函数返回系统日期字符串。

（3）DateSerial( )函数返回一个指定形式的日期。年参数的取值范围是 0～99，解释为 1900～1999 年。对于此范围之外的年参数，则使用四位数字表示年份（例如 1800 年）。

（4）DateValue( )函数也返回一个日期。它的自变量是字符串表达式，表示从公元 100 年 1 月 1 日到 9999 年 12 月 31 日之间的一个日期。自变量也可以是明确的英文月份名称，全名或缩写均可。

（5）Year( )函数返回一个年代号。它的自变量可以是字符型日期 C，也可以是数值 N。若是数值 N，则 N 指相对于 1899 年 12 月 31 日前后的天数。表中 Year（370）的返回值为 1901 年。

（6）Month( )函数返回一个月份代号。表中 Month（180）的返回值为 6，表示相对于 1899 年 12 月 31 日而言，180 天后是 1900 年的 6 月份。

（7）Day( )函数返回一个日期号。表中 Day(50)的返回值为 18，表示 1900 年 2 月的 18 号。

（8）DateAdd( )函数返回一个日期值，该日期值是由给定日期加减一个时间增量形成的。时间增量为正时得到未来的日期，为负时得到过去的日期。时间增量的日期形式由表 2-14 的间隔字符决定。

（9）DateDiff( )函数返回两个给定日期的差值。差值的形式也由表 2-14 间隔字符决定。

表 2-14　　　　　　　　　　　　　日期形式

| 间隔字符 | yyyy | q | m | y | d | W | ww | h | n | s |
|---|---|---|---|---|---|---|---|---|---|---|
| 日期形式 | 年 | 季 | 月 | 一年的天数 | 日 | 一周的日数 | 星期 | 时 | 分 | 秒 |

### 5. 格式输出函数

格式输出函数 Format( )可以使数值、日期或字符串按指定的格式输出，一般用于 Print 方法中。Visual Basic 6.0 还提供了 FormatCurrency（货币格式）、FormatNumber（数字格式）和 FormatPercent（百分比格式），用户使用时只需调用对应格式即可。

Format( )函数的一般形式如下：

Format＄( 表达式 [,格式字符串])

其中：

表达式为需要格式化的数值、日期和字符串类型表达式。

格式字符串为指定的输出格式，包括数值、日期和字符串三种格式。格式字符串使用时要加引号。

（1）数值格式化

数值格式化是将数值表达式的值按"格式字符串"指定的格式输出。有关格式及举例见表 2-15。

表 2-15　　　　　　　　　　　　　　　　常用数值格式符及举例

| 符　号 | 作　　用 | 数值表达式 | 格式字符串 | 显示结果 |
|---|---|---|---|---|
| 0 | 数字占位符。显示一位数字或是零。如果表达式在格式字符串中 0 的位置上有一位数字存在，那么就显示出来；否则，就以零显示。如果数值的位数少于格式表达式中零的位数（无论是小数点的左方或右方），那么就把前面或后面的零补足。如果数值的小数点右方位数多于格式表达式中小数点右面零的位数，那么就四舍五入到有零的位数的最后一位。如果数值的小数点左方位数多于格式表达式中小数点左面零的位数，那么多出的部分都要不加修饰地显示出来。 | 1234.567<br>1234.567 | "00000.0000"<br>"000.00" | 01234.5670<br>1234.57 |
| ＃ | 数字占位符。显示一位数字或什么都不显示。如果表达式在格式字符串中"＃"的位置上有数字存在，那么就显示出来；否则，该位置就什么都不显示。 | 1234.567<br>1234.567 | "＃＃＃＃＃.＃＃＃＃"<br>"＃＃＃.＃＃" | 1234.567<br>1234.57 |
| . | 小数点占位符。用来决定在小数点左右可显示多少位数。 | 1234 | "000.00" | 1234.00 |
| ％ | 百分比符号占位符。表达式乘以 100，再加百分比符号（％）。 | 1234.567 | "＃＃＃＃.＃＃％" | 123456.7％ |
| , | 千分位符号占位符。用于把数值小数点左边超过四位数以上分出千位。如果格式中在数字占位符（0 或 ＃）周围包含有千分位符号，则指定的是标准的千分位符号使用法。 | 1234.567 | "＃＃,＃＃0.0000" | 1,234.5670 |
| $ | 用于在数字前加 $ | 1234.567 | "$＃＃＃.＃＃" | $1234.57 |
| ＋ | 用于在数字前加＋ | 1234.567 | "＋＃＃＃.＃＃" | ＋1234.57 |
| － | 用于在数字前加－ | 1234.567 | "－＃＃＃.＃＃" | －1234.57 |
| E＋<br>E－ | 科学格式。如果格式表达式在 E－、E＋、e－ 或 e＋ 的右方含有至少一个数字占位符（0 或 ＃），那么数值将表示成科学格式，而 E 或 e 会被安置在数字和指数之间。E 或 e 右方数字占位符的个数取决于指数位数。 | 0.1234<br>1234567 | "0.00E－00"<br>"0.0000E＋00" | 1.23E－01<br>1.2346E＋06 |

### （2）日期和时间格式化

　　日期和时间格式化是将日期类型表达式的值按"格式字符串"指定的格式输出。具体格式符及使用说明见表 2-16。

表 2-16　　　　　　　　　　　　　　　　常用日期和时间格式符

| 符　号 | 作　　用 | 符　号 | 作　　用 |
|---|---|---|---|
| d | 显示日期（1～31），个位前不加 0 | dd | 显示日期（01～31），个位前加 0 |
| ddd | 显示星期缩写（Sun～Sat） | dddd | 显示星期全名（Sunday～Saturday） |
| ddddd | 显示完整日期（yy/mm/dd） | dddddd | 显示完整长日期（yyyy 年 m 月 d 日） |
| w | 星期为数字（1～7,1 是星期日） | ww | 一年中的星期数（1～53） |
| m | 显示月份（1～12），个位前不加 0 | mm | 显示月份（01～12），个位前加 0 |

（续表）

| 符　号 | 作　用 | 符　号 | 作　用 |
|---|---|---|---|
| mmm | 显示月份缩写（Jan～Dec） | mmmm | 显示月份全名（January～December） |
| y | 显示一年中的天（1～366） | yy | 两位数显示年份（00～99） |
| yyyy | 四位数显示年份（0100～9999） | q | 季度数（1～4） |
| h | 显示小时（0～23），个位前不加 0 | hh | 显示小时（00～23），个位前加 0 |
| m | 显示分（0～59），个位前不加 0 | mm | 显示分（00～59），个位前加 0 |
| s | 显示秒（0～59），个位前不加 0 | ss | 显示秒（00～59），个位前加 0 |
| ttt | 显示完整时间，默认格式为：hh:mm:ss | AM/PM<br>am/pm | 12 小时时钟，午前为 AM 或 am，午后为 PM 或 pm |
| A/P,a/p | 12 小时时钟，午前为 A 或 a,午后为 P 或 p | | |

**例 2-7**　求下列格式函数的输出值。

Format(♯1/27/1993♯,"dddd, mmm d yyyy")的输出值为：Wednesday, Jan 27 1993。

Format("17:08:59","hh:mm:ss AM/PM")的输出值为：05:08:59 PM。

**（3）字符串格式化**

字符串格式化是将字符串按指定的格式进行大小写显示。常用的字符串格式符及使用说明见表 2-17。

表 2-17　　　　　　　　　　**常用字符串格式符**

| 符　号 | 作　用 | 字符串表达式 | 格式字符串 | 显示结果 |
|---|---|---|---|---|
| ＜ | 强迫以小写显示 | HELLO | "＜" | hello |
| ＞ | 强迫以大写显示 | hello | "＞" | HELLO |
| @ | 实际字符位数小于符号位数,字符前加空格 | ABCDEF | "@@@@@@@@" | □□ABCDEF |
| & | 实际字符位数小于符号位数,字符前不加空格 | ABCDEF | "&&&&&&&&" | ABCDEF |

### 6. VarType( )函数

VarType( )函数用于确定变量的数据类型。

VarType( )函数的一般形式如下：VarType（变量名）。

该函数返回一个代表变量数据类型的整型数（或对应的 Visual Basic 系统常量），见表 2-18。

表 2-18　　　　　　　　　　**VarType( )函数的返回值**

| 常　数 | 返回值 | 说　明 | 常　数 | 返回值 | 说　明 |
|---|---|---|---|---|---|
| vbEmpty | 0 | 未初始化 | vbObject | 9 | 对象 |
| vbNull | 1 | 无有效数据 | vbError | 10 | 错误值 |
| vbInteger | 2 | 整数 | vbBoolean | 11 | 逻辑值 |
| vbLong | 3 | 长整数 | vbVariant | 12 | Variant |
| vbSingle | 4 | 单精度数 | vbDataObject | 13 | 数据对象 |

（续表）

| 常　数 | 返回值 | 说　明 | 常　数 | 返回值 | 说　明 |
|--------|--------|--------|--------|--------|--------|
| vbDouble | 5 | 双精度数 | vbDecimal | 14 | 十进制值 |
| vbCurrency | 6 | 货币值 | vbByte | 17 | 位值 |
| vbDate | 7 | 日期值 | vbUserDefinedType | 36 | 包含用户定义类型变量 |
| vbString | 8 | 字符串 | vbArray | 8192 | 数组 |

**例 2-8**　用 VarType( )函数决定变量的类型。

```
Dim IntVar, StrVar, DateVar, MyCheck          '定义变量
IntVar = 459                                   '给变量赋值
StrVar = "Hello World"
DateVar = #2/12/1969#
MyCheck = VarType(IntVar)                      '返回 2
MyCheck = VarType(DateVar)                     '返回 7
MyCheck = VarType(StrVar)                      '返回 8
```

⚠ **注意**：本例中用到了赋值语句，目的是使读者对变量赋值概念有一个最基本的了解。该语句具体的格式及功能将在下一章中作详细说明。

**7. Shell( )函数**

Shell( )函数用于在 Visual Basic 中调用 Windows 或 DOS 的应用程序。

Shell( )函数的一般形式如下：

Shell（命令字符串 [,窗口类型]）

其中，命令字符串是要求系统执行的应用程序文件名，应包括路径。应用程序必须是可执行文件，即文件扩展名是 com、exe、bat、pif 之类的文件。窗口类型指应用程序运行时的窗口界面，可以用整型数或对应的 Visual Basic 系统常量表示，见表 2-19。

表 2-19　　　　　　　　　　　　　　窗口类型

| 窗口类型 | vb 系统常量 | 说明 |
|---------|------------|------|
| 0 | vbHide | 窗口被隐藏，且焦点会移到隐式窗口 |
| 1 | vbNormalFocus | 窗口具有焦点，且会还原到它原来的大小和位置 |
| 2 | vbMinimizedFocus | 窗口会以一个具有焦点的图标来显示 |
| 3 | vbMaximizedFocus | 窗口是一个具有焦点的最大化窗口 |
| 4 | vbNormalNoFocus | 窗口会被还原到最近使用的大小和位置，而当前活动的窗口仍然保持活动 |
| 6 | vbMinimizedNoFocus | 窗口会以一个图标来显示，而当前活动的窗口仍然保持活动 |

说明：

如果 Shell( )函数成功地执行了所要执行的文件，则它会返回程序的任务 ID。任务 ID 是一个唯一的数值，用来指明正在运行的程序。如果 Shell( )函数不能打开命名的程序，则会产生错误。

⚠ **注意**：缺省情况下，Shell( )函数是以异步方式来执行其他程序的。也就是说，用 Shell( )函数启动的程序可能还没有完成执行过程，就已经执行到 Shell( )函数之后的语句。

**例 2-9** 要求使用 Shell( )函数,将系统从 Windows 切换到 DOS 界面。方法如下:

(1)建立名为工程 1 的新工程,工程内仅有一个窗体 Form1。

(2)窗体 Form1 中放一个名为 Command1 的命令按钮。

(3)双击命令按钮,打开代码窗口,在 Command1 的 Click 事件中输入两条语句,如图 2-1 所示。

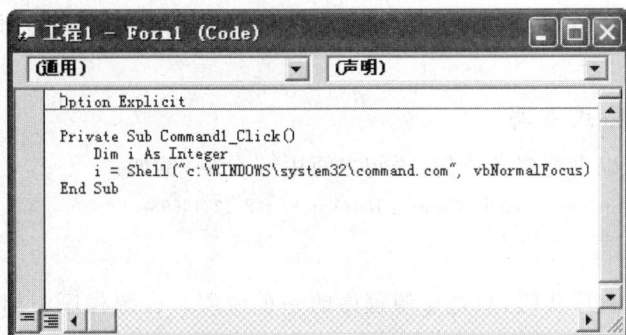

图 2-1 工程 1 的代码窗口

(4)运行工程 1,单击窗体中的【Command1】命令按钮,系统切换到 DOS 界面,如图 2-2所示。

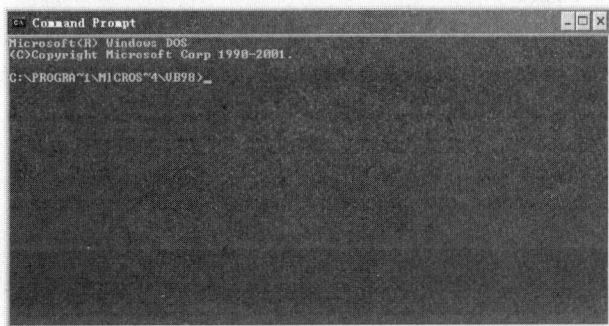

图 2-2 运行结果

# 2.5 编码规则

Visual Basic 与其他任何高级程序设计语言一样,编写程序代码时有一定的书写规则,其常用规则如下:

## 1.代码限制

窗体、类或标准模块的代码总数限于 65534 行。一行代码限于 1023 个字节,在一行中的实际文本之前最多只能有 256 个空格的前导。若语句太长,可以将一行语句分为多行书写,在未写完的一行后面用空格和"_"作为续行标志,这种书写方法不会影响程序代码的运行效果。一个逻辑行中最多只能有 25 个续行符。例如语句

Dim mmax, mmax1, mmax2, mmin, mmin1, mmin2, mave, mave1, mave2 As Integer

可以分两行书写:

```
Dim mmax, mmax1, mmax2, mmin, mmin1, _
mmin2, mave, mave1, mave2 As Integer
```

### 2. 英文字母不区分大小写

Visual Basic 程序代码不区分英文字母的大小写。为了提高程序的可读性,系统会对用户输入的程序代码自动进行转换。对于程序代码中的关键字,首字母总会被转换成大写,其余字母被转换成小写。若关键字由多个英文单词组成,系统会将每个单词首字母转换成大写。

### 3. 采用自由格式书写

同一代码行可以书写多条语句,语句之间用"；"分隔,例如:

```
IntVar = 459 ; StrVar = "Hello World" ; DateVar = #2/12/1969#
```

### 4. 注释

注释本身不是程序代码,只是对源程序的一种说明。在源程序中加入必要的注释可以提高程序的可读性,也有利于程序的调试和维护。注释有如下几种方法:

(1)在代码行内注释可以 Rem 开头,也可以用撇号"'"引导注释内容,后者可以直接出现在语句后面。注释内容可以是西文或中文,注释文本颜色可以在"选项窗口"中通过"编辑器格式"选项卡设置。

(2)执行主菜单中的【视图】|【工具栏】|【编辑】命令,打开"编辑"工具栏。单击【设置注释块】或【解除注释块】按钮图标,使选中的若干行语句成为注释行或解除注释行。

## 本章小结

Visual Basic 6.0 为用户提供了丰富的数据类型,每种数据类型可以用关键字或类型符表示,不同的数据类型占有不同的存储空间。经常使用的数据类型有:Boolean、Integer、Single、String。当 Integer 和 Single 类型数据范围不够时,可使用 Long、Double 数据类型。

变量是内存中的一个存储区域。变量必须按规则命名。根据作用域不同,变量可分为局部、窗体/模块级以及全局变量三种类型。变量使用前要声明,可以用显式或隐式方法声明变量,本章主要介绍用 Dim 语句声明局部变量的方法。

常量是指在程序运行过程中不变化的数据。Visual Basic 有三种常量,分别是直接常量、用户声明的符号常量和系统常量。

表达式是由常量、变量、函数和括弧通过特定的运算符连接起来的式子。

数值表达式是由算术运算符将数值型数据连接起来的式子,表达式的运算结果是数值型数据。字符表达式是由字符运算符将字符型数据连接起来的式子。关系表达式是由关系运算符将两个运算对象连接起来的式子。关系运算的结果是一个逻辑值。

标准函数是系统提供的可以实现特定功能的一段程序。函数经过计算或处理后返回一个值,称为返回值。Visual Basic 6.0 提供了大量标准函数,本章主要介绍了数学、转换、字符串、日期时间、格式输出等类别的常用函数。此外,还详细介绍了 VarType( )函数以及 Shell( )函数。读者不一定要全部记住上述函数的所有参数及格式,但必须知道这些函数的功能及用途。

# 习　题

## 一、填空题

1. 在 Visual Basic 中,1234、123456&、1.2346E＋5、1.2346D＋5 分别表示(　　　)、(　　　)、(　　　)、(　　　)数据类型。

2. $\sin15° + \dfrac{\sqrt{x+e^3}}{|x-y|}$ 写成 VB 的数学表达式应为(　　　)。

3. 表示 x 是 5 的倍数或是 9 的倍数的逻辑表达式应该写成(　　　)。

4. 已知 a＝3.5,b＝5.0,c＝2.5,d＝True,则表达式
a>＝0 AND a+c>b+3 OR NOT d 的值是(　　　)。

5. Int(－3.5)、Int(3.5)、Fix(－3.5)、Fix(3.5)、Round(－3.5)、Round(3.5) 的值分别是(　　　)、(　　　)、(　　　)、(　　　)、(　　　)、(　　　)。

6. 表达式 Ucase(Mid("abcdefgh",3,4))的值是(　　　)。

7. 表达式 Chr$(Asc("a") － 25)的值是(　　　)。

8. 表达式 Str$(123) ＋ Trim(Str$(4.56))的值是(　　　)。

9. 表达式 Replace("abcabcabc", "c", "dd", 1, 4, 0)的值是(　　　)。

10. 表达式 Left("abcdefghijkl",2)＋Chr(99) 的值是(　　　)。

11. 表达式 DateAdd("m", 7, ♯2/20/2010♯)的值是(　　　)。

12. 求 2010 年 9 月 18 日是星期几的函数是(　　　)。

## 二、选择题

1. 下面合法的变量名是(　　　)。
A. 3.14　　　　　　　B.π　　　　　　　　C. 0.314E＋1　　　　　　　D. pi

2. 以下日期值正确的是(　　　)。
A. ♯2010-9-18♯　　　　　　　　　B. 2010.09.18
C. {2010-9-18}　　　　　　　　　D. [2010-9-18]

3. 如果程序中需要用到的一个整数范围是 －34768～40000,那么应该把存储这个整型数的变量声明为(　　　)。
A. Integer　　　　B. Byte　　　　C. Long　　　　　　D. Double

4. 下面正确的 Visual Basic 表达式是(　　　)。
A. ♯2010-9-18♯－10　　　　　　　B. ♯9/18/2010♯ － Hour()
C. {^2010.09.18}＋30　　　　　　　D. {[2010.09.18]}＋[1000]

5. 设 a＝5,b＝8,c＝6,则表达式 a＋a\2+b\3+c\4 的值为(　　　)。
A. 11.67　　　　B. 10　　　　C. 8　　　　　　　D. 6

6. 表达式 Cos(3.14159 * 60/180)的值为(    )。

A. 1          B. -1          C. 0.50          D. -0.50

7. "x 是小于 100 的非负数",用 Visual Basic 表达式表示是(    )。

A. 0≤x<100                    B. 0<=x<100

C. x>=0 And x<100              D. 0<=x And x<100

8. 表达式 UCase(Left("abcdef", 2)) + LCase(Right("abcdef", 2))值是(    )。

A. abCD          B. CDef          C. ABef          D. abEF

9. 如果 x 是一个正实数,对 x 的第 3 位小数四舍五入的表达式是(    )。

A. 0.01 * INT(x+0.005)          B. 0.01 * INT(100 * (x+0.005))

C. 0.01 * INT(100 * (x+0.05))          D. 0.01 * INT(x+0.05)

10. 数学式 SIN25°写成 Visual Basic 的表达式是(    )。

A. SIN25                        B. SIN(25)

C. SIN25°                       D. SIN(25 * 3.14159/180)

11. 产生一个 100～999 的随机整数,Visual Basic 的数学表达式是(    )。

A. Int((99 - 10 + 1) * Rnd + 10)

B. Int((999 - 100) * Rnd + 100)

C. Int((999 - 100 + 1) * Rnd)

D. Int((999 - 100 + 1) * Rnd + 100)

12. 如果 x=4,那么以下运算结果为 False 的表达式是(    )。

A. (x<=4) And (X>=6)          B. (x>=4) Or (x>=6)

C. (x>=4) Xor (x>=6)          D. Not(x<>4)

## 三、简答题

1. 为什么 0.12mx、Const、abs()不能作为 Visual Basic 变量名? 说明理由。

2. Visual Basic 共有几种表达式? 根据什么确定表达式的类型?

3. 表达式 Int((99 - 50 + 1) * Rnd + 50) >= 60 And Day("December 30, 1991") >= 30 的值在什么情况下是 True? 在什么情况下是 False?

4. Visual Basic 中有没有余切标准函数? 如果有,如何调用该函数? 如果没有,如何实现三角余切计算?

## 四、操作题

建立一个名为工程 1 的新工程,该工程仅有一个窗体 Form1,要求在 Form1 内调试 Visual Basic 的各种函数与表达式,方法及步骤如下:

(1)窗体 Form1 中放一个名为 Command1 的命令按钮;

(2)窗体 Form1 中再放一个名为 Label1 的标签;

(3)双击命令按钮,打开代码窗口,在 Command1 的 Click 事件中输入如下语句:

Label1. Caption=<显示结果>,<显示结果>为各种类型的函数或表达式;

(4)运行工程 1,观察窗体 Form1 中标签 Label1 显示的内容。

例如,希望了解 InStr()函数的用法,可以输入语句:

Label1. Caption=InStr (1, "abcdefg", "e"),运行后显示的结果为 5,说明字符"e"在字符串"abcdefg"左起第 5 个字符位置上。

# 第 3 章   程序设计基础

## 教学目标

通过本章学习,学生应了解 Visual Basic 应用程序的框架结构。掌握顺序、分支、循环这三种基本控制结构。掌握子过程和函数过程的定义与调用方法,理解过程调用时参数传递的概念,理解过程与变量作用域的概念。应掌握数组的概念,掌握静态数组以及动态数组的声明方法,掌握数组的应用方法。应了解应用程序的错误类型,并能利用 Visual Basic 提供的多种调试工具调试程序。

## 教学要求

| 知识要点 | 能力要求 |
| --- | --- |
| 文件级模块<br>单元级模块 | 了解三种类型文件级模块:窗体模块、标准模块和类模块 |
| 基本控制结构 | 掌握三类基本控制结构,能用顺序、分支、循环语句编写简单的程序,实现一些最基本的应用 |
| 子过程和函数过程 | 掌握子过程和函数过程的定义与调用方法;能编写程序,通过调用子过程方式,实现一些公共的、重复的操作或处理 |
| 数组 | 掌握数组的概念;掌握静态数组以及动态数组的声明方法和应用。能结合循环语句使用数组,能编写程序实现一些最基本的算法 |
| 程序调试 | 了解错误基本类型以及产生原因;能利用设置断点、添加监视、立即窗口等多种调试工具调试程序 |

# 3.1 Visual Basic 应用程序框架

Visual Basic 是一种模块化的语言,模块是过程、函数的集合。Visual Basic 的应用程序(标准工程)的基本模块主要有三种类型:窗体模块、标准模块和类模块。这三种类型的模块是以文件形式体现的,称为文件级模块。文件级模块中包含有:过程、函数、属性、方法、事件等内容,可以把它们看作为单元级模块。

窗体模块用于建立应用程序的用户界面,它的文件扩展名为.frm。窗体也是一个容器,可以包含许多控件。每个控件都有一个对应的事件过程集,在过程中可以编写为响应特定事件而执行的代码。这些事件所对应的过程集是从属于窗体文件的。此外,窗体模块还可以包含通用过程,它是一种局部公共的过程,只有窗体中的事件过程代码才能调用这些通用过程。

简单的应用程序可以只有一个窗体,应用程序的所有代码都驻留在该窗体模块中。当应用程序庞大复杂时,就需要增加窗体。如果几个窗体中都有要执行的公共代码,为了避免在两个窗体中重复一段同样的代码,用户需要创建一个独立模块,它包括含公共代码的过程。这个独立模块称为标准模块。

标准模块相当于用户的程序库,它的文件扩展名为.bas。标准模块是应用程序内其他模块访问的过程和声明的容器,它可以包含常数、变量、类型、外部过程和公共过程的全局(在整个应用程序范围内有效的)声明或模块级声明。通常而言,标准模块中的一个过程可能用来响应几个不同对象中的事件。因此,在应用程序设计时应该考虑将那些与特定窗体或控件无关的公共过程或函数放在标准模块中,而不应在每一个对象的事件过程中重复相同的代码。需要指出的是,标准模块是没有事件过程的。

类模块相当于用户的自定义对象库,它的文件扩展名为.cls。在类模块文件中用户可以创建对象,这些对象可被应用程序内的过程调用。类模块在一定程度上与普通控件有一些类似,例如它们都有自己的属性,可以响应的事件,可以执行的方法等等。但普通控件有图形界面,而类模块则没有,所以类模块可视为没有物理表示的控件。

Visual Basic 的应用程序框架如图 3-1 所示。

综上所述,Visual Basic 的应用程序是一种完全的模块化的程序结构。最小的程序模块是过程或者函数。这些过程或函数从属于不同的窗体文件、标准模块文件和类模块文件。

过程或函数的程序代码由语句构成。程序按功能执行步骤划分成诸多语句块,逻辑语句块的划分往往和程序的流程控制结构有关。Visual Basic 是结构化的程序设计语言,哪怕是再复杂的过程或函数,也能将程序分解为几种基本的控制结构,这也是下一节要介绍的主要内容。

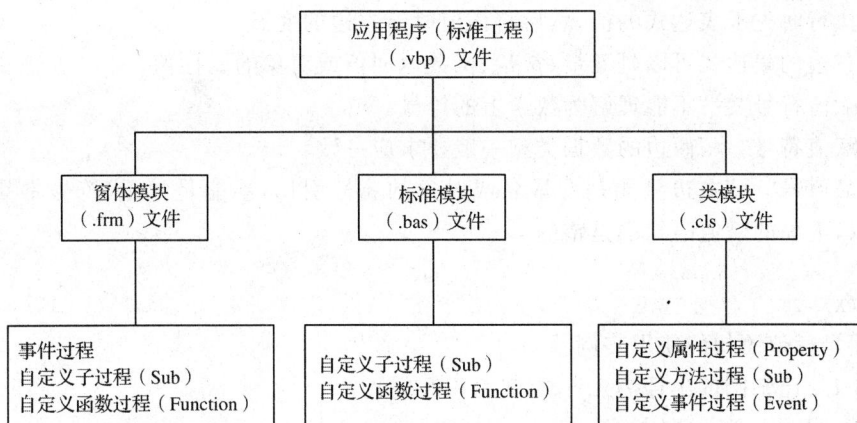

图 3-1　Visual Basic 应用程序框架

# 3.2　基本控制结构

Visual Basic 具有顺序、选择（分支）和循环三类基本控制结构。由这三类基本控制结构组成的程序，可以处理任何复杂的问题。

## 3.2.1　顺序结构

顺序结构是最基本、最简单的程序结构。顺序结构的程序在运行时，按各语句出现的先后顺序执行，无转向和循环。控制结构流程如图 3-2 所示。Visual Basic 程序从主体上说是顺序的，每条语句执行完后都自动开始下一条语句的执行，只有遇到分支结构、循环结构、过程函数等才会暂时改变执行的顺序。

一般的程序设计语言中，顺序结构的语句主要是赋值语句和输入/输出语句。Visual Basic 也有赋值语句，而输出可以通过标签控件内容显示、窗体的 Print 输出方法来实现。此外，系统还提供了与用户交互的函数和过程来实现此类功能。为了便于教学，这里将人机交互函数和过程也归纳在顺序结构中介绍。

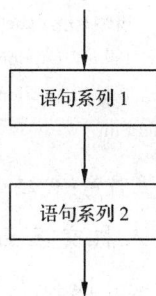

图 3-2　顺序结构的流程图

### 1. 赋值语句

赋值语句是最基本的语句，一般用于给变量赋值或对控件设定属性值。赋值语句的格式如下：

　　变量名＝＜表达式＞
　　对象.属性＝＜表达式＞
功能：将表达式的值赋给变量或指定对象的属性。
说明：

（1）执行时先求表达式的值,然后将该值赋给左边的变量。

（2）右边的表达式可以是变量、常量、函数返回值或对象的属性值。

（3）赋值符号"＝"不能理解为数学上的等号。

（4）赋值符号"＝"两边的数据类型一般要求应一致。

（5）赋值号"＝"左边只能是变量名或对象的属性引用,不能是常量、符号常量、表达式。所以,下面的赋值语句都是错的:

```
5＝X              '左边是常量
Abs(X)＝20        '左边是函数
```

下面是赋值语句的使用实例。

**例 3-1** 已知圆的半径为 1.5,求圆面积和周长:

```
Dim sngR1, sngC1, sngS1 As Single
Const PI＝3.14159
sngR1＝1.5
sngC1＝2 * PI * sngR1
sngS1＝PI * sngR1^2
```

**例 3-2** 窗体 Form1 中有两个标签 Label1、Label2 以及一个命令按钮 Command1。Label1 和 Label2 的 Caption 属性分别为 123 和 456 两个整数。要求窗体运行时,当用户单击【Command1】按钮时,两个标签的内容互换。Command1 按钮的 Click 事件过程代码如下:

```
Private Sub Command1_Click()
    Dim intN1 As Integer
    intN1 = Label1.Caption
    Label1.Caption = Label2.Caption
    Label2.Caption = intN1
End Sub
```

**注意**:代码中用了 3 条赋值语句,实现标签 Label1 和 Label2 的内容互换。

### 2.人机交互函数和过程

Visual Basic 与用户间的交互是通过 InputBox 函数、MsgBox 函数和 MsgBox 过程实现的。

1）InputBox 函数

**格式**:InputBox（＜提示＞[,＜标题＞][,＜默认＞][,＜x坐标位置＞][,＜y坐标位置＞]）

功能:打开一个对话框,在对话框中来显示提示内容,然后等待用户输入正文或按下按钮。当用户单击【确定】按钮或按【Enter】键后,函数返回包含文本框内容的字符串。

其中:

（1）提示:是必选参数,用于在对话框内显示提示信息。该参数是一个字符串,最大长度是 1024 个字符。如果提示包含多个行,则可在各行之间用回车符（Chr(13)）、换行符（Chr(10)）或回车换行符的组合(Chr(13))&(Chr(10))来分隔。

（2）标题:是可选的参数,也是一个字符串,显示在对话框顶部的标题区中。如果省略标题,则把应用程序名作为标题。

(3)默认：是可选的参数，也是字符串，用于显示输入缓冲区的默认信息。在执行 InputBox 函数后，如果用户没有输入任何信息，则可以用此默认字符串作为输入值。如果用户不想用此默认字符串作为输入值，可以在输入区直接键入数据，以取代默认值。如果省略该项，则对话框的输入区为空白，等待用户输入。

(4)x、y 坐标位置：数值表达式，是可选的参数，用于指定对话框左上角在屏幕上的位置。屏幕左上角为坐标的原点，单位为 Twip。

**例 3-3** InputBox 函数使用实例。

有如下代码段：

```
Dim Message, Title, Default, MyValue
Message = "请输入一个小于 100 的整数"        '设置提示信息
Title = "InputBox 函数演示"                  '设置标题
Default = "1"                                '设置默认值
'显示信息、标题及默认值。
MyValue = InputBox(Message, Title, Default, 100, 100)
```

运行时屏幕出现的对话框如图 3-3 所示。当用户输入 55 并按【Enter】键后，变量 MyValue 的值为 55。

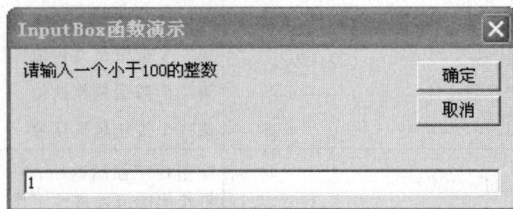

图 3-3 InputBox 函数实例

使用 InputBox 函数应该注意以下几点：

(1)各项参数的次序必须一一对应，除了"提示"项不能省略外，其余各项均可省略。

(2)每执行一次 InputBox 函数只能输入一个值，如需输入多个值，必须多次调用该函数。在实际应用中，通常使用循环语句实现连续输入。

(3)用户按【Enter】键或单击【确定】按钮后输入结束，对话框消失。计算机将输入数据作为函数的返回值赋给一个变量。

(4)在默认情况下，InputBox 函数的返回值是字符串，因此，该函数可以写成 InputBox＄的形式。

2)MsgBox 函数和 MsgBox 过程

MsgBox 函数格式：变量[%]=MsgBox(＜提示＞[,＜按钮＞][,＜标题＞])

MsgBox 语句格式：MsgBox（＜提示＞[,＜按钮＞][,＜标题＞])

功能：打开一个信息框，然后等待用户选择一个按钮。MsgBox 函数返回一个表示按钮的整数，若不需要返回值，则可作为 MsgBox 过程调用。

其中：

(1)提示：是必需的参数，提示信息的格式和长度与 InputBox 函数相同。

(2)按钮：是可选的参数，用数值表达式表示，是一组值的总和。第一组值(0~5)描述了对话框中显示的按钮的类型与数目；第二组值(16，32，48，64)描述了图标的样式；第三组值(0，256，512)说明哪一个按钮是默认值；而第四组值(0，4096)则决定消息框的强制返回性。将这些数字相加以生成按钮参数值的时候,只能由每组值取用一个数字。按钮的设置及含义见表 3-1。

(3)标题:是可选的参数,显示对话框标题栏中的字符串表达式。如果省略标题,则把应用程序名放入标题栏中。

**表 3-1**                      **"按钮"参数的设置及说明**

| 分 组 | 内部常数 | 按钮值 | 说 明 |
|---|---|---|---|
| 按钮<br>数目 | vbOKOnly | 0 | 只显示"确定"按钮 |
| | vbOKCancel | 1 | 显示"确定"及"取消"按钮 |
| | vbAbortRetryIgnore | 2 | 显示"终止"、"重试"及"忽略"按钮 |
| | vbYesNoCancel | 3 | 显示"是"、"否"及"取消"按钮 |
| | vbYesNo | 4 | 显示"是"及"否"按钮 |
| | vbRetryCancel | 5 | 显示"重试"及"取消"按钮 |
| 图标<br>类型 | vbCritical | 16 | 显示关键信息图标,红色 STOP 标志 |
| | vbQuestion | 32 | 显示询问信息图标"?" |
| | vbExclamation | 48 | 显示警告信息图标"!" |
| | vbInformation | 64 | 显示信息图标"i" |
| 缺省<br>按钮 | vbDefaultButton1 | 0 | 第一个按钮是默认值 |
| | vbDefaultButton2 | 256 | 第二个按钮是默认值 |
| | vbDefaultButton3 | 512 | 第三个按钮是默认值 |
| 模式 | vbApplicationModal | 0 | 应用程序强制返回,并一直被挂起,直到用户对消息框作出响应才继续工作 |
| | vbSystemModal | 4096 | 系统强制返回,全部应用程序都被挂起,直到用户对消息框作出响应才继续工作 |

(4)MsgBox 函数返回值的含义见表 3-2。

**表 3-2**        **MsgBox 函数返回值的含义**

| 内部常数 | 返 回 值 | 被按下的按钮 |
|---|---|---|
| vbOK | 1 | "确定"按钮 |
| vbCancel | 2 | "取消"按钮 |
| vbAbort | 3 | "终止"按钮 |
| vbRetry | 4 | "重试"按钮 |
| vbIgnore | 5 | "忽略"按钮 |
| vbYes | 6 | "是"按钮 |
| vbNo | 7 | "否"按钮 |

**例 3-4**   MsgBox 函数使用实例。

有如下代码段:

```
Dim Msg, Title As String
Dim Style, Response As Integer
Msg = "是否继续 ?"                            '定义信息
Style = vbYesNo + vbCritical + vbDefaultButton2     '定义按钮
```

Title ＝ ″MsgBox 函数演示″ '定义标题

Response ＝ MsgBox(Msg，Style，Title)

运行时屏幕出现的对话框如图 3-4 所示。当用户单击【是】按钮，变量 Response 的值为 6；单击【否】按钮，则 Response 的值为 7。

说明：

由 MsgBox 函数和 MsgBox 过程显示的信息框有一个共同的特点，就是出现信息框后，用户必须作出选择，否则不能执行其他任何操作。在 Visual Basic 中，把这样的窗口（对话框）称为"模态窗口"，反之则称为"非模态窗口"。模态窗口在 Windows 中被普遍使用。

图 3-4 MsgBox 函数实例

## 3.2.2 选择结构

选择结构程序执行时先对条件进行判断，然后根据判断的结果选择程序走向。Visual Basic 提供用于实现选择的语句有单分支结构 If...Then 语句、双分支结构 If...Then...Else 语句以及多分支结构 If...Then...ElseIf 语句。

### 1. If...Then 语句

格式 1：

```
If <条件表达式> Then
     <语句序列>
End If
```

功能：首先计算条件表达式的值，当值为真时，执行<语句序列>，然后执行 End If 的下一条语句；当值为假时，直接执行 End If 的下一条语句。

格式 2：

```
If <条件表达式> Then <语句>
```

功能：首先计算条件表达式的值，当值为真时，执行 Then 后面的语句；当值为假时，直接执行下一条语句。图 3-5 是 If...Then 语句流程图。

说明：

（1）表达式一般为关系表达式或逻辑表达式，也可以是算术表达式。表达式的值按非零为真（True），零为假（False）处理。

（2）格式 1 中语句序列可以是单行或多行语句，可以使用单行语法和多行块语法，但必须使用 End If 语句来结束选择结构。格式 2 只能是一句语句，不应该使用 End If 语句。

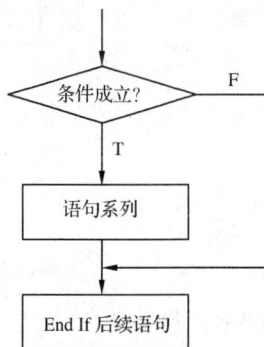

图 3-5 单分支结构 If...Then 语句流程图

**例 3-5** If...Then 语句使用实例。

在例 3-4 的代码段后面增加一行语句：If Response ＝ 7 Then End

程序运行时,屏幕出现如图 3-4 所示的对话框。当用户单击【否】按钮,变量 Response 的值为 7,表达式的值为 True,执行 End 语句,结束程序运行,返回 Visual Basic 的设计模式。

如果在程序结束之前还有其他任务要处理,则可以改用格式 1:

```
If Response = 7 Then
    …
    处理其他任务
    …
End If
```

### 2. If… Then… Else 语句

格式 1:

```
If <条件表达式> Then
    <语句序列 1>
Else
    <语句序列 2>
End If
```

格式 2:

```
If <条件表达式> Then <语句 1> Else <语句 2>
```

功能:首先计算条件表达式的值,当值为真时,执行语句序列 1(或语句 1),然后执行 End If 的下一条语句;当值为假时,执行语句序列 2(或语句 2),然后直接执行 End If 的下一条语句。图 3-6 是 If… Then… Else 语句流程图。

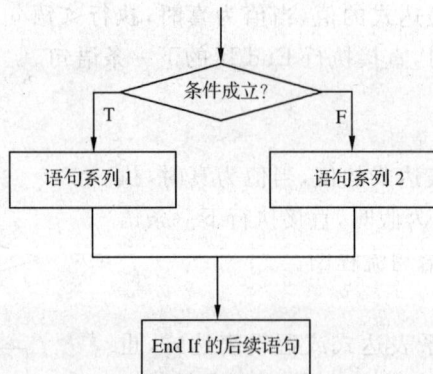

图 3-6 双分支结构 If… Then… Else 语句流程图

**例 3-6** 窗体 Form1 中有两个控件,一个是命令按钮 Command1,另一个是标签 Label1。要求编写程序,当用户单击【Command1】按钮时,利用 InputBox 函数提示用户输入一个整数,然后判断输入的是奇数还是偶数,并将结果显示在标签控件 Label1 上。Command1 按钮的 Click 事件过程代码如下:

```
Private Sub Command1_Click()
    Dim strMsg, strTitle As String
    Dim intDefault, intValue As Integer
```

```
        strMsg = "请输入一个整数"              '设置提示信息
        strTitle = "If...Then...Else 语句实例"    '设置标题
        intDefault = 1                          '设置默认值
        '显示信息、标题及默认值。
        intValue = InputBox(strMsg, strTitle, intDefault, 100, 100)
        If Int (intValue/2) = intValue/2 Then    '判断是否被 2 整除
            Label1. Caption = "输入的是偶数"+Str(intValue)
        Else
            Label1. Caption = "输入的是奇数"+Str(intValue)
        End If
    End Sub
```

本实例中用到了三个函数，InputBox( )函数用于提示信息并接受用户的输入，如图 3-7 所示。Int( )函数用于判断奇偶数。Str( )函数用于将 intValue 转换成字符型数据。程序运行结果如图 3-8 所示。

图 3-7 用户输入对话框

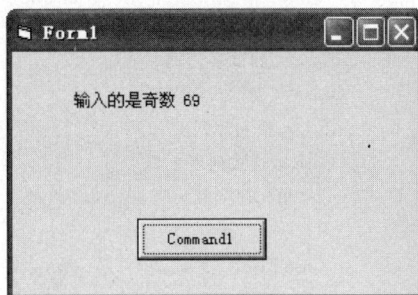

图 3-8 例 3-6 运行结果

### 3. If...Then...ElseIf 语句

格式：
```
If <条件表达式 1> Then
    <语句序列 1>
ElseIf<条件表达式 2> Then
    <语句序列 2>
    …
[Else
    <语句序列 n+1>]
End If
```

功能：首先判断条件表达式 1，如果它为 False，再判断条件表达式 2，依次类推，直到找到一个表达式的条件为 True。当条件为 True 时，执行相应的语句块，然后执行 End If 后面的代码。图 3-9 是 If...Then...ElseIf 语句流程图。

说明：由于 If...Then...ElseIf 中 ElseIf 子句的数量并没有限制，因此可以添加更多的 ElseIf 块到 If...Then 结构中去，但这类结构编程较为乏味。在有些情况下，为了使程序看起来更加清晰，可以使用 Select Case 判定结构。

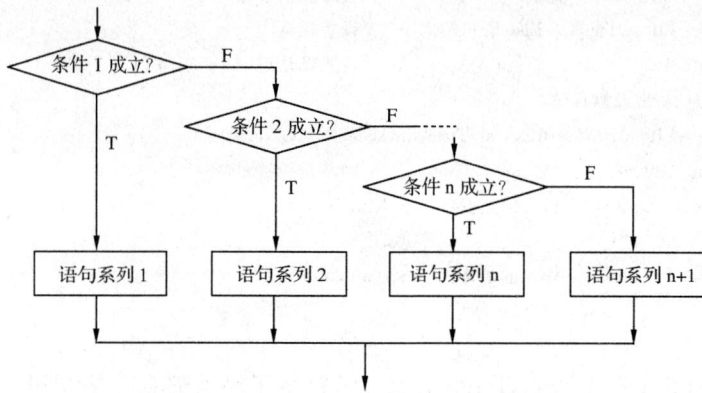

图 3-9 多分支结构 If...Then...ElseIf 语句流程图

### 4. Select Case 语句

格式：

```
Select Case <测试表达式>
      Case <表达式列表 1>
          <语句序列 1>
      Case 表达式列表 2
        <语句序列 2>
        ...
      [Case Else
          <语句序列 n+1>]
  End Select
```

功能：根据 Select Case <测试表达式>中的结果与各 Case 子句中的值比较决定执行哪一组语句序列。

说明：

（1）测试表达式可以是数值型或字符串表达式。

（2）测试表达式与 Case 子句中表达式列表的类型必须相同。

（3）测试表达式是一个或几个值的列表，如果在一个列表中有多个值，就用逗号把值隔开。除了一般表达式外，测试表达式还可以用下面几种形式：

①一组枚举表达式，用逗号分隔，如 Case 2,4,6,8；

②表达式 1 To 表达式 2，如 Case 1 To 10；

③Is 关系表达式，如 Case Is>0。

（4）如果有多个 Case 子句中的值与测试值匹配，则执行第一个与之匹配的语句序列。

（5）如果所有 Case 子句中的值都不匹配，则执行 Case Else 子句。如果没有 Case Else 子句，则直接跳出本结构。

（6）Select Case 与 End Select 成对出现，缺一不可，图 3-10 是 Select Case 语句流程图。

**例 3-7** 窗体中的控件与同上，要求编写程序，输入学生的成绩，输出成绩等级。命令按钮单击事件的过程代码如下：

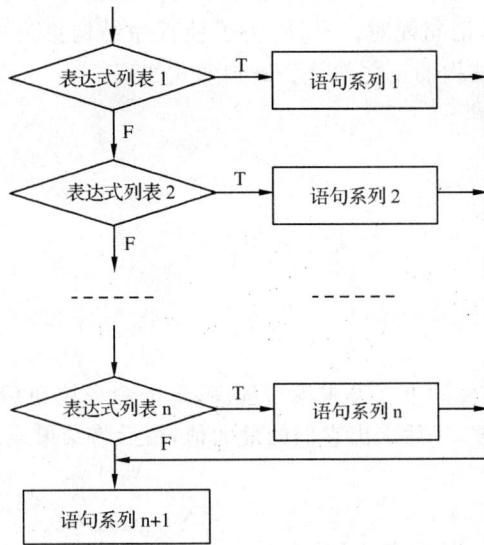

图 3-10 Select Case 语句流程图

```
Private Sub Command1_Click()
    Dim strMsg, strTitle, strInput, strShow As String
    strMsg = "请输入学生考试成绩"              '设置提示信息
    strTitle = "Select Case 语句实例"          '设置标题
    strInput = InputBox(strMsg, strTitle, 1, 100, 100)
    Select Case strInput
        Case 0 To 59
            strShow = "不及格"
        Case 60 To 69
            strShow = "及格"
        Case 70 To 79
            strShow = "中"
        Case 80 To 89
            strShow = "良"
        Case 90 To 100
            strShow = "优"
        Case Else
            strShow = "输入有误"
    End Select
    Label1.Caption = "学生成绩为" + strInput + "," + strShow
End Sub
```

### 5. If 语句的嵌套

程序设计时,往往需要把一个控制结构放入另一个控制结构之内。一个控制结构内部包含另一个控制结构叫做嵌套(nest)。在 Visual Basic 中,控制结构的嵌套层数没有限制。

　　If 语句的嵌套是指 If 或 Else 后面的语句序列中又包含 If 语句。使用嵌套 If 语句时，If 语句必须与 End If 语句配对。另外，为了使程序结构更具可读性，按一般习惯，总是用缩进方式书写选择结构的正文部分。语句形式如下：

```
If <条件表达式 1> Then
    <语句序列 1>
    If <条件表达式 11> Then
        <语句序列 11>
        …
    End If
    …
End If
```

　　**例 3-8**　窗体中的控件同上。要求编写程序，单击命令按钮后，首先由计算机产生三个 0~99 之间的随机整数，然后求出它们的最大值，最后将结果显示在标签控件上。命令按钮单击事件的过程代码如下：

```
Private Sub Command1_Click()
    Dim intN1, intN2, intN3, intMax As Integer
    Randomize
    intN1 = Int(100 * Rnd)          '产生 0~99 之间的随机整数
    intN2 = Int(100 * Rnd)
    intN3 = Int(100 * Rnd)
    If intN1 > intN2 Then           '用嵌套的 If 语句,比较三个数,求最大值
        If intN1 > intN3 Then
            intMax = intN1
        Else
            intMax = intN3
        End If
    Else
        If intN2 > intN3 Then
            intMax = intN2
        Else
            intMax = intN3
        End If
    End If
    Label1.Caption = "三个随机数为:" + Str(intN1) + "," + Str(intN2) + "," _
        + Str(intN3) + Chr(13) + "最大值为:" + Str(intMax)
End Sub
```

　　例 3-8 的程序运行结果如图 3-11 所示。

　　需要指出的是，上述过程代码主要是为了让读者了解 If 语句的嵌套使用方法。如果改用如下逻辑表达式，运行结果是一样的，但程序更精炼，可读性也更强。

```
    …
    If intN1 > intN2 And intN1 > intN3 Then intMax = intN1
    If intN2 > intN1 And intN2 > intN3 Then intMax = intN2
    If intN3 > intN1 And intN3 > intN2 Then intMax = intN3
    …
```

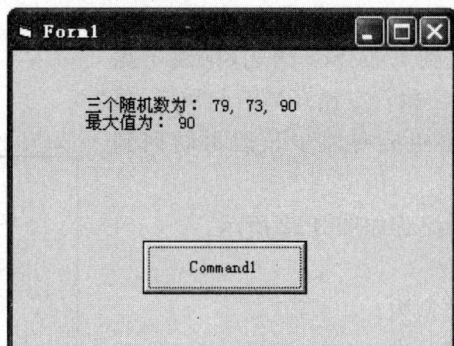

图 3-11　例 3-8 运行结果

### 6.条件函数

Visual Basic 还提供了用于实现选择的函数。IIf 函数可以代替 If 语句，Choose 函数可以代替 Select Case 语句。这两种函数均适用于简单的判断场合。

1）IIf 函数

IIf 函数的形式是：

IIf（＜表达式＞，＜当条件为 True 时的值＞，＜当条件为 False 时的值＞）

例如，将两个整数 intN1、intN2 中大的数放入变量 intMax，可以用如下语句实现：

intMax= IIf(intN1＞intN2，intN1，intN2)

2）Choose 函数

Choose 函数的形式是：

Choose（＜数字类型变量＞，＜值为 1 的返回值＞，＜值为 2 的返回值＞…)

该函数根据变量内容返回选择项列表中的某个值。如果变量的值是 1，则返回列表中的第 1 个选择项；如果变量的值是 2，则返回列表中的第 2 个选择项，以此类推。通常可以使用 Choose 函数来查阅一个列表中的项目。

## 3.2.3　循环结构

循环结构是在指定的条件下，重复执行一组语句。Visual Basic 提供了 For...Next、Do...Loop 和 For Each...Next 三种形式的循环语句，本章介绍前面两种。

### 1.For...Next 循环语句

For...Next 语句通过循环变量值与终值的关系控制循环，一般用于循环次数已知的循环。

格式：

```
For ＜循环变量＞ = ＜初值＞ To ＜终值＞ [Step＜步长＞]
    ＜循环体＞
    [Exit For]
Next[＜循环变量＞]
```

功能：进入循环首次执行 For 语句时，为循环变量设置初值。For 语句主要作用是判断循环条件，它将循环变量值与终值相比较，若循环变量值没有超过终值，继续执行循环体语句序列;若超过终值,则退出循环,执行 Next 后面的语句。若在循环体中遇到 Exit For 语句,则跳出循环,执行 Next 的下一语句。执行完循环体语句块后,遇到 Next 语句,自动将循环变量增加步长后再转回到 For 语句判断。

For...Next 循环结构流程如图 3-12 所示。

说明:

(1)循环变量必须为整型数。

(2)循环变量初值仅赋一次。

(3)步长一般为正负整数,也可为小数,但容易引起循环次数的误差,所以一般不提倡使用小数。当步长为正数时,如果循环变量小于等于终值,则执行循环体,否则结束循环,跳到 Next 后面的语句。当步长为负数时,如果循环变量大于等于终值,则执行循环体,否则结束循环,跳到 Next 后面的语句。若省略 Step 则步长默认为 1。

图 3-12 For...Next 语句流程图

(4)如果在循环体中没有语句修改循环变量,则循环次数 n 取决于初值、终值及步长。可以用下式计算:

$$n = \text{int}(\frac{\text{终值} - \text{初值}}{\text{步长}} + 1)$$

(5)关键字 For...Next 必须成对出现。

**例 3-9** 窗体及控件同上,要求编写程序,用 For...Next 循环语句求 $1+2+3+\cdots+100$,程序代码如下:

```
Private Sub Command1_Click()
    Dim i, s As Integer
    For i = 1 To 100
        s = s + i
    Next i
    Label1.Caption = s
End Sub
```

### 2.Do...Loop 循环语句

一般来说,要处理循环次数已知且循环变量为等差变化的问题,使用 For 循环结构较为方便。但在有些情况下,事先不知道要循环多少次才能达到目的,需要通过某一条件来控制循环。遇到这种情况,可以使用 Visual Basic 提供的 Do...Loop 循环结构。下面分别介绍两种 Do...Loop 循环语句。

#### 1)Do While...Loop 循环语句

Do While...Loop 循环用于控制循环次数未知的循环结构。由于使用了关键字 While,表示当条件为真(True)时执行循环体语句,通常称为"当循环"。此语句有两种语法形式。

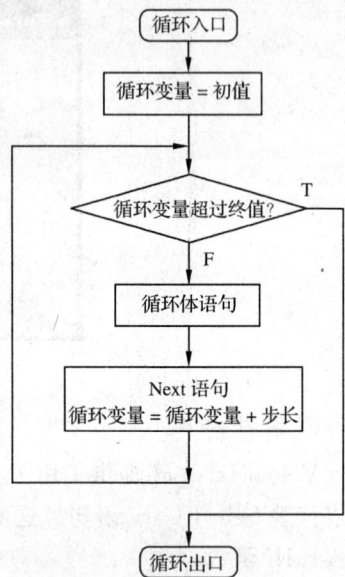

格式1：　　　　　　　　　格式2：

Do While ＜条件＞　　　　Do
　＜循环体＞　　　　　　　＜循环体＞
　＜Exit Do＞　　　　　　＜Exit Do＞
Loop　　　　　　　　　　Loop While ＜条件＞

格式1执行顺序：进入循环结构后，首先计算条件值，若条件值为真，则执行循环体，（在循环体中若遇到 Exit Do 语句，则强行跳出循环），然后再由 Loop 语句将流程序返回到循环头 Do 语句，进行循环；若条件值为假，则结束循环。执行流程如图 3-13 所示。

格式2执行顺序：进入循环结构后，首先执行循环体（循环体中若遇到 Exit Do 语句，则强行跳出循环），然后到 Loop While 语句进行条件判断，若条件值为真，则返回到循环头 Do 语句再执行循环体；若条件值为假，则退出循环结构。执行流程如图 3-14 所示。

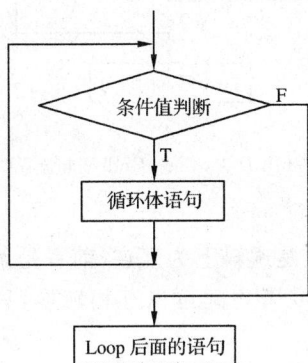

3-13　Do While...Loop 语句流程图　　　　3-14　Do...Loop While 语句流程图

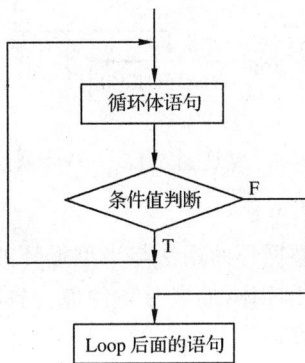

说明：

（1）两种结构格式的区别在于：第一种结构中首先进行条件判断，循环体是否被执行取决于循环的条件是否成立，所以有可能一次也不执行循环体。第二种结构中首先执行循环体，再判断条件，所以不管循环条件成立与否循环体至少要被执行一次。相对而言，第一种结构更为常用。

（2）使用 Do While...Loop 循环结构时，在循环体中必须包含一些语句。如赋值语句，能对循环条件中的变量值不断进行修改，使循环条件的值逐步趋近于"假"，直至最后结束循环。否则的话，循环条件的值始终为"真"，会出现"死循环"现象。

（3）一般来说，For...Next 结构可转化为 Do While...Loop 结构，但 Do While...Loop 结构不一定能转化为 For...Next 结构。

2）Do Until...Loop 循环语句

这是 Do...Loop 循环的另一种形式，通常称为"直到型循环"，同样有如下两种形式。

格式1：　　　　　　　　　格式2：

Do Until ＜条件＞　　　　Do
　＜循环体＞　　　　　　　＜循环体＞
　＜Exit Do＞　　　　　　＜Exit Do＞
Loop　　　　　　　　　　Loop Until ＜条件＞

格式 1 执行顺序:首先进行条件判断,条件值为假时执行循环体,条件值为真时退出循环。如图 3-15 所示。

格式 2 执行顺序:首先执行循环体,再进行条件判断,条件值为假时执行循环体,否则退出循环结构。如图 3-16 所示。

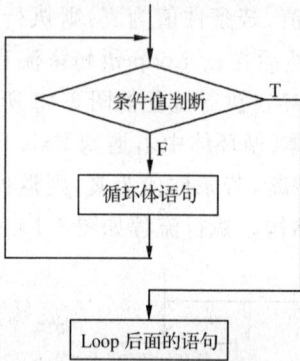

3-15　Do Until...Loop 语句流程图　　　　3-16　Do...Loop Until 语句流程图

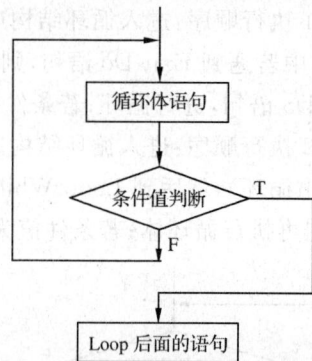

说明:

直到型循环的用法与当型循环的用法基本相同,只是逻辑上为互逆(前者是条件值为假时执行循环体,后者是条件值为真时执行循环体)。二者之间可以互相转换,只需将循环的条件取逆。

例 3-10　编写程序,用公式 $\frac{\pi}{4} \approx 1 - \frac{1}{3} + \frac{1}{5} - \frac{1}{7} + \cdots$ 求 $\pi$ 的近似值,直到最后一项的绝对值小于 $10^{-4}$ 为止。程序代码如下:

```
Dim intSn As Integer
Dim sngPi, sngNm, t As Single
intSn = 1
sngPi = 0: sngNm = 1#: t = 1#
Do While Abs(t) >= 0.0001              '循环条件
    sngPi = sngPi + t
    sngNm = sngNm + 2                  '修改分母的值
    intSn = -intSn                     '改变符号
    t = intSn / sngNm                  '修改循环条件
Loop
sngPi = sngPi * 4
```

程序运行后,循环变量 t 的初值为 1.0。循环体执行的过程中 t 逐渐变小。当 t<0.0001时,循环条件不成立,跳出循环,此时 $\pi$(sngPi 变量的值)为 3.141397。

需要说明的是,例 3-9 中使用了 For...Next 循环语句,循环的次数是已知的。而在本例 3-10 中,事先无法确定要执行多少次循环体语句才能结束循环,所以使用了 Do While...Loop 循环语句。事实上,要达到指定的 $10^{-4}$ 精度,循环体被执行了 5000 次;若精度为 $10^{-5}$,则要循环 50000 次,此时 sngPi 变量的值为 3.141576。有兴趣的读者可以增加一个计数变量来计算循环次数。

### 3. 循环语句的嵌套

在一个循环体内有包含了一个完整的循环结构称为循环的嵌套。循环嵌套对 For...Next 语句和 Do...Loop 语句均适用。下面是一个双重的 For...Next 语句循环嵌套形式：

```
For <循环变量1> = <初值1> To <终值1>[Step<步长1>]
    For <循环变量2> = <初值2> To <终值2>[Step<步长2>]
        <内循环体>
    Next[<循环变量2>]
Next [<循环变量1>]
```

执行顺序如下：

(1)外循环变量首先取初值,若不符合循环条件,退出循环结构,若符合循环条件,进入外层循环体。

(2)进入外循环体后,完整地执行一遍内循环。

(3)外循环变量增加步长值。

(4)再由新的外循环变量控制是否进入外循环体,若进入则重复第2、3步。

循环嵌套的特点是:外循环执行一次,内循环执行一遍。外循环变量每取一个值,内循环变量取遍所有值。

需要说明的是:

(1)内循环变量与外循环变量不能同名。

(2)内外循环不能相互交叉,下面的程序段是错误的:

```
For i = 1 To 9
For j = 1 To 9
    ...
Next i
Next j
```

下面介绍几个循环结构的应用实例。

**例 3-11** 编写程序,求 1! +2! +…+5!。

程序代码如下:

```
Private Sub Command1_Click()
    Dim i, j, s, p As Integer
    s = 0                    '求和变量 s 初值为零
    For i = 1 To 5           '外循环,求 5 次阶乘
        p = 1
        For j = 1 To i       '内循环,求 i 的阶乘
            p = p * j
        Next j
        s = s + p            '将 i! 放入求和变量 s
    Next i
    '用标签控件显示结果
    Label1. Caption = "1! +2! +...+5! =" + Str(s)
End Sub
```

　　说明:程序运行后,外循环变量 i 的值从 1～5,外循环每执行一次,内循环就完整地执行一遍。内循环的功能是求阶乘,内循环变量 j 的初值为 1,终值随 i 在变化;当外循环变量 i＝1 时,内循环变量 j 从 1～1,执行了 1 次内循环体,计算 p＝1×1,即求出了 1! 并放入变量 s 中。当外循环变量 i＝2 时,内循环变量 j 从 1～2,执行了 2 次内循环体,计算 p＝1×1×2,求出了 2!,变量 s 的值为 1! ＋2!。以此类推,当外循环变量 i＝5 时,s 的值为 1! ＋2! ＋…＋5!。跳出循环时,s 的值为 153。

　　**例 3-12**　编写程序,单击窗体 Form1,在窗体内显示乘法九九表。

　　乘法九九表的输出显示看似繁琐,但如果使用循环嵌套语句,则问题变得非常简单。窗体单击事件过程代码如下:

```
Private Sub Form_Click()
    Dim i, j As Integer
    Print "—————————乘法九九表—————————"
    Print
    For i = 1 To 9
        For j = 1 To 9
            Form1.Print i; "×"; j; "="; i * j,
        Next j
        Print
    Next i
End Sub
```

　　说明:程序中外循环变量 i 表示被乘数,内循环变量 j 表示乘数。外循环变量 i 的值从 1～9,每执行一次外循环体,内循环就从 1～9 完整地执行一遍。内循环中只有一句语句,其功能是在窗体上显示被乘数 i、乘数 j 以及积 i×j。语句中使用了窗体的 Print 方法,其具体的输出格式将在第 4 章介绍窗体方法时再作详细说明。程序运行结果如图 3-17 所示。

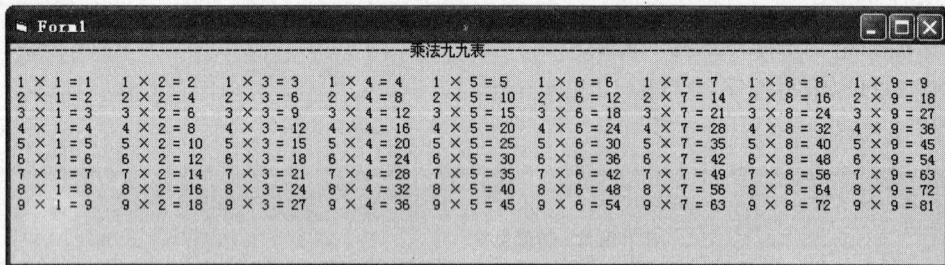

图 3-17　在窗体内显示乘法九九表

　　**例 3-13**　编写程序,单击窗体 Form1,在窗体内显示 ASCⅡ码为 65～124 的字符。

　　在字符处理中时常会涉及 ASCⅡ码的概念,为了使用方便,编写这段小程序还是很有必要的。窗体单击事件过程代码如下:

```
Private Sub Form_Click()
    Dim i, j As Long
    Print "—————————部分字符的 ASCⅡ码—————————"
    For i = 65 To 120 Step 5  '外循环控制行,共 12 行
        j = 0
```

```
        Do While j < 5 '内循环控制列,每行 5 列
            Form1. Print Chr(i + j); "("; i + j; ")", '显示输出
            j = j + 1 '修改内循环条件中的变量
        Loop
        Print '换行
    Next i
End Sub
```

程序运行结果如图 3-18 所示。

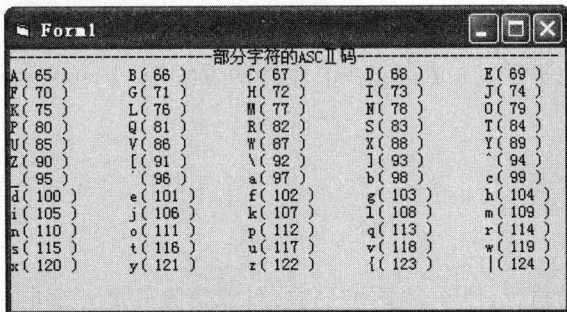

```
部分字符的ASCⅡ码
A( 65 )    B( 66 )    C( 67 )    D( 68 )    E( 69 )
F( 70 )    G( 71 )    H( 72 )    I( 73 )    J( 74 )
K( 75 )    L( 76 )    M( 77 )    N( 78 )    O( 79 )
P( 80 )    Q( 81 )    R( 82 )    S( 83 )    T( 84 )
U( 85 )    V( 86 )    W( 87 )    X( 88 )    Y( 89 )
Z( 90 )    [( 91 )    \( 92 )    ]( 93 )    ^( 94 )
_( 95 )    `( 96 )    a( 97 )    b( 98 )    c( 99 )
d( 100 )   e( 101 )   f( 102 )   g( 103 )   h( 104 )
i( 105 )   j( 106 )   k( 107 )   l( 108 )   m( 109 )
n( 110 )   o( 111 )   p( 112 )   q( 113 )   r( 114 )
s( 115 )   t( 116 )   u( 117 )   v( 118 )   w( 119 )
x( 120 )   y( 121 )   z( 122 )   {( 123 )   |( 124 )
```

图 3-18　在窗体内显示 ASCⅡ码为 65～124 的字符

## 3.2.4　其他辅助控制语句

### 1. Go To 语句

格式:

　Go To <行标签 | 行号>

功能:无条件地转移到过程中指定的行。

说明:

(1)行标签是一个字符序列,首字符必须为字母,与大小写无关,行标签后面应有冒号。行号则是一个数字序列。

(2)GoTo 语句是为兼容 Basic 语言早期版本而保留下来的语句。程序设计中可以使用 GoTo 语句来控制程序的转向,但若 GoTo 语句用得太多,即使运行结果正确,程序的可读性也显得很差,且不利于调试,所以建议尽可能少使用 GoTo 语句。

(3)与 GoTo 语句在用法上有点类似的是 On Error GoTo 语句。在 Visual Basic 应用程序中经常使用该语句实现容错功能。具体的方法是在过程中建立一段具有出口的语句块,并为其定义一个行标签。然后在程序有可能产生运行错误(一般为叮预见)的位置使用 On Error GoTo 语句设置错误陷阱。一旦运行时发生错误,程序自动转到行标签位置执行。一般用法如下:

```
On Error GoTo ErrorHandler        '发生错误,转向错误处理程序段
…
    '正常程序流程
…
ErrorHandler:
```

　　　　　　　'错误处理程序

　Exit Sub　　　　　　　　　　　'处理完错误后退出过程

## 2. End 语句

格式:

　End

功能:结束一个程序的运行,关闭以 Open 语句打开的文件并清除变量。

说明:

(1)End 语句可以放在过程中的任何位置。

(2)End 语句语句提供了一种强迫中止程序的方法,而 Visual Basic 程序正常结束应该卸载所有的窗体。

## 3. Stop 语句

格式:

　Stop

功能:暂停程序的执行,但不会关闭任何文件或清除变量。除非它是以编译后的可执行文件(. exe)方式来执行。

说明:Stop 语句可以放在过程中的任何位置。使用 Stop 语句,相当于在程序代码中设置断点。

# 3.3　过程

　　过程是执行某一特定功能的一组程序代码的组合。在讲述 Visual Basic 应用程序框架时已经提到,应用程序是一种完全的模块化的程序结构,可以将程序划分成离散的逻辑单元,即将其划分为若干个独立的过程。每个过程执行一类特定的功能,综合这些过程的功能即可完成整个应用程序系统的设计。使用过程的优点是可以压缩重复任务或共享任务,使程序更为简练,便于调试和维护。

　　Visual Basic 中的过程可以分为两大类:一类是系统提供的内部函数过程和事件过程,另一类是用户自定义过程。

　　对第一类过程,通过前面几章的叙述,读者已有一个初步的概念。第 2 章中介绍的标准函数就是内部函数过程。事件过程是构成应用程序的主体,前面的一些实例中也用到控件的某些事件过程。随着面向对象程序设计的深入,将会介绍更多的控件及相关的事件过程。本节的重点是介绍第二类过程,即用户自定义过程。

　　Visual Basic 的用户自定义过程分为以下几种:

(1)以"Sub"关键字开始的子过程。

(2)以"Function"关键字开始的函数过程。

(3)以"Property"关键字开始的属性过程。

(4)以"Event"关键字开始的事件过程。

自定义子过程与函数过程功能类似,但它们之间是有区别的。自定义子过程相当于其他程序设计语言的子程序,但它没有返回值。有时为了区别于事件过程,也将自定义子过程称为通用过程。自定义函数过程有返回值,用法与标准函数相同。下面详细介绍自定义子过程和函数过程。

## 3.3.1 子过程的定义与调用

### 1.子过程的定义

自定义子过程有两种方法:

方法一是在集成开发环境下定义,具体步骤如下:

(1)首先打开代码窗口,然后执行主菜单中的【工具】|【添加过程】命令,打开"添加过程"窗口,如图 3-19 所示。

(2)在名称文本框中输入过程名(过程名不允许有空格),例如 MaxNum。在类型选项组中单击并选中"子程序"选项。在范围选项组中选择范围。若选中"公有的"(Public)选项,则定义一个公共级的全局过程;若选中"私有的"(Private)选项,则定义一个标准模块级或窗体级的局部过程。

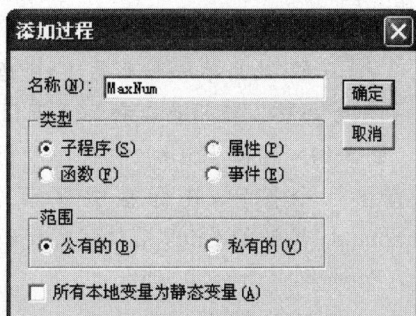

图 3-19 添加过程窗口

方法二是在代码窗口中直接定义,具体步骤如下:

打开代码窗口,在现有的过程之外,直接输入 Sub 子过程名,例如 Sub MaxNum,然后按【Enter】键。

子过程定义的形式如下:

```
[ Private | Public ][ Static] Sub <子过程名>[(<形参列表>)]
    局部变量或常数定义
    <语句序列>
    [Exit Sub]
    <语句序列>
End Sub
```

其中:

(1)Sub 为子过程关键字。

(2)子过程名的命名规则与变量命名相同。不能与 Visual Basic 中的关键字重名,也不能与同一级别的变量重名。

(3)[Private | Public][Static]是过程作用域关键字。如果过程定义为 Private,则该过程是窗体/模块级的,这类过程只能被本窗体或本标准模块中定义的过程调用。如果关键字为 Public,则该过程是全局级的。全局级过程可以被应用程序的所有窗体或标准模块中的过程调用。如果关键字为 Static,表示在调用该过程后保留过程局部变量的值。

(4)形参列表是子过程与调用它的主程序之间的数据接口,定义形参列表时只是指定了参数的个数、位置和类型,没有具体的值。

(5)Sub 与 End Sub 之间的语句称为过程体。

### 2.子过程的调用

要执行一个过程,必须调用该过程。子过程的调用有两种方式:一种是利用 Call 语句加以调用;另一种是把过程名作为一个语句来直接调用。

方式 1:Call <子过程名>[(<实参列表>)]。

方式 2:<子过程名>[<实参列表>]。

其中:

实参列表是调用时传递给子过程的数据,实参列表中参数的类型和个数必须与形参列表相同。

⚠ **注意**:使用第一种形式 Call 语句时,若有实参,实参必须用圆括号括起;若无实参,圆括号省略。使用第二种形式调用过程时,不用圆括号。

**例 3-14** 窗体 Form1 中有一个标签 Label1 及一个命令按钮 Command1。编写程序,单击命令按钮,在标签中显示 1! ~ 5! 的值,阶乘计算要求采用通用过程。Command1 按钮的 Click 事件过程代码如下:

```
Private Sub Command1_Click()
    Dim i As Integer
    For i = 1 To 5
        Call comput1( i )                '调用子过程
    Next i
End Sub
Private Sub comput1(intNum)              '定义窗体级子过程
    Dim i, p As Integer                  '定义子过程内用到的变量
    p = 1
    For i = 1 To intNum                  '用循环结构求阶乘
        p = p * i
    Next i
    '显示结果,其中 Chr(13)为回车换行字符
    Label1. Caption = Label1. Caption + Chr(13) + Str(intNum) + "的阶乘为:" + Str(p)
End Sub
```

例 3-14 的运行结果如图 3-20 所示。

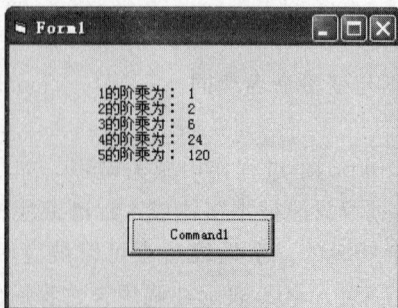

图 3-20 例 3-14 的运行结果

## 3.3.2　函数过程的定义与调用

### 1. 函数过程的定义

自定义函数过程的方法与自定义子过程相同,形式如下:

[Private | Public][Static] Function <函数过程名>([<形式参数列表>])[As<类型>]

　　　局部变量或常数定义

　　　<语句序列>

　　　<函数过程名>=<表达式>

　　　[Exit Function]

　　　<语句序列>

　　　<函数过程名>=<表达式>

End Function

说明:

(1)Function 是函数过程关键字,以区别子过程中的 Sub 关键字。

(2)函数过程名的命名规则与子过程命名相同。

(3)[Private | Public][Static]关键字的使用方法也与子过程相同。

(4)形参列表形式如下:

　[ByVal] <变量名> [As <类型> ][, [ByVal]<变量名> [As<类型> ]…]

形参只能是变量或数组名,若是数组名后面要加圆括号。ByVal 表示当该过程被调用时,参数是值传递,否则是地址(引用)传递。即使函数过程无参数,函数过程名后面的圆括号也不能省略,这是函数过程的标志。

(5)在 Function 与 End Function 之间的是函数过程体。函数过程体内至少应该有一个对函数名赋值的语句。函数过程返回时,最后一次对函数名赋的值作为该函数的返回值。如果不给函数名赋值,则函数过程会返回一个默认值。数值型函数的默认值为零,字符型函数的默认值为一空串,变体型函数的默认值为空值。

(6)Exit Function 语句表示退出函数。

### 2. 函数过程的调用

调用函数过程可以由函数名带回一个值给调用程序,被调用的函数必须作为表达式或表达式中的一部分,再与其他的语法成分一起配合使用。与子过程的调用方式不同,函数不能作为单独的语句加以调用。调用函数过程最简单的方法就是使用赋值语句,其形式为:

　变量名=函数过程名([<参数列表>])

下面举例说明函数过程的调用方法。

**例 3-15**　窗体及控件同上例,编写程序,采用函数过程的方法求 1! +2! +…+5!。命令按钮的单击事件过程代码如下:

```
Private Sub Command1_Click()
    Dim i, p, s As Integer
    s = 0
    For i = 1 To 5
```

```
                    '显示每个阶乘的值
                    p = f1(i)  '调用函数过程 f1,变量 i 为实参,函数的返回值赋给变量 p
                    Label1. Caption = Label1. Caption + LTrim(Str(i)) + "的阶乘为:" + Str(p) + Chr(13)
                    s = s + p  '求阶乘之和
            Next i
            '显示 1! +2! +…+5!
            Label1. Caption = Label1. Caption + "1! +2! +…+5! =" + Str(s)
    End Sub


    Private Function f1(ByVal intNum As Integer)          '定义窗体级函数过程
            '函数过程名为 f1,形参为 intNum,值传递
            Dim i, p As Integer                          '定义函数过程内用到的变量
            p = 1
            For i = 1 To intNum                          '用循环结构求阶乘
                p = p * i
            Next i
            f1 = p                                       '计算结果返回
    End Function
```

本实例中定义了一个名为 f1 的求阶乘的函数过程。阶乘的阶数由主调过程(命令按钮的单击事件过程)决定,阶乘计算结果放入函数返回值,用赋值语句 f1 = p 实现。

主调过程在调用函数时,函数过程名后面的圆括号中必须放入实参。与调用子过程一样,实参的个数及类型必须与形参列表一致。本例中,实参是循环变量 i 的值。i=1 时,第 1 次调用 f1 函数求出 1!,…,i=5 时,第 5 次调用 f1 函数求出 5!,程序运行结果如图 3-21 所示。

通过以上例子,可以看出函数过程与子过程在用法上的区别,归纳如下:

(1)由于函数过程有返回值,所以函数过

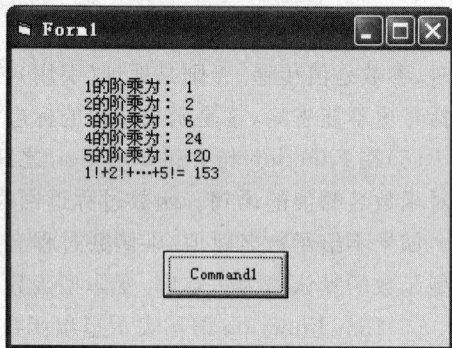

图 3-21  例 3-15 的运行结果

程名也就有类型,且函数过程体内必须对函数名赋值。子过程无返回值,子过程名没有类型,不能在过程体内对子过程名赋值。

(2)将某一个功能定义为函数过程还是子过程,并没有严格的规定。如果一个功能可以用函数过程来实现,通常也能够将它定义为子过程;反之,则不一定。也就是说,子过程要比函数过程适用面广。一般情况下,当过程只有一个返回值时,使用函数过程较为直观。当过程有多个返回值时,习惯使用子过程。

## 3.3.3  参数传递

在调用过程中,主调过程和被调过程通过参数传递数据。主调过程将实参传递给被调过程的形参,完成实参与形参的结合,然后执行被调过程。在 Visual Basic 中,参数传

递有两种方法：一种是传址（ByRef），另一种是传值（ByVal）。

传址又称为引用，是参数传递默认的方法。调用过程时，主调过程将实参的地址传递给被调过程的形参。被调过程在执行时按变量的内存地址去访问实际变量的内容，对形参的任何操作都变成了对相应实参的操作。因此，实参的值会随被调过程内形参的变化而改变。

传值方法传递的只是变量的副本。调用过程时，主调过程将实参的值复制给形参。被调过程中对形参的操作是在形参变量自己的存储单元中进行的，对实参不会有影响。调用结束后，形参变量占用的内存单元释放。

下面通过一个例子加深理解参数传递的概念。

**例 3-16** 编写程序，单击窗体，将两个变量的内容交换，事件过程代码如下：

```
Private Sub Form_Click()
    Dim N1, N2 As Variant
    N1 = 10：N2 = 20
    Swap1 N1, N2
    Form1. Print "传值调用子过程后 N1="; N1, "N2="; N2
    Form1. Print
    N1 = 10：N2 = 20
    Swap2 N1, N2
    Form1. Print "传址调用子过程后 N1="; N1, "N2="; N2
End Sub
Private Sub Swap1(ByVal a1 As Variant, ByVal b1 As Variant)
    Dim x1 As Variant
    x1 = a1：a1 = b1：b1 = x1            '变量内容交换
End Sub
Private Sub Swap2(a2 As Variant, b2 As Variant)
    Dim x2 As Variant
    x2 = a2：a2 = b2：b2 = x2            '变量内容交换
End Sub
```

分析：窗体单击事件过程中共调用了两次子过程。第一次用传值的方法调用子过程 Swap1，子程运行结束返回后，主调过程的实参变量 N1 和 N2 的内容并没有改变；第二次用传址的方法调用子过程 Swap2，将实参变量 N1 和 N2 的地址传递给了形参。Swap2 运行中交换了形参变量地址中的内容，使得实参的内容也发生了变化。程序运行结果如图 3-22 所示。

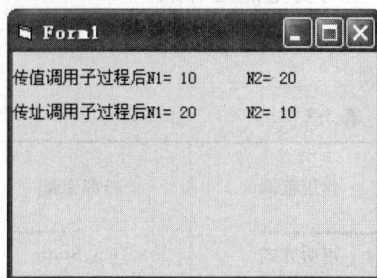

图 3-22 例 3-16 的运行结果

## 3.3.4 过程及变量的作用域

### 1.过程的作用域

子过程或函数过程是单元级模块，它们从属于应用程序不同的文件级模块。在定义一个子过程或函数过程时,已经规定了它的作用域。若使用 Private 关键字,则定义了一个标准模块级或窗体级的局部过程,它只能被本窗体或本模块中的过程调用;若使用关键字 Public,则定义了一个全局级过程。全局级过程可以被应用程序内所有窗体或标准模块中的过程调用,但根据过程所处的位置不同,其调用方式有所区别。

在窗体定义的全局级过程,外部过程要调用时,必须在过程名前加该过程所处的窗体名。例如,窗体 Form1 中定义了一个全局级子过程 SomeSub,外部过程调用它时语句的形式为:Call Form1. SomeSub (<参数列表>)。

在标准模块定义的过程,外部过程均可调用。如果过程名是唯一的,调用时不必加标准模块名,否则要加标准模块名。例如,标准模块 Module1 和 Module2 中均定义了一个名为 CommonName 的全局级子过程,如果外部过程要调用 Module1 中的 CommonName 子过程,调用时语句的形式应该为:Call Module1. CommonName (<参数列表>)。

### 2. 变量的作用域

子过程或函数过程由各种控制结构的语句组成,在过程中必然会用到各种类型的变量。随着变量或过程所处的位置不同,可被访问的范围也不同。变量的作用域决定哪些子过程或函数过程可以访问该变量。

第 2 章介绍 Dim 语句时曾经提及,在 Visual Basic 中,根据变量的作用范围,其作用域可分为局部变量、窗体/模块级变量以及全局变量三种类型。

局部变量是指在过程内用 Dim 语句声明的变量,它只能在本过程或函数中被使用,退出过程后,局部变量占用的内存空间被释放。因此,不同过程中可以使用相同名称的局部变量。

窗体/模块级变量是指在代码窗口"通用声明"段中用 Dim 或 Private 语句声明的变量。它可以被本窗体或模块内任何过程或函数访问。

全局变量是指在代码窗口"通用声明"段中用 Public 语句声明的变量。它可以被应用程序内任意过程或函数访问。应用程序运行期间,全局变量不会消失,应用程序运行结束,全局变量随之释放。

表 3-3 说明了各种作用域变量的声明方法及它们各自的作用域。例 3-17 是用法实例。

表 3-3 变量的作用域

| 作用范围 | 局部变量 | 窗体/模块级变量 | 全局变量 | |
| --- | --- | --- | --- | --- |
| | | | 窗体 | 标准模块 |
| 声明方式 | Dim、Static | Dim、Private | Public | |
| 声明位置 | 在过程中 | 在窗体/模块的"通用声明"段 | 在窗体/模块的"通用声明"段 | |
| 能否被本模块的其他过程存取 | 不能 | 能 | 能 | |
| 能否被本应用程序其他模块存取 | 不能 | 不能 | 能,但必须在变量名前加窗体名 | 能 |

**例 3-17** 变量的作用域及使用方法实例。

```
Public intVa1 As Integer              '在"通用声明"段声明一个全局变量 intVa1
Private intVa2 As Integer             '在"通用声明"段声明一个窗体级变量 intVa2
Private Sub CommonS1()
    intVa1 = 10                       '在窗体级子过程中可以存取全局变量
    intVa2 = 20
End Sub
Private Sub Form_Click()
    Dim intVa3 As Integer             '在窗体级事件过程中声明了一个局部变量 intVa3
    Call CommonS1
    intVa3 = intVa1 + intVa2          '在事件过程中可以存取全局、窗体级变量
    Form1.Print intVa1, intVa2, intVa3    '窗体显示 3 个变量的值为 10,20,30
End Sub
```

### 3.静态变量

变量除了作用域范围之外,还有一个存活期的概念。存活期是指变量能够保持它们值的使用周期。对于模块级变量和全局变量,在应用程序运行期间它们的值始终被保持。但用 Dim 语句声明的局部变量,仅在声明局部变量的过程执行期间才能被存取,当过程执行完毕,局部变量的值就不存在,而且变量所占据的内存也被释放。如果再次执行该过程,它所有的局部变量将重新初始化。为了保留过程中变量原来的值,可以用 Static 语句将变量声明为静态变量,用法如下:

```
Static <变量名>[As <类型>]
Static Function <变量名>([<参数列表>])[As <类型>]
Static Sub <过程名>[(<参数列表>)]
```

使用时若在函数名、过程名前加 Static,表示该函数、过程内的局部变量都是静态变量。下面通过一个例子说明静态变量的用法。

**例 3-18** 使用静态变量统计用户单击窗体次数。

窗体单击事件的过程代码如下:

```
Private Sub Form_Click()
    Static intSum As Integer          '声明 intSum 为静态局部变量
    intSum = intSum + 1               '窗体每单击一次,intSum 加 1
    Form1.Print intSum                '在窗体上显示单击次数
End Sub
```

# 3.4 数组

## 3.4.1 数组的基本概念

数组是内存中连续的一片存储区域,是按一定顺序排列的一组内存变量的集合。数组中的各个变量有相同的名字,相同的数据类型,彼此间具有特定的关系。数组中的各个变量称为数组元素,数组中元素的个数称为数组的大小。为了能够区分数组中的各个元

素,数组中使用了下标,每个数组元素可以通过数组名及下标来访问。在许多场合,使用数组可以缩短和简化程序。由于有了数组,程序设计时可以用循环语句处理同名的一系列变量,并通过下标来区分它的每一个单元。

数组必须先声明后使用,声明数组的目的是指定数组的名称、类型、维数和大小,并通知计算机预留足够的存储空间。数组声明时按下标的数量确定数组的维数。数组中若只有 1 个下标,称为一维数组;有 1 个以上下标的数组称为多维数组。数组声明时若已经指定大小,该数组称为定长数组或静态数组,反之则称为可变长数组或动态数组。

数组与变量一样,按其作用域可分为局部数组、模块级数组以及全局数组三种类型。

局部数组是过程级数组,应该在过程中用 Dim 或 Static 语句声明,它只能在本过程中使用。模块级数组应该在模块的声明部分用 Private 或 Dim 语句(二者等价)声明,它只能在声明它的模块中使用。全局数组应该在标准模块的声明部分用 Public 语句声明,在应用程序的所有模块中都可以对全局数组的元素进行存取。

## 3.4.2  静态数组及其声明

### 1.一维数组

一维数组是数组的最简单形式,可以用以下方式声明一个一维数组。

  Dim <数组名>(<下标>)[As<类型>]

其中:

(1)数组名:命名规则与普通变量的命名规则相同。

(2)下标:下标必须是常数,不能为变量或表达式。下标有两种形式:一种是<上界>,另一种是<下界>To<上界>。下标的上下界不得超过长整型数的范围,即最小下界为-2,147,483,648,最大上界为 2,147,483,647。若省略下界,则默认值为 0。因为数组元素在上下界内是连续的,所以一维数组的大小是:上界-下界+1。

(3)As<类型>:可选项,如果省略则默认为变体型,变体型数组能存取各种类型的数据。

下面是一维数组声明举例。

  Dim Counters (4) As Integer

该语句声明了一个名称为 Counters 的数组,共有 5 个元素,其下标范围从 0 到 4,Counters 数组元素的排列如表 3-4 所示。

表 3-4                                                    **Counters 数组元素的排列**

| Counters(0) | Counters(1) | Counters(2) | Counters(3) | Counters(4) |
| --- | --- | --- | --- | --- |

语句中省略了下标下界,默认值为 0。如果下标改写成<下界>To<上界>的形式,例如:

  Dim Counters (1 To 5) As Integer

这时候,Counters 数组的下标范围从 1 到 5。

需要说明的是,在 Visual Basic 语言中,下标下界的默认值为 0,而在有些程序设计语言中,下标下界的默认值为 1。在程序中如果需要调整下标下界,也可以用 Option Base 语句,其格式为:

```
Option Base [0 | 1]
```

该语句必须写在模块的所有过程之前,同时必须位于带维数的数组声明之前,一个模块中该语句只能出现一次。

声明了数组以后,Visual Basic 自动为它的每个元素赋初值。如果是数值型数组,每个元素的初值均为 0;若是字符型数组,则每个元素的初值是一个空串。

### 2. 多维数组

声明多维数组的语句形式如下:

```
Dim <数组名>(<下标 1> [,<下标 2>…])[ As<类型>]
```

语句中下标的形式与一维数组中的下标相同。下标的个数决定了数组的维数,在 Visual Basic 中最多允许 60 维数组。多维数组大小为每一维大小的乘积,每一维大小的计算方法与一维数组相同。

例如:Dim A( 3, 3 To 5 )

该语句声明了一个名称为 A 的二维数组,数组的大小为(3-0+1)×(5-3+1),共有 12 个数组元素。二维数组类似一张二维表,数组元素以行优先顺序排列,数组的第一个下标对应表中的行,第二个下标对应表中的列。A 数组元素的排列如表 3-5 所示。

表 3-5　　　　　　　　　二维数组元素的排列

| A(0,3) | A(0,4) | A(0,5) |
|--------|--------|--------|
| A(1,3) | A(1,4) | A(1,5) |
| A(2,3) | A(2,4) | A(2,5) |
| A(3,3) | A(3,4) | A(3,5) |

### 3. 数组的基本操作

数组在应用过程中涉及的基本操作主要是输出与输入。由于数组是一种特殊类型的变量,因此可以用类似变量输出的方法输出数组元素的内容。在 Visual Basic 中,数组的输入,即数组元素的赋值,一般采用如下 3 种方法:

(1)直接使用赋值语句给数组元素赋值。

(2)使用 InputBox 函数,结合 For 循环控制结构来输入。

(3)使用 Array( )函数。

前两种方法所使用的语句读者已经掌握,下面介绍 Array( )函数的用法。

使用 Array( )函数对数组赋值前,必须先声明一个类型为 Variant 的可调数组。数组名可以是普通变量名,然后使用该函数为数组赋值。Array( )函数创建的数组,其下标下界默认为零,也可以通过 Option Base 语句指定,上界由该函数括号内的参数个数确定。例如:

```
Dim A As Variant
Dim intNmb As Integer
A = Array(10,20,30)
intNmb = A(2)
```

第 1 条语句声明一个类型为 Variant 的变量 A;第 2 条语句声明一个类型为 Integer 的变量 intNmb;第 3 条语句将一个数组赋给变量 A,即建立了一个名为 A 的数组。A 数组的下标下界为 0,上界为 2,共有 3 个元素。第 4 条语句将该 A(2)的值赋给变量

intNmb。

除了 Array( )函数外,与数组操作相关的标准函数还有 LBound 以及 UBound 函数,格式如下:

```
LBound( 数组[,维 ])
UBound( 数组[,维 ])
```

说明:

LBound 函数返回数组某一维的下界值,而 UBound 函数返回数组某一维的上界值,两个函数一起使用即可确定一个数组的大小。

在应用中,结合循环语句操控数组元素,能提高编程效率,解决许多实际问题。下面结合两个实例说明数组的基本操作。

**例 3-19** 编写程序,用一个 10×3 的二维数组存放 30 个 0～99 之间的随机整数,单击窗体显示该数组元素的值,过程代码如下:

```
Private Sub Form_Click()
    Dim i, j As Integer
    Dim intAry(9, 2) As Integer              '声明一个二维数组
    '二维数组输入采用双重循环语句
    For i = 0 To 9
        For j = 0 To 2
            Randomize
            '产生随机整数并为数组元素赋值
            intAry(i, j) = Int(100 * Rnd)
            '在窗体上显示数组元素的值
            Form1. Print "intAry("; i; ","; j; ")="; intAry(i, j),
        Next j
        Form1. Print                          '换行
    Next i
End Sub
```

分析:程序一开始用 Dim intAry(9, 2) As Integer 语句声明了一个二维数组,其第 1 个下标的范围为 0～9,第 2 个下标的范围为 0～2,共有(9－0＋1)×(2－0＋1)＝30 个数组元素。为此,在过程代码中使用了双重循环结构为数组赋值,并在赋值后显示数组元素的值。程序中外循环变量 i 对应数组的第 1 个下标,内循环变量 j 对应数组的第 2 个下标,运行结果如图 3-23 所示。

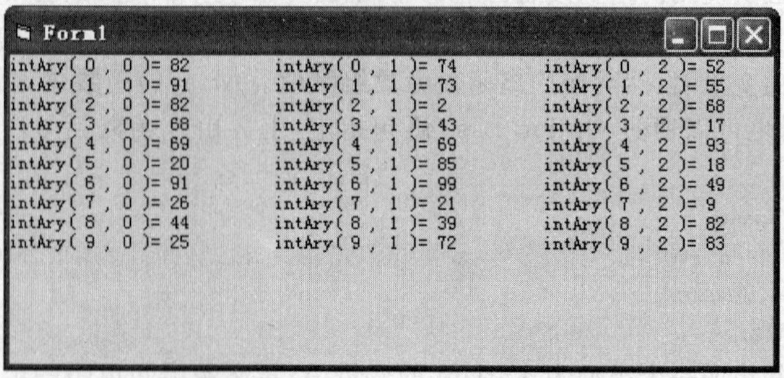

图 3-23　例 3-19 的运行结果

**例 3-20** 用一个一维数组存放 10 个 100 以内的随机数。求出最大值、最小值、平均

值,并将这 10 个数按从大到小的顺序排序后输出。窗体单击事件过程代码如下:

```
Private Sub Form_Click()
    Dim i, j As Integer
    Dim sngMax, sngMin, sngAver, sngTemp As Single
    Dim sngAry(9) As Single                                      '声明一个一维数组
    sngMax = 0：sngMin = 100：sngAver = 0                         '变量初始化
    For i = 0 To 9
        Randomize
        sngAry(i) = 100 * Rnd                                    '产生随机数并赋给数组各元素
        sngMax = IIf(sngAry(i) > sngMax, sngAry(i), sngMax)      '计算最大值
        sngMin = IIf(sngAry(i) < sngMin, sngAry(i), sngMin)      '计算最小值
        sngAver = sngAver + sngAry(i)                            '累加求和
    Next i
    sngTemp = 0
    '用双重循环语句实现数组元素从大到小排序
    For i = 0 To 8
        For j = i + 1 To 9
            If sngAry(i) < sngAry(j) Then
                sngTemp = sngAry(i)
                sngAry(i) = sngAry(j)
                sngAry(j) = sngTemp
            End If
        Next j
    Next i
    '输出排序后的数组各元素
    For i = 0 To 9
        Print sngAry(i);
    Next i
    Print
    '输出数组各元素的最大值、最小值以及平均值
    Print "Max="; sngMax; "Min="; sngMin; "Average="; sngAver / 10
End Sub
```

分析:本例关键是数组元素的排序。排序过程中使用了双重循环语句。第 1 次执行外循环体时,外循环变量 i=0,通过执行 9 次内循环体比较语句得出最大值;第 2 次执行外循环体时,外循环变量 i=1,通过执行 8 次内循环体比较语句得出次大值⋯⋯依此类推,直至排序结束。

## 4. 数组参数的传递

在 Visual Basic 中允许数组作为参数传递,数组传递只能采用传址方式。传递数组时必须注意以下几点:

(1)声明一个数组形参时,无需声明它的下标,但圆括号不能省略。例如:

```
Sub p( a( ) As Integer, ByVal n As Integer )
    ...
End Sub
```

以上语句在声明过程 p 时,声明了一个整型数组形参 a( )。

(2)用数组作为实参调用含有数组形参的过程或函数时,只需写明实参数组名加圆括号就可以了。无论是静态数组还是动态数组都可以作为调用过程的实参。如果被调过程不知道实参的上下界,可以用 LBound 以及 UBound 函数确定。

## 3.4.3 动态数组及其声明

在静态数组声明时,必须明确指定它的大小。一般情况下,一个数组的大小可以预先确定。但在有些数据处理场合,数组到底应该有多大才合适,有时可能不得而知。如果要避免数据因放不下而导致溢出,必须留有充分的余地,从而去声明一个尽可能大的数组。采用这种做法的结果是既占据了大量的内存空间,又影响了数据处理的速度。要解决这一矛盾,最好的方法是使程序在运行时具有改变数组大小的能力,即使用动态数组。

静态数组是在编译过程中根据数组大小开辟内存区域的,而动态数组是在运行时开辟的,不运行时不占内存空间。

建立动态数组的方法如下:

首先用数组声明语句声明一个空维数组(数组括号为空),然后在过程中用 ReDim 语句指定该数组的大小,格式如下:

    ReDim <数组名>(<下标 1>[, <下标 2>…])[As <类型>]

说明:

(1)ReDim 语句是一个可执行语句,只能出现在过程中;

(2)若省略 As<类型>可选项,则数组类型与声明时一致;

(3)ReDim 语句的下标可以是常量,也可以是有了确定值的变量;

(4)每次使用 ReDim 语句都会使数组中原先的值丢失,要保留数组中原来的数据,可以在 ReDim 语句后面加 Preserve 参数,但使用该参数只能改变数组最后一维的大小,其他几维大小不能改变。

例如,首先声明一个动态数组 intArray:

    Dim intArray( ) As Integer

然后在过程中指定 intArray( )的大小:

```
Private Sub Form_Click()
    …
    ReDim intArray(4, 5)
    …
End Sub
```

**例 3-21** 编写程序,首先用 InputBox 函数输入由 n 个单词组成的字符串,单词之间用空格分隔,当用户按【Enter】键结束输入。然后将该字符串中的单词分离出来,放入一个字符数组,每个数组元素存放一个单词,最后将数组各元素显示在窗体上。过程代码如下:

```
Private Sub Form_Click()
    Dim i, j, n As Integer
    Dim strInput, strWord As String '变量 strInput 存放输入字符串,变量 strWord 存放单词
```

```
Dim strAry() As String '声明空字符数组
strInput = InputBox("请输入单词(单词之间用空格分隔):","动态数组实例")
n = 0 '变量 n 存放字符串中的空格数
'统计字符串中共有多少单词
For i = 1 To Len(strInput)
    If Asc(Mid(strInput, i, 1)) = 32 Then          '空格的 ASCⅡ码为 32
        n = n + 1
    End If
Next i
ReDim strAry(n)                                    '指定动态数组大小为 n
j = 0
'将字符串中的单词分离出来,放入数组
For i = 0 To n
    Do
        j = j + 1
        If Asc(Mid(strInput, j, 1)) <> 32 Then
            strWord = strWord + Mid(strInput, j, 1)
        Else
            Exit Do
        End If
    Loop While j < Len(strInput)
    strAry(i) = strWord
    strWord = ""
    Print strAry(i)                                '显示字符数组各元素
Next i
End Sub
```

**分析:**

在这个例子中,由于事先无法确定用户输入字符串的长度以及字符串中的单词的数量,因此也就无法定义一个定长的字符数组,只能采用动态数组。

程序中首先使用 InputBox 函数,将用户输入的字符串放入变量 strInput。输入结束后,通过计算字符串中空格数的方法统计单词数,若有 n 个空格,就有 n+1 个单词。确定了单词数量后,再用 ReDim 语句指定数组的大小。接下来,用 For...Next 语句构成外循环,外循环控制数组下标。用 Do...Loop While 语句构成内循环,内循环的功能是将两个空格间的字符连接成单词。每拼接完成一个单词就将它放入字符数组。

运行程序单击窗体后,InputBox 函数对话框中用户输入的内容如图 3-24 所示,输入结束后窗体显示的结果如图 3-25 所示。

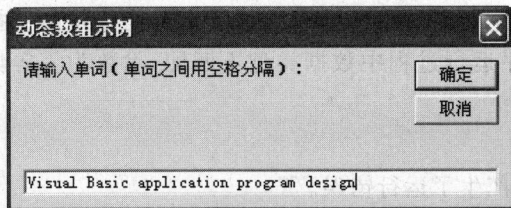

图 3-24　用户在对话框中输入的字符串

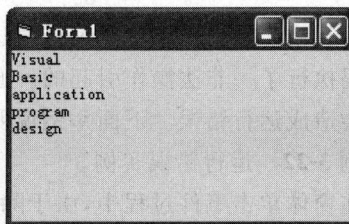

图 3-25　窗体显示的结果

# 3.5　程序调试

程序设计中,当源程序代码输入完毕后,接下来的一个重要步骤是验证该程序是否能正确运行。如果程序运行时出错,必须查找错误的根源并修改源程序代码,直至程序能够正确运行为止,这个过程就是通常所说的程序调试。在程序设计阶段,每个单元级模块(事件过程、子过程、函数过程)都必须调试通过,只有这样才能保证程序能实现预期目标。

## 3.5.1　错误类型

Visual Basic 中应用程序的错误一般可分为编译错误、运行错误以及逻辑错误三种类型。

### 1．编译错误

编译错误包括程序代码编辑时发生的错误以及应用软件编译时产生的错误。Visual Basic 的应用软件必须编译通过后才能运行,由于这两种情况都会导致系统中止编译过程,故统称编译错误。

程序编辑时发生的错误通常是语法错误,主要是由于语句结构不正确而造成的。例如,关键字不正确、括号不匹配等原因都会导致这种情况。这类错误完全可以通过 Visual Basic 的自动语法检查而避免。设置自动语法检查的具体方法是:执行主菜单中的【工具】|【选项】命令,打开"选项"窗口,在"编辑器"选项卡的代码设置部分选中"自动语法检测"。相关内容已在第 1 章中作过介绍,这里就不再重复。

编译时产生的错误主要是由于程序中未定义变量、遗漏关键字等原因造成的。例如下面的事件过程代码:

```
Private Sub Form_Click()
    For i = 0 To 10
        Print i
    Next i
End Sub
```

代码中的语句并无语法错误,但单击窗体运行该过程时还是产生了编译错误,错误的原因是变量未定义。要避免类似情况,最好的方法是在"编辑器"选项卡的代码设置部分选中"要求变量声明"。

### 2．运行错误

运行错误是指程序代码编译通过后,在运行时发生的错误。这类错误往往是由于指令代码执行了一非法操作引起的。通常程序运行过程中数据类型不匹配、除数为零等情况都会造成运行错误。下面举例说明。

**例 3-22**　运行错误实例。

在窗体单击事件过程中,由于除数为零产生了运行错误。

```
Private Sub Form_Click()
    Dim i, n As Integer
```

```
        n = 100
        For i = 5 To 0 Step −1
            Print n / i
        Next i
End Sub
```

运行该过程时,当循环变量为零时,产生了除数为零的实时错误,出错提示信息如图 3-26 所示。当用户单击【调试】命令按钮,进入 Visual Basic 的中断模式时,光标停留在代码窗口的出错语句上,此时允许用户修改代码,如图 3-27 所示。当用户单击【结束】命令按钮,则返回设计模式。

图 3-26　除数为零产生运行错误

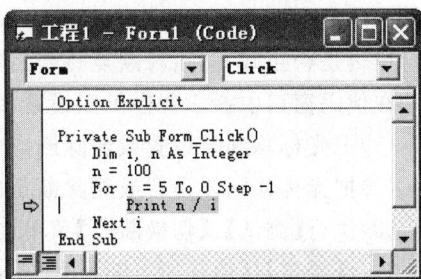

图 3-27　产生运行错误后进入中断模式

### 3.逻辑错误

程序运行后,得不到所期望的结果,这说明程序中存在逻辑错误。与前两种错误情况不同的是,逻辑错误一般没有出错信息提示。也就是说,程序代码不存在语法错误,编译、运行过程也没有出错。这类错误是最难诊断的错误,只有通过程序逻辑分析、代码调试等综合手段才能最终加以解决。程序设计中要减少逻辑错误,没有捷径可寻,只能靠经验、耐心加上良好的编程习惯。

## 3.5.2　程序调试方法

Visual Basic 为程序设计人员提供了多种调试工具。用户可以采取设置程序断点、添加监视表达式、单步执行、过程跟踪、使用立即窗口等手段,结合关注调试窗口的信息,发现并排除各类错误。

### 1.中断模式

前面已经提到,Visual Basic 有设计、运行以及中断三种模式。设计模式中用户可以设计或修改程序代码,但却看不到这些变更对应用程序的运行产生的影响。运行模式中用户可以观察程序代码及应用程序运行时的工作状态,但却无法修改代码。只有在中断模式中,用户既能修改代码和检查数据,又能继续运行程序观察修改效果,还能停止程序运行返回设计模式。

在应用程序运行时,可以用以下几种手工方法进入中断模式:

(1)按【Ctrl】+【Break】键;

(2)执行【运行】|【中断】菜单命令;

（3）单击工具栏上的【中断】按钮图标。

在以下任一情况发生时，Visual Basic 都会自动进入中断模式：

（1）执行语句时发生了非俘获的运行错误；

（2）执行到一个设有断点的语句行；

（3）执行到一个 Stop 语句。

## 2．设置断点

设置断点是最为常用的程序调试方法。程序断点应在设计模式或中断模式时设置。通常将断点设置在代码中怀疑存在问题的某些关键行，当程序运行过程中遇到断点后便进入中断模式。这时，用户可以通过观察断点处各关键变量的值，判定在断点之前程序的执行逻辑是否正确，然后将断点逐步后移。

在代码窗口中一段程序可以设置多个断点，设置或删除一个断点的方法如下：

（1）把光标移到要设置或删除断点的代码行，单击代码行左边空白区；

（2）把光标移到要设置或删除断点的代码行，按【F9】键；

（3）执行【调试】|【切换断点】菜单命令。

执行【调试】|【清除所有断点】菜单命令，则可以清除已设置的所有断点。

断点语句行的颜色可以通过执行【工具】|【选项】菜单命令，打开"选项"窗口，在"编辑器格式"选项卡中进行设置。

程序运行到断点处，断点所在的语句行并未执行。如果将光标在断点前语句行中的变量上稍作停留，即可显示该变量当前的值。若要继续跟踪断点以后各语句的执行情况，只要按【F8】键或执行【调试】|【逐语句】菜单命令，这时程序从断点处以单步方式继续执行下去。图 3-28 是在代码窗口中使用断点和单步跟踪方法的调试界面。

在逐语句调试中，如果一个语句调用了一个过程或函数，用户可以按【Shift】+【F8】键或执行【调试】|【逐过程】菜单命令，用过程跟踪的方式，完整地执行该过程或函数。

## 3．添加监视

为了进一步观察程序运行过程中某些表达式或变量值的变动情况，用户可以在设计模式或中断模式时添加监视。步骤如下：

（1）执行【调试】|【添加监视】菜单命令打开"添加监视"对话框，如图 3-29 所示；

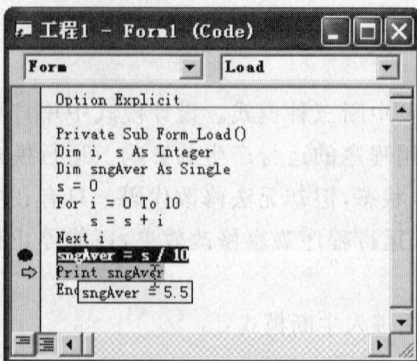

图 3-28　设置断点和单步跟踪调试界面　　　　图 3-29　"添加监视"对话框

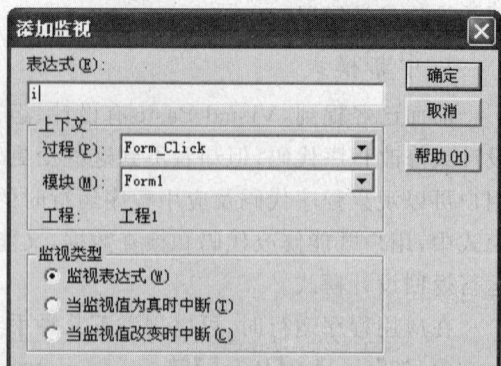

（2）在表达式文本框中输入变量或表达式；

（3）选择监视类型；

（4）单击【确定】命令按钮。

监视类型有三种：

（1）监视表达式：监视表达式可以是代码中的变量，也可以是一个数值表达式。这种监视类型往往与设置断点单步调试配合使用，当程序运行到断点处，在监视窗口中会显示被监视的变量或表达式的值。

（2）当监视值为真时中断：采用这种监视类型，表达式文本框中应该输入一个条件表达式。程序运行到监视值为真时，自动进入中断模式，并在监视窗口中显示监视表达式的内容。

（3）当监视值改变时中断：如果选择这种类型，被监视的表达式不论是数值表达式还是逻辑表达式，运行只要其值发生改变，程序就自动进入中断模式，并在监视窗口中显示监视表达式的内容。

**例 3-23** 使用监视表达式调试程序。

窗体单击过程代码如下：

```
Private Sub Form_Click()
    Dim i, s As Integer
    s = 0
    For i = 1 To 10
        s = s + i
    Next i
    s = s / 10
    Print s
End Sub
```

程序调试时，添加了 3 个监视表达式，分别为 i、s、s+i。在单步跟踪调试过程中，可以观察到监视窗口中各表达式值的变化，界面如图 3-30 所示。

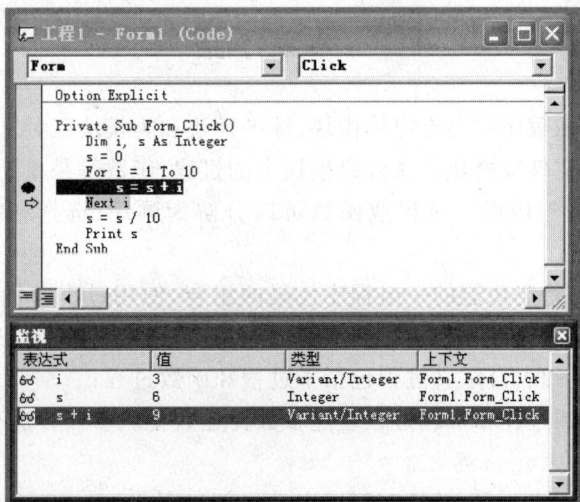

图 3-30 调试时添加监视表达式

Visual Basic 添加监视的操作相当灵活,调试过程中还可以用下列两种方式将监视表达式添加到监视窗口中:

(1)在代码窗口中选中需要监视的变量,右击鼠标打开快捷菜单,然后执行【添加监视】命令,打开"添加监视"窗口。

(2)在代码窗口中选中需要监视的变量,直接将它拖入监视窗口。

如果要删除监视,只需在监视窗口中选中该监视表达式,然后按下【Del】键即可。

### 4. 立即窗口

利用立即窗口观察数据是程序调试中经常使用的方法。在 Visual Basic 集成开发环境中,执行【视图】|【立即窗口】菜单命令,可以打开立即窗口。用户也可以使用 Ctrl+G 快捷键直接打开立即窗口。

立即窗口可以在运行、中断两种模式下使用。在运行模式下向立即窗口输出数据,必须在源程序代码中插入 Debug. Print 语句。程序调试结束后,插入的语句应及时删除。Debug. Print 语句格式如下:

　Debug. Print <输出项>

其中,输出项可以是表达式或表达式列表,若省略输出项则输出一个空行。

**例 3-24**　窗体单击事件代码与例 3-23 相同,在 For... Next 循环体中插入一行 Debug. Print 语句。代码窗口中的程序代码以及程序运行时立即窗口的内容如图 3-31 所示。

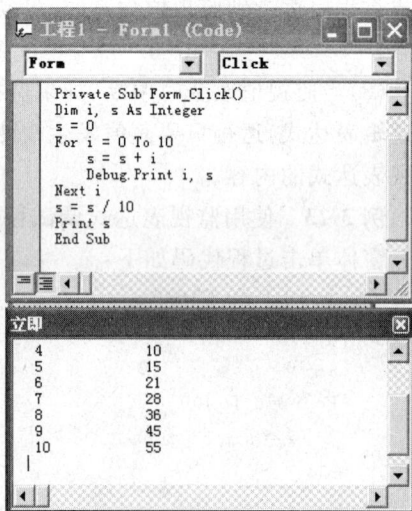

图 3-31　调试时使用立即窗口

## 本章小结

Visual Basic 应用程序主要有窗体模块、标准模块和类模块三种基本模块。以文件形式体现的模块,称为文件级模块。文件级模块中的过程、函数等是单元级模块。

过程或函数由语句构成。过程或函数可以分解为顺序、选择和循环三类基本控制结构。

过程是实现某一特定功能的一组程序代码的组合,使用过程的优点是可以压缩重复任务或共享任务。过程可以分为两大类:一类是系统提供的内部函数过程和事件过程;另一类是用户自定义过程。自定义过程包括子过程和函数过程;

调用过程时,主调过程和被调过程通过参数传递数据。参数传递有两种方法:一种是传址;另一种是传值。

过程有作用域:用 Private 关键字可以定义局部过程,用 Public 关键字可以定义一个全局级过程。

数组是一组有序的内存变量的集合,数组中元素的个数称为数组的大小。

数组必须先声明后使用,数组中若只有 1 个下标,称为一维数组;有 1 个以上下标的数组称为多维数组。数组若声明时已指定大小称为静态数组,反之则称为动态数组。

数组与变量一样,按其作用域可分为局部数组、模块级数组以及全局数组三种类型。

应用程序的错误一般可分为编译、运行以及逻辑错误三种类型。程序调试中可以采取设置断点、添加监视、使用立即窗口等方法。

## 习　题

### 一、填空题

1. Visual Basic 应用程序的基本模块主要有三种,分别是(　　)、(　　)和(　　)。

2. Visual Basic 具有(　　)、(　　)和(　　)三类基本控制结构。

3. 程序设计中一个控制结构内部包含另一个控制结构叫做(　　)。

4. Visual Basic 中的过程可以分为两大类。一类是(　　),另一类是(　　)。

5. 在定义一个子过程或函数过程时,若使用(　　)关键字,则定义了一个标准模块级的局部过程。若使用关键字(　　),则定义了一个全局级过程。

6. 为了保留过程中变量原来的值,可以用(　　)语句将变量声明为静态变量。

7. 数组中的各个变量有相同的(　　)和相同的(　　),数组中的各个变量称为(　　),数组的大小是指(　　)。

8. 数组声明时若已经指定大小,该数组称为(　　)或(　　),反之则称为(　　)或(　　)。

9. 静态数组是在(　　)过程中根据数组大小开辟内存区域的,而动态数组是在(　　)时开辟的。

10. 程序运行过程中除数为零会造成(　　)错误。

### 二、选择题

1. 以下说法不正确的是(　　)

A. 局部变量不能被本模块的其他过程存取。

B. 局部变量能被本应用程序的其他模块存取。

C. 全局变量能被本模块的其他过程存取。

D. 全局变量能被本应用程序的其他过程存取。

2. MsgBox 函数可以在对话框中显示信息,该函数中必需的参数是(　　)。

A. Prompt　　　　　　B. title　　　　　　C. Buttons　　　　　　D. helpfile

3. 以下那个循环语句运行时会产生逻辑错误(　　)。

A. For i=0 To 100 ⋯ Next i

B. For i=100 To 0 Step −1 ⋯ Next i

C. For i=0 To 100 Step −1 ⋯ Next i

D. For i=0 To 0 ⋯ Next i

4. 循环语句 For i＝－3.5 To 5.5 Step 0.5 ⋯ Next i 的循环次数为（　　）。

　　A. 18　　　　　　　B. 19　　　　　　　C. 16　　　　　　　D. 20

5. 整型变量 a、b、c 的值分别为 20、10、30，函数：

IIf(a＜b And b＜＝c, a＋b＋c, IIf(a＞b, a＋b,a＋c))的值为（　　）

　　A. 60　　　　　　　B. 30　　　　　　　C. 50　　　　　　　D. 20

6. 假如有一个过程：Private Sub p（x As Long , ByVal y As Integer）。下面调用该过程的语句中正确的是（　　）。其中 a、b、c 均为 Integer 类型的变量。

　　A. Call p(a＊b,3)　　　　　　　　　B. Call p(3, a＊b)

　　C. Call p(c, a＊b)　　　　　　　　　D. Call p(3, 3＊4)

7. 关于过程，以下说法错误的是（　　）。

　　A. Sub 过程又称子过程，这种过程不返回值。

　　B. Function 过程又称函数过程，这种过程可以返回值。

　　C. 自定义的 Sub 过程也称为通用过程，它必须由应用程序调用才能够执行。

　　D. 应用程序也可以直接调用事件过程

8. 以下那个数组声明语句声明了 20 个元素的数组（　　）。

　　A. Dim strArry(2,10) As String

　　B. Dim strArry (4,5) As String

　　C. Dim strArry (－2 To 2,－3 To 0) As String。

　　D. Dim strArry (0 To 1,8) As String

9. Visual Basic 中不中断程序而监视程序中表达式的方法是（　　）。

　　A. 添加监视　　　　　　　　　　　B. 使用 Debug

　　C. 使用快捷监视　　　　　　　　　D. 使用过程跟踪

10. Visual Basic 中检查程序语法错误的方法是（　　）。

　　A. 设置断点　　　　　　　　　　　B. 添加监视

　　C. 使用立即窗口　　　　　　　　　D. 在开发环境中进行恰当设置

### 三、简答题

1. 为什么使用 Do While...Loop 循环结构时，在循环体中必须包含一些语句，能对循环条件中的变量值不断进行修改？

2. 过程调用时，参数传递的传址与传值有何区别？什么情况下用传址方式？什么情况下用传值方式？

3. 动态数组有什么优点？在什么情况下应使用动态数组？如何使用？

4. 使用 ReDim 语句可以改变数组类型吗？

5. 可以用什么方法在程序运行时观察测试点变量的动态值？

### 四、写出下列程序运行后输出的内容：

```
1. Dim a, b, c, n As Integer
   a = 10; b = 20; c = 30
   n = IIf(a > b And a > c, a, IIf(b > c, b, c))
   Print n(    )
```

2. Dim i, j, n, s As Integer

```
s = 0
For i = 0 To 2
    n = 0
    For j = 0 To 2
        n = n + i + j
    Next j
    s = s + n
Next i
Print s(    )
```

## 五、操作题

1. 编写程序,用循环结构求 $s = \sum_{i=1}^{10} (i+1)(2i+1)$

2. 编写程序求分段函数:$y = \begin{cases} x & x < 1000 \\ 0.9x & 1000 \leqslant x < 2000 \\ 0.8x & 2000 \leqslant x < 3000 \\ 0.7x & x \geqslant 3000 \end{cases}$

3. 编写程序计算 $s = 1 + \dfrac{1}{2} + \dfrac{1}{4} + \dfrac{1}{7} + \dfrac{1}{11} + \dfrac{1}{16} + \dfrac{1}{22} + \dfrac{1}{29} + \cdots$,当第 i 项的值小于 $10^5$ 时结束。

4. 编写程序,求所有的"水仙花数"。所谓的"水仙花数"是指一个三位数,其各位数字立方和等于该数本身。例如,153 是一个"水仙花数",因为 $153 = 1^3 + 5^3 + 3^3$。

5. 编写程序,求 $s = \sum_{k=1}^{100} k + \sum_{k=1}^{50} k^2 + \sum_{k=1}^{10} \dfrac{1}{k}$

6. 编写程序,用循环语句在窗体上输出由数字组成的三角形图案,如图 3-32 所示。

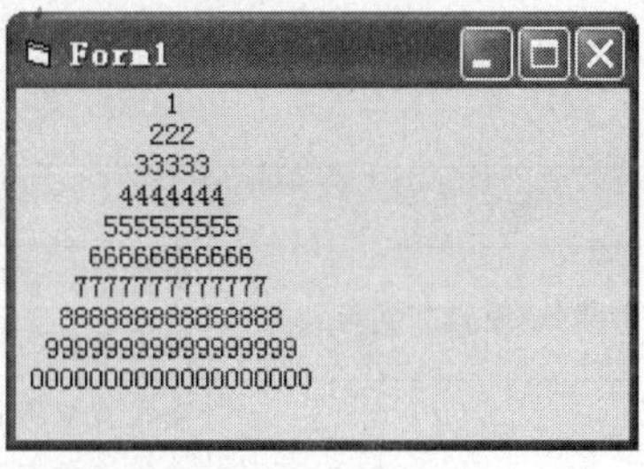

7. 编写程序,用过程调用方法计算 $M y \sin(x)$
$= \dfrac{x}{1} - \dfrac{x^3}{3!} + \dfrac{x^5}{5!} - \dfrac{x^7}{7!} + \cdots (-1)^{n-1} \dfrac{x^{2n-1}}{(2n-1)!}$

图 3-32 习题 5.6 程序运行输出界面

8. 利用随机数生成两个 $4 \times 4$ 的矩阵 A 和 B,矩阵 A 元素的取值范围为 $30 \sim 70$,矩阵 B 元素的取值范围为 $101 \sim 135$。要求将两矩阵相加,结果放入矩阵 C。

# 第 4 章  窗体设计

## 教学目标

　　Visual Basic 最大的特点就是在可视化的环境下开发具有良好用户界面的应用程序。在面向对象的程序设计中,首要任务就是窗体设计。窗体是应用软件运行时的窗口,也是人机交互的工作界面。简单的工程只有一个窗体,实际的应用程序中,往往要使用多重窗体或者多文档界面。本章详细介绍了窗体、多重窗体以及多文档界面的设计及应用,重点是窗体的常用属性、事件及方法。

## 教学要求

| 知识要点 | 能力要求 |
| --- | --- |
| 窗体的属性、事件和方法 | 掌握窗体常用属性、事件和方法;能根据需要熟练设置窗体的常用属性,编写窗体常用事件的过程代码,熟悉并使用窗体的常用方法 |
| 多重窗体 | 能根据应用程序功能要求建立多重窗体;设置启动窗体;设计各窗体的工作界面;掌握多重窗体间切换操作方法 |
| 多文档界面 | 掌握多文档界面的基本概念和特点;能建立多文档界面 |

# 4.1 窗体

窗体是应用程序运行时的一个窗口或界面，Visual Basic 大多数的应用程序都是从窗体开始执行的。窗体也是一个容器，几乎所有的控件都是添加在窗体上的。从对象和类这个角度来看，窗体是一种特定的类，工程中的某一个窗体就是窗体类的实例，即一个独立对象。作为对象，窗体的外观由其属性定义，行为由其方法定义，它与用户的交互方式由其事件定义。

## 4.1.1 窗体的基本属性

窗体的属性很多，这些属性不仅决定了一个窗体的外观，还控制着窗体的位置以及其他一些行为特征。窗体有些属性是只读属性，即程序只能取出这些属性的值，但不能修改这些属性。有些属性是可读写属性，程序既能读取又能修改这些属性的值。窗体大多数属性既可以在设计模式下通过属性窗口设置，也可以在运行模式下通过程序语句改变，但某些属性只能在设计模式下设置。

程序运行时设置或修改某些窗体属性可以使用赋值语句，格式如下：

窗体名.属性名＝＜属性值＞

其中，属性值也可以使用 vb 常数。

例如，Form1. ScaleMode＝1，也可以写成 Form1. ScaleMode＝ VbTwips。

设计时设置窗体属性先要打开属性窗口。属性窗口如图 4-1 所示，在第 1 章中已作过简要介绍。窗体属性有"按字母序"和"按分类序"两种排列方式。属性列表框中列出了窗体对象所有的属性。列表框左侧为属性名，右侧为属性值。新建窗体属性值为系统默认值。

设置属性时首先单击某一属性名。窗体的某些属性取值是有限的几种可能值，如图中所示的 BorderStyle 属性，这时在属性值右侧会出现下拉列表箭头，只要打开下拉列表就可以选择确认。有的属性值右侧会出现【…】按钮，如 Font 属性，表示需要打开相应的对话框才能进行设置。有些属性（例如 Caption 属性）只需输入新的属性值即可。

Visual Basic 窗体基本属性见表 4-1。

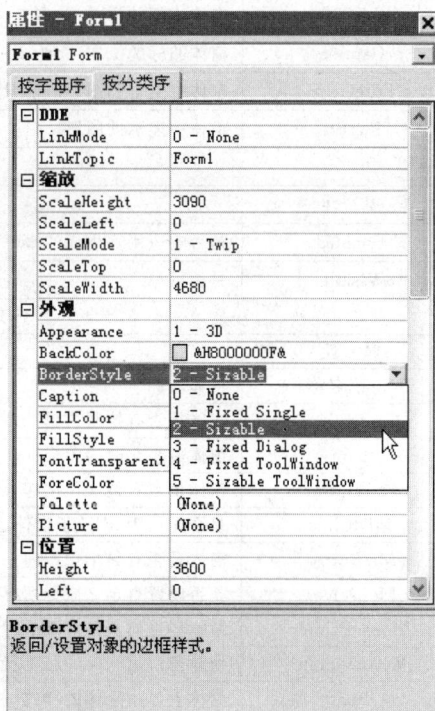

图 4-1　在属性窗口中设置窗体属性

**表 4-1** 窗体的基本属性

| 缩放类 | | |
|---|---|---|
| 属 性 | 说 明 | 默 认 值 |
| ScaleHeight | 窗体坐标系的高度 | 3090 |
| ScaleLeft | 窗体坐标系的原点横坐标值 | 0 |
| ScaleTop | 窗体坐标系的原点纵坐标值 | 0 |
| ScaleWidth | 窗体坐标系的宽度 | 4680 |
| ScaleMode | 设置使用图形方式或可定位控件时,窗体坐标的度量单位 | 1-Twip |
| 位置类 | | |
| 属 性 | 说 明 | 默 认 值 |
| Height | 窗体高度 | 3600 |
| Width | 窗体宽度 | 4800 |
| Left | 窗体左边与容器的距离 | 0 |
| Top | 窗体顶端与容器的距离 | 0 |
| Moveable | 窗体是否能移动 | True |
| StartUpPosition | 窗体启动时位置 | 3-缺省 |
| 外观类 | | |
| 属 性 | 说 明 | 默 认 值 |
| Appearance | 设置窗体运行时,是否以 3D 效果显示 | 1-3D |
| BackColor | 窗体中文本和图形的背景色 | &H8000000F& |
| BorderStyle | 窗体边框的样式,共有 6 种样式,详见表 4-4 | 2-Sizable |
| Caption | 窗体的标题文本 | Form1 |
| ForeColor | 窗体中文本和图形的前景色 | &H80000012& |
| Picture | 窗体中显示的图形 | None |
| 行为类 | | |
| 属 性 | 说 明 | 默 认 值 |
| Enabled | 是否响应用户生成的事件 | True |
| Visible | 是否可见 | True |
| 其他类(杂项) | | |
| 属 性 | 说 明 | 默 认 值 |
| Name(名称) | 窗体名称 | Form1 |
| ControlBox | 窗体是否有控制菜单 | True |
| Icon | 窗体最小化时的图标 | Default |
| MaxButton | 窗体是否有最大化按钮 | True |
| MDIChild | 是否显示为 MDI 子窗体 | False |
| MinButton | 窗体是否有最小化按钮 | True |
| MouseIcon | 是否设置自定义鼠标图标 | None |
| MousePointer | 鼠标经过对象某一部分时鼠标的指针类型 | 0-Default |
| WindowState | 窗体窗口运行时的可见状态 | 0-Normal |
| Font | 窗体上显示字体的样式 | 宋体 |

说明：

(1)缩放类属性

缩放类属性用于建立一个窗体坐标系。窗体作为一个容器，它的坐标系统用来标定窗体内控件的位置和尺寸。窗体默认坐标系统是：左上角位置为坐标原点，左边框为坐标纵轴，上边框为坐标横轴，度量单位为 twip(缇)。

窗体建立后，其坐标原点由 ScaleLeft 和 ScaleTop 确定，坐标的 XY 轴由 ScaleWidth 和 ScaleHeight 确定，坐标的度量单位由 ScaleMode 设置。ScaleMode 的部分取值及说明见表 4-2。

表 4-2　　　　　　　ScaleMode 的取值及说明

| 常　数 | 取　值 | 说　明 |
|---|---|---|
| VbUser | 0 | 用户自定义的值 |
| VbTwips | 1 | 缇：每英寸为 1440 缇；每厘米为 567 缇 |
| VbPoints | 2 | 磅：每英寸为 72 个磅 |
| VbPixels | 3 | 像素：监视器或打印机分辨率的最小单位 |
| VbCharacters | 4 | 字符：单位字符水平为 120 缇；垂直为 240 缇 |
| VbInches | 5 | 英寸 |
| VbMillimeters | 6 | 毫米 |
| VbCentimeters | 7 | 厘米 |

(2)位置类属性

位置类属性用来设置窗体的大小以及窗体在屏幕坐标系中的位置，默认的度量值为 twip。窗体的位置由 Left 和 Top 属性确定，窗体的高度和宽度由 Height 和 Width 属性确定。窗体的高度包括了标题栏和水平边框宽度，窗体的宽度包括了垂直边框宽度。这几个属性既可以在设计时设置，也可以在运行时通过程序修改。StartUpPosition 属性决定窗体启动后出现时在屏幕上的位置，取值及说明见表 4-3，该属性运行时不能修改。

表 4-3　　　　　　StartUpPosition 的取值及说明

| 常　数 | 取　值 | 说　明 |
|---|---|---|
| vbStartUpManual | 0 | 未指定 |
| vbStartUpOwner | 1 | UserForm 所属的项目中央 |
| vbStartUpScreen | 2 | 屏幕中央 |
| vbStartUpWindowsDefault | 3 | 屏幕的左上角 |

(3)外观类属性

外观类属性决定了窗体的外观特征。例如，Caption 属性用于设置窗体的标题，Appearance 属性用来设置窗体运行时，是否以 3D 效果显示。BorderStyle 属性用于确定窗体边框的样式，BorderStyle 的取值及对应样式见表 4-4。

**表 4-4**                          **BorderStyle 属性值与窗体样式**

| 取 值 | 窗体样式 |
|---|---|
| 0—None | 窗体无边框,无标题栏,无最大化、最小化和关闭按钮 |
| 1—Fixed Single | 固定单边框:窗体有包含移动和关闭命令的控制菜单,有标题栏和关闭按钮,不能改变窗体的大小 |
| 2—Sizable | 可调整边框(默认值):窗体有完整的控制菜单,有最大化、最小化和关闭按钮,可以改变窗体的大小 |
| 3—Fixed Dialog | 固定对话框:窗体有包含移动和关闭命令的控制菜单,有关闭按钮、标题栏 |
| 4—Fixed ToolWindow | 固定工具窗口:窗体有关闭按钮、缩小的标题栏,窗体大小不能改变 |
| 5—Sizable ToolWindow | 可变大小工具窗口:窗体有完整的控制菜单,有最大化、最小化和关闭按钮,用缩小的字体显示标题栏 |

　　外观类属性中,BackColor 属性用来设置窗体的背景颜色,ForeColor 属性用来设置窗体中文本和图形的前景色。设置一个对象的颜色,可以在设计时进行,也可以在运行时进行。

　　设计模式下设置一个对象的颜色的方法是打开系统调色板。操作时先单击属性值栏内下拉列表框按钮,打开调色板,然后在调色板上单击选中一种颜色即可,如图 4-2 所示。

　　(4)行为类属性

　　窗体最常用的行为类属性有两个,分别是 Enabled 和 Visible。Enabled 属性设置窗体是否能够对用户产生的事件作出反应;Visible 属性用于设置窗体是显示还是被隐藏。这两个属性可以在运行时读写,其值只有 True 和 False。

　　(5)其他类属性

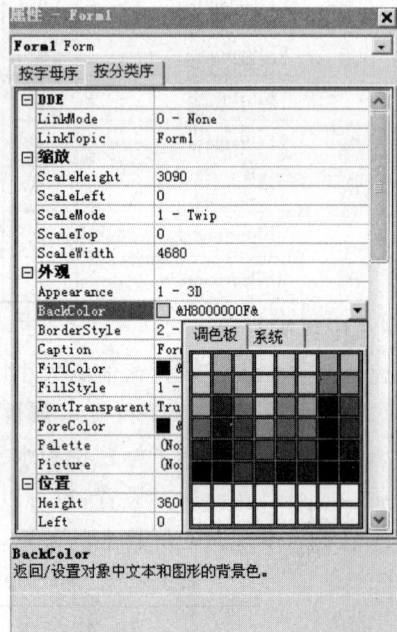

图 4-2　打开调色板设置窗体的背景色

　　其他类属性在属性窗口中称为"杂项"。这些属性用途不一,其中有几个比较重要,分述如下:

Name 属性

　　该属性设置窗体的名称,它只能在设计时设置,运行时为只读。需要说明的是,尽管新建一个窗体,其 Name 属性与 Caption 属性的默认值可能相同,但两者是完全不同的属性。Caption 属性的值是窗体显示的标题,运行时可以在程序中修改。Name 属性的值是编写程序时用来区分不同的窗体的。程序设计时,在代码中可以使用 Name 属性引用一个窗体,但窗体运行时不能修改其属性值。

ControlBox 属性

该属性用于设置窗体是否有标准的控制菜单,它只有 True 和 False 两个值,并且只能在设计时设置。当该属性值为 False 时,无论 BorderStyle 属性值如何设置,窗体都没有控制菜单和最大化、最小化、关闭窗口按钮。

Icon 属性

该属性用于设置窗体最小化时的图标。设置时先单击属性值栏内【…】按钮,打开"加载图标"对话框,选择一个图标文件装入。

MDIChild 属性

该属性用于设置窗体是否被作为 MDI 窗体的子窗体,该属性在运行时为只读。

WindowState 属性

该属性用于设置窗体运行时的状态。属性默认值是 0,表示正常的窗口状态,有窗口边界。属性值为 1 表示窗体运行时最小化状态,以图标方式显示。属性值为 2 表示窗体运行时最大化状态,窗口无边框,占据整个屏幕。

Font 属性

该属性用于设置窗体上显示的字体。设置时先单击属性值栏内【…】按钮,打开"字体"对话框,在对话框中选择字体、字形、大小,单击【确定】按钮完成设置。

Font 属性一般在设计时设置。如果要在程序中设置,则根据"字体"对话框的内容,可以将它分解为以下几个常用属性:

FontName:字体名称属性。

FontBold:粗体字属性,只有 True 和 False 两个值。

FontSize:字体大小属性。

FontItalic:斜体字属性,只有 True 和 False 两个值。

FontUnderline:下划线属性,只有 True 和 False 两个值。

**例 4-1** 窗体运行时,通过程序设置窗体内文字的字体属性,窗体单击事件过程代码如下,运行界面如图 4-3 所示。

```
Private Sub Form_Click()
    Form1.FontName = "宋体"
    Form1.FontBold = True
    Form1.FontSize = 30
    Form1.FontItalic = True
    Form1.FontUnderline = True
    Print "窗体的字体属性"
End Sub
```

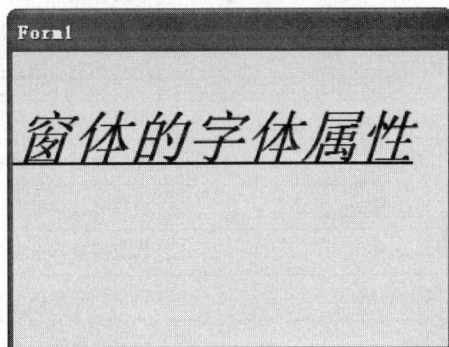

图 4-3 窗体的字体属性

## 4.1.2 窗体的常用事件

窗体的事件是指那些作用于窗体的外部动作。例如,程序运行时,窗体被加载或卸载、用户单击或双击窗体、拖拉鼠标改变窗体的大小、单击关闭按钮等都会触发相应的窗体事件。Visual Basic 所有的窗体事件都列于代码窗口的事件下拉列表框中,如图 4-4 所示,表 4-5 列出了其中较为常用的事件。

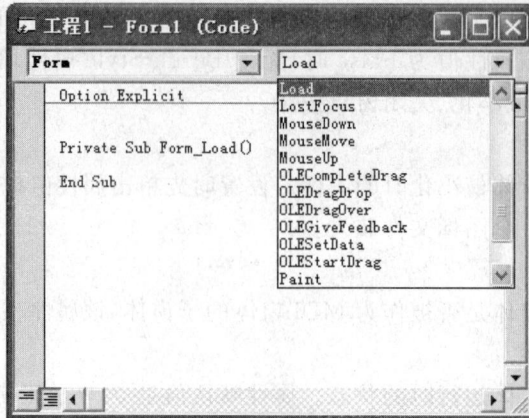

图 4-4　代码窗口中的窗体事件

表 4-5　　　　　　　　　　　　　　　窗体的常用事件

| 事　件 | 说　明 |
| --- | --- |
| Intialize | 窗体初始化事件，在 Load 事件之前发生 |
| Load | 当用户使用 Load 语句或者引用未加载的窗体属性或控件时发生该事件 |
| Activate | 窗体被激活时发生 |
| Deactivate | 窗体成为非激活窗口时发生 |
| Unload | 当用户使用 UnLoad 语句或者关闭窗口时发生该事件 |
| QueryUnload | 窗体 QueryUnload 事件先于该窗体的 Unload 事件发生 |
| Resize | 窗体被最大化、最小化或被还原，导致窗口状态改变时发生该事件 |
| Paint | 当窗体被移动或放大之后，或者当覆盖本窗体的其他窗口移去后暴露出本窗体，系统重新绘制窗体时发生该事件 |
| KeyDown | 用户在当前活动窗体上按下一个键时发生 |
| KeyUp | 用户在当前活动窗体上释放一个键时发生 |
| KeyPress | 用户在当前活动窗体上敲击一个键时发生 |
| MouseDown | 当鼠标被移至窗体界面上，按下鼠标时发生该事件 |
| MouseUp | 当鼠标被移至窗体界面上，释放鼠标时发生该事件 |
| MouseMove | 当鼠标在窗体上移动时发生该事件 |
| Click | 用户在窗体上单击鼠标左键时发生 |
| DBlClick | 用户在窗体上双击鼠标左键时发生 |

　　表 4-5 中前面 6 个事件与窗体创建、加载、显示、卸载过程有关，将在介绍窗体状态时进一步说明。

　　窗体的键盘事件共有 3 种，它们分别是 KeyDown（按下键）、KeyUp（释放键）和 KeyPress（敲击键）事件。需要说明的是，只有当窗体为当前活动窗体时，按键才能触发窗体的键盘事件。另外，如果窗体上有能够获得焦点的控件，则按键触发的将是控件的键盘事件。假如希望按键总是能触发窗体的键盘事件，应该将窗体的 KeyPreview 属性值设置为 True。

窗体的鼠标事件共有 5 种,它们分别是 MouseDown(按下鼠标键)、MouseUp(释放鼠标键)、MouseMove(移动鼠标键)、Click(单击)和 DBlClick(双击)。

## 4.1.3 窗体的常用方法

窗体的方法是指窗体可以执行的动作,或窗体本身的行为。窗体有以下几种常用的方法。

(1)Show 方法

Show 方法用来显示一个窗体,如果指定的窗体没有加载,则自动加载该窗体。它的格式如下:

　　窗体名称. Show [<模态>]

其中,模态参数是一个整型数,用来决定窗体的模态。如果该参数为 0,则窗体是非模态的;如果该参数为 1,则窗体是模态的。默认值是非模态。

(2)Hide 方法

Hide 方法用来隐藏一个窗体,但该窗体并没有被卸载,其格式如下:

　　窗体名称. Hide

(3)Move 方法

Move 方法用来将窗体移动到指定的坐标位置,其格式如下:

　　窗体名称. Move left, top, width, height

其中,参数 left, top, width, height 决定窗体的位置和大小,单位为缇。

(4)Refresh 方法

Refresh 方法用于重新绘制并刷新窗体或控件。通常,如果没有事件发生,窗体或控件的绘制是自动处理的。但是,有些情况下希望窗体或控件立即更新。例如,如果使用文件列表框、目录列表框或者驱动器列表框显示当前的目录结构状态,当目录结构发生变化时可以使用该方法更新列表。Refresh 方法格式如下:

　　窗体名称. Refresh

(5)Print 方法

Print 方法用于在窗体上输出数据。前几章已在例题中用到了该方法,读者对它应该不会感到陌生。Print 方法完整的格式如下:

　　窗体名称. Print[<输出列表>]

其中,输出列表中的各项可以是常量、变量或表达式。若是数值表达式,先计算表达式的值,然后再输出。若是字符串,则原样输出,但字符串两边必须使用双引号。

输出项之间可以使用分号";"或逗号","分隔。若使用分号分隔,输出列表各项按紧凑格式输出。若使用逗号分隔,则以 14 个字符位置为单位将一个输出行分为若干个区段,每个区段输出一个表达式的值。输出列表中可以用 Tab(n) 函数将输出定位在屏幕当前行的第 n 列,也可以使用 Spc(n) 函数在当前位置输出 n 个空格。此外,Format 输出格式函数也适用于 Print 方法。如果 Print 方法中没有输出列表项,则在窗体上输出一个空行。

需要说明的是,Print 方法在 Form_Load 事件过程中不起作用。

在 Visual Basic 中,除了窗体以外,还有许多对象都可以使用 Print 方法。例如,立即窗口(Debug)、图形框(PictureBox)、打印机(Printer)等。如果省略对象名,则默认在当前窗体上输出。

(6)Line 方法

使用 Line 方法可以在窗体上画一条直线,它的基本格式如下:

窗体名称. Line (X1,Y1)－(X2,Y2)[,Color][,B][F]

其中,X1、Y1 为直线起点坐标,X2、Y2 为直线终点坐标。[Color]为可选项,它是长整型数,表示画线时用的颜色。[B]为可选项,它利用对角坐标在窗体上画出矩形。[F]也是可选项,它规定矩形的颜色填充。

(7)Cls 方法

使用 Cls 方法可以清除窗体界面上显示的图形和文本数据,其格式如下:

窗体名称. Cls

除此之外,窗体还有一些其他的方法,限于篇幅,不再一一叙述。下面是窗体方法的应用实例。

**例 4-2**　单击窗体,在窗体内用 Print 方法输出 $0\sim\pi$ 的正弦值,用 Line 方法画出 $0\sim 2\pi$ 的正弦曲线,运行界面如图 4-5 所示。

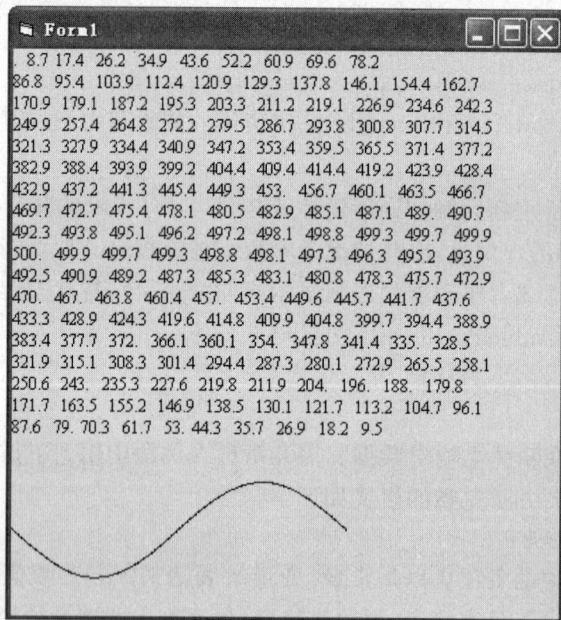

图 4-5　窗体 Print 方法和 Line 方法应用

窗体单击事件过程代码如下:

```
Private Sub Form_Click()
    Dim sngArry(360) As Single '定义一个数组,存放正弦值
    Dim i, j As Integer
    For i = 0 To 360
        sngArry(i) = 500 * Sin(i * 3.14 / 180) '为数组赋值
```

```
        Next i
        '用窗体 Print 方法显示正弦值
        For i = 0 To 17
            For j = 0 To 9
                Form1. Print Format(sngArry(i * 10 + j), "# # #. #"); Spc(1);
            Next j
            Print
        Next i
        '用窗体 Line 方法画出正弦曲线
        For i = 0 To 359
            Form1. Line (i * 10, 5000 + sngArry(i))-((i + 1) * 10, 5000 + sngArry(i + 1))
        Next i
    End Sub
```

程序中用 Line 方法来绘制一条正弦曲线。考虑到用缇作坐标单位太小,故将纵坐标(正弦值)放大了 500 倍,横坐标(点距)放大了 10 倍。另外,由于窗体坐标系的原点在窗口的左上角位置,所以绘图中将曲线向下平移了 5000 缇。

## 4.1.4　窗体的 4 种状态

一个窗体从加载到卸载的过程经历了以下 4 种状态:

(1)创建状态

窗体创建状态开始的标志是 Initialize 事件,窗体创建时最先执行的代码应放在 Form_Initialize 事件中。在这种状态下,窗体作为一个对象而存在,但没有窗口,它的控件也不存在。此时,只有窗体的代码部分已调入内存,而窗体的可视部分还没有调入。

(2)加载状态

窗体加载状态的标志是 Load 事件。窗体一旦进入加载状态,便开始执行 Form_Load 事件过程的代码。用户通常在该事件过程中完成窗口的一些初始化工作,例如,设置控件初始属性值,定义窗体级变量等。Form_Load 事件过程执行后,窗体上所有的控件都被创建或加载,而且该窗体有了一个窗口。

(3)可见状态

任何窗体只有加载后才可见,窗体进入可见状态,才能和用户进行交互。要使一个窗体可见,可以使用窗体的 Show 方法,也可以通过设置窗体的 Visible 属性为 True 来实现。反之,要隐藏一个窗体,可以使用窗体的 Hide 方法,也可以设置窗体的 Visible 属性为 False。

在用 Show 方法显示一个窗体时,还可以在 Show 后面加上一个参数,用以确定该窗体是模态还是非模态。在模态窗体中,用户只能对本窗体进行键盘或鼠标操作,不能切换到其他窗体。非模态的窗体没有这个特性,它允许用户随意在各窗体间进行切换。

窗体在可见状态下,有两个十分重要的事件,即 Activate 和 Deactivate 事件。当一个窗体变成活动窗体(激活)时,就会产生一个 Activate 事件。当另一个窗体被激活时,该窗体就会产生 Deactivate 事件。

（4）卸载状态

一个窗体卸载后，它的内存资源被系统完全回收。窗体卸载前要发生 Unload 事件，在此之前还要发生 QueryUnload 事件，该事件提供了停止卸载的机会。

QueryUnload 事件的典型用法是在关闭一个应用程序之前用来确保包含在该应用程序中的窗体没有未完成的任务。例如，如果某一个窗体中的数据必须在应用程序关闭前加以保存，可以使用 QueryUnload 事件过程提示用户或阻止卸载窗体。

QueryUnload 事件过程格式如下：

```
Private Sub Form_QueryUnload(Cancel As Integer, UnloadMode As Integer)
```

其中：

Cancel 参数是一个整型数，若取默认值或在过程中赋零值（False），将关闭该窗体；若在过程中给它赋非零值（True），则不允许关闭窗体。

UnloadMode 参数是事件的返回值，它表示引起该事件的原因。表 4-6 列出了该参数的返回值及其含义。

**表 4-6**　　　　　　　　　　　　**UnloadMode 参数的返回值及其含义**

| 常　数 | 值 | 含　义 |
|---|---|---|
| vbFormControlMenu | 0 | 用户单击窗体上的【关闭】按钮 |
| vbFormCode | 1 | 代码调用了 Unload 语句 |
| vbAppWindows | 2 | 用户要求退出 Windows 操作系统 |
| vbAppTaskManager | 3 | Windows 任务管理器正在关闭应用程序 |
| vbFormMDIForm | 4 | MDI 子窗体正在关闭 |
| vbFormOwner | 5 | 窗体的所有者正在关闭 |

**例 4-3**　在窗体 QueryUnload 事件过程中阻止关闭窗口，程序代码如下：

```
Private Sub Form_QueryUnload(Cancel As Integer, UnloadMode As Integer)
    If UnloadMode = 0 Then
        Print "不允许关闭本窗体!"
        Cancel = True
    End If
End Sub
```

# 4.2　多重窗体

## 4.2.1　多重窗体的操作

最简单的工程只有一个窗体文件。在实际的应用程序设计中，往往要使用多个窗体。一个应用程序中有多个并列窗体称为多重窗体。在多重窗体应用程序中，各窗体之间相互独立，但它们能相互调用。在一个工程中建立多个窗体的方法已作过介绍，下面主要介绍多重窗体的操作。

### 1.设置启动对象

多重窗体中各窗体间是并列关系。在多重窗体应用程序中,需要指定程序运行时的启动对象。启动对象既可以是窗体,也可以是 Sub Main 子过程。在默认情况下,Visual Basic 以第一个创建的窗体为启动对象。如果想指定其他窗体为启动对象,应该在集成开发环境中预先设置,步骤如下:

(1)执行【工程】|【工程 1 属性】菜单命令,打开图 4-6 所示的"工程属性"窗口。

(2)打开【通用】选项卡中的"启动对象"列表框,列表框中列出了当前工程中的所有窗体,从中选择要作为启动对象的窗体。

(3)单击【确定】按钮结束。

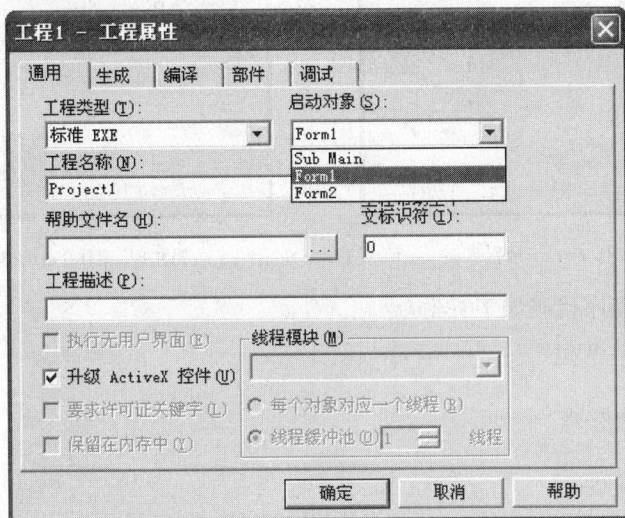

图 4-6 设置启动窗体

在有些多重窗体应用程序中,希望在显示窗体之前完成一些系统初始化工作。这就需要在启动程序时执行一个特定的过程。Visual Basic 中,这样的过程被称为启动过程,并命名为 Sub Main,它类似于 C 语言的 Main 函数。

Sub Main 过程位于标准模块中,一个工程可以包括多个标准模块,但 Sub Main 过程只有一个。建立 Sub Main 过程前首先应新建一个标准模块。方法如下:

(1)执行【工程】|【添加模块】菜单命令,打开"添加模块"对话框。在对话框中选择新建模块,确认后再打开该模块(默认为 Model1)的代码编辑窗口。

(2)在代码窗口中键入 Sub Main 后按【Enter】键,建立子过程框架。

(3)在 Sub Main 过程中输入程序代码。

(4)保存标准模块。

建立 Sub Main 过程后,可以将它设置为启动对象。需要说明的是,如果启动对象是 Sub Main 子过程,应用程序启动时不加载任何窗体,是否需要加载窗体或加载哪一个窗体完全由 Sub Main 子过程决定。

### 2.多重窗体的操作

多重窗体应用程序中的每个窗体都有具体的功能目标,各窗体间相对独立。但作为一个完整的工程软件,应用程序运行时先执行启动对象(启动窗体或 Main 函数),然后进入各功能模块。在操作过程中,用户会先关闭或隐藏一个窗口,转而去打开或显示另一个窗口。下面通过一个实例介绍窗口之间切换操作方法。

**例 4-4** 多重窗体切换实例。

要求设计一个多重窗体应用程序。Form1 为启动窗体,界面如图 4-7 所示,单击 Form1 切换到窗体 Form2。Form2 界面如图 4-8 所示,单击 Form2 则返回到 Form1。

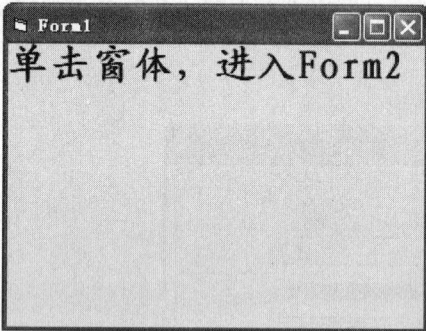

图 4-7 窗体 Form1 运行界面　　　　　图 4-8 窗体 Form2 运行界面

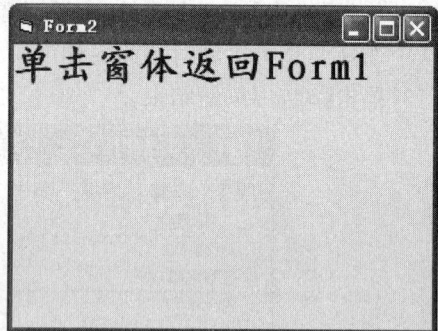

窗体 Form1 程序代码如下:

```
Private Sub Form_Activate()
    Form1. Cls
    Print "单击窗体,进入 Form2"
End Sub
Private Sub Form_Click()
    Form2. Show                '用 Show 方法显示窗体 Form2
End Sub
```

窗体 Form2 程序代码如下:

```
Private Sub Form_Activate()
    Print "单击窗体返回 Form1"
End Sub
Private Sub Form_Click()
    Form2. Hide                '隐藏 Form2
    Form1. Show                '显示 Form1
End Sub
```

本例中用到了窗体的 3 个方法。Show 和 Hide 方法用来显示和隐藏窗体,用于窗口之间的切换。Cls 方法用来清除窗体中的文本和图形。

除了上述方法外,窗体操作中还可以使用 Load 语句和 UnLoad 语句。

(1)Load 语句

格式:Load <窗体名称>

功能:该语句将指定的窗体装入内存。执行 Load 语句后,可以引用窗体中的控件及各种属性,但此时窗体并未显示。首次将窗体调入内存时依次发生 Initialize 和 Load 事件。

（2）UnLoad 语句

格式：UnLoad <窗体名称>

功能：该语句与 Load 语句功能相反，它从内存中删除指定的窗体。

如果应用程序只有一个窗体，该语句的常见用法是 UnLoad Me，其意义是关闭窗体本身，其中关键字 Me 代表 UnLoad Me 语句所在的窗体。

如果应用程序中有一个以上窗体，可以在一个窗体中使用 UnLoad 语句和 Forms 集合同时关闭所有的窗体。Forms 集合中包含了应用程序加载的每一个窗体，它只有一个 Count 属性，该属性指定了集合中元件的数目。下面是使用该方法的一个例子。

**例 4-5**　使用 Unload 语句关闭所有窗体。程序代码如下：

```
Private Sub Form_Unload(Cancel As Integer)
        Dim counter As Integer
        For counter = 0 To Forms. Count - 1
            Unload Forms(Count)
        Next
    End Sub
```

另外，还可以使用 End 语句关闭所有的窗体。End 语句强行结束应用程序，在该语句后的代码不会被执行，也不会执行窗体的 UnLoad 以及 QueryUnload 事件过程，所有的对象引用都将被释放。

## 4.2.2　窗体参数

多重窗体应用程序中，有时需要在运行中对若干个窗体设置相同的属性，或者使这些窗体执行同一操作。当然，这完全可以在每个窗体相应事件过程中编写程序来实现，但这样做会产生大量的重复代码。

与传统的程序设计语言有所不同的是，Visual Basic 还允许对象，即窗体或控件作为通用过程的参数。有些情况下，使用对象参数可以简化程序设计，提高运行效率。

用对象作为参数与用其他数据类型作为参数没有什么区别，其格式为：

```
Sub <子过程名>[(<形参列表>)]
        局部变量或常数定义
        <语句序列>
        [Exit Sub]
        <语句序列>
    End Sub
```

形参列表中的形参类型为窗体或控件。需要说明的是，在调用含有对象的过程时，对象只能通过传址方式传递。因此，在定义过程时，不能在其参数前加关键字 ByVal。

下面举例说明窗体参数的使用方法。

**例 4-6**　窗体参数使用实例。

设计一个多重窗体应用程序。工程中共有 4 个窗体，StartForm 为启动窗体，界面如图 4-9 所示，其余 3 个均为普通窗体。要求应用程序运行时，单击 StartForm 窗体中的各命令按钮，可以分别显示窗体 Form1、Form2 和 Form3。Form1～Form3 的宽度、高度要相同。

首先在工程中建立这 4 个窗体,并设置窗体 StartForm 为启动窗体。然后在 StartForm 编写如下程序代码:

```
'窗体通用属性设置过程(用窗体名作为参数)
Public Sub FormSet(FormNum As Form)
    FormNum. Width = 4000
    FormNum. Height = 3000
    FormNum. BorderStyle = 1
    FormNum. Show
End Sub
'调用过程,显示 Form1
Private Sub Command1_Click()
    FormSet Form1
End Sub
'调用过程,显示 Form2
Private Sub Command2_Click()
    FormSet Form2
End Sub
'调用过程,显示 Form3
Private Sub Command3_Click()
    FormSet Form3
End Sub
'退出应用程序运行
Private Sub Command4_Click()
    End
End Sub
```

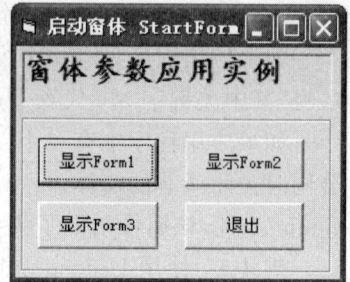

图 4-9  窗体 StartForm 运行界面

## 4.3  多文档界面

Windows 应用程序的界面分为单文档界面和多文档界面两种类型。

单文档界面又称 SDI 界面(Single Document Interface)。单文档界面并不是指只有一个窗体的界面,它指的是应用程序各窗体相互独立,一个窗体在屏幕上显示、移动、最大化、最小化与其他窗体无关。前面介绍的应用程序都是单文档界面。

多文档界面又称 MDI 界面(Multiple Document Interface)。多文档界面由多个窗体组成,但这些窗体不是独立的。在多文档界面的应用程序中,有一个父窗体(也称 MDI 窗体),其他窗体称为子窗体。子窗体的活动范围被限制在 MDI 窗体中,不能将其移动到 MDI 窗体之外。多文档界面可以同时打开多个文档,它简化了各文档间的数据交换。绝大多数基于 Windows 的大型应用程序都是多文档界面,如 Microsoft Excel 和 Microsoft Word 等。

### 1.创建 MDI 界面

要创建 MDI 界面,首先要为应用程序创建一个 MDI 窗体,然后再根据系统的功能需求陆续建立各子窗体。

在当前工程中创建 MDI 窗体的方法如下：

(1)执行主菜单中的【工程】|【添加 MDI 窗体】命令。也可以单击"工具栏"上【添加窗体】按钮右边的箭头，打开菜单后执行【添加 MDI 窗体】命令。打开"添加 MDI 窗体"对话框。

(2)在对话框中选择 MDI 窗体图标后，单击【打开】按钮。

新建的 MDI 窗体的默认名称为 MDIForm1。

在当前工程中建立子窗体的方法很简单，只需将普通窗体的 MDIChild 属性改为 True 即可。需要指出的是，MDIChild 属性只能在设计模式中设置，而且在设置前要确保已经建立了 MDI 窗体，否则程序运行时会出错。

新创建的 MDI 界面如图 4-10 所示。

在外观上，MDI 窗体的背景颜色比普通窗体更深，而且它在工程资源管理器中显示的图标也有所改变。在图 4-11 中的工程中，有 1 个 MDI 窗体和 1 个子窗体，另外还有 1 个普通窗体。只要仔细观察一下，就可以看出这三种类型窗体的图标是有区别的。

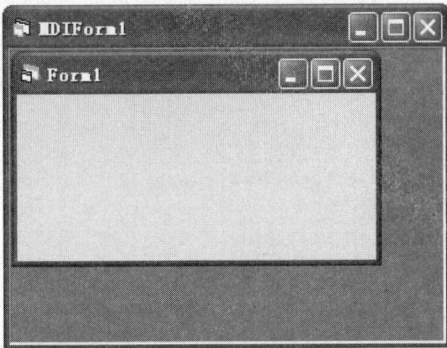

图 4-10　新创建的 MDI 界面

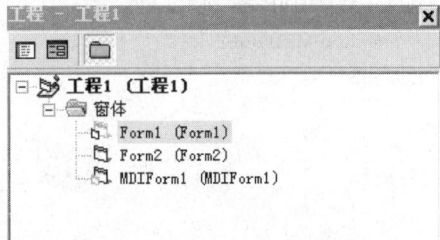

图 4-11　工程中三种类型的窗体图标

## 2.MDI 窗体的特点

MDI 界面有以下特点：

(1)MDI 窗体是子窗体的容器。通常在 MDI 窗体上放置菜单栏、工具栏以及状态栏。MDI 窗体内一般不放置控件，要放也只能放置那些有 Alignment 属性的控件(如图形框)或具有不可见界面的控件(如定时器、通用对话框)。如果要在 MDI 窗体内放置文本框、命令按钮等常用控件，可以先放置一个图形框，然后将这些控件放在图形框中。

(2)MDI 窗体中不能用 Print 方法显示文本，但可以在 MDI 窗体内的图形框中用 Print 方法显示文本。

(3)MDI 窗体除了具有一般窗体大多数的属性外，还有两个特殊的属性。一个是 AutoShowChildren 属性，它决定 MDI 窗体加载后是否显示子窗体。另一个是 ScrollBars 属性，它决定 MDI 窗体是否在必要时显示滚动条。这两个属性都只有 True 和 False 两个值。

### 3. MDI 窗体的操作

一个多文档界面应用程序应包括一个 MDI 窗体和若干个子窗体。

MDI 应用程序运行时，MDI 窗体总是显示在屏幕上。图 4-9 中，由于工程属性中默认的启动对象是子窗体，所以子窗体 Form1 也会自动加载并显示在 MDIForm1 窗体中。如果在工程属性中将启动对象设置为 MDI Form1 窗体，则子窗体不会自动加载。

在 MDI 窗体中，如果要加载子窗体，可以用窗体的 Show 方法。

例如：

```
Private Sub MDIForm_Load()
    Form1. Show
End Sub
```

如果 MDIForm1 的 AutoShowChildren 属性为 True，还可以使用 Load 语句来显示子窗体。例如，单击 MDI 窗体加载子窗体 Form1 的过程代码如下：

```
Private Sub MDIForm_Click()
    Load Form1
End Sub
```

与卸载普通窗体一样，卸载 MDI 窗体也是使用 Unload 语句。例如，双击 MDI 窗体卸载 MDIForm1 的过程代码如下：

```
Private Sub MDIForm_DblClick()
    Unload MDIForm1
End Sub
```

## 本章小结

创建 Visual Basic 应用程序的第一步是创建用户界面。用户界面的基础是窗体。窗体也是一个容器，各种控件对象都建立在窗体上。

窗体的属性主要包括缩放、位置、外观、行为及其他几个大类。窗体的事件主要是与其创建、加载、显示、卸载过程有关的事件。窗体有 Show、Hide、Print 等常用的方法。

一个应用程序中有多个并列窗体称为多重窗体。多文档界面又称 MDI 界面，它由多个窗体组成，其中只有一个父窗体，其他窗体称为子窗体。

## 习　题

### 一、填空题

1.窗体有些属性是（　　），即程序只能取出这些属性的值，但不能修改这些属性。

2.窗体坐标系的原点由（　　）和（　　）确定，坐标的 XY 轴由（　　）和（　　）确定。窗体坐标的度量单位由（　　）设置，默认值为（　　）。

3.窗体的位置由（　　）和（　　）属性确定，窗体的高度和宽度由（　　）和（　　）属性确定。

4.若窗体运行时为最小化状态,以图标方式显示,则 WindowState 属性值为( )。

5.隐藏一个窗体可以使用( )方法。

**二、选择题**

1.以下叙述中正确的是( )。

A.窗体的 Name 属性指定窗体的名称,用来标识一个窗体

B.窗体的 Name 属性的值是显示在窗体标题栏中的文本

C.可以在运行期间改变对象的 Name 属性的值

D.对象的 Name 属性值可以为空

2.以下能在窗体 Form1 的标题栏中显示"VisualBasic 窗体"的语句是( )。

A. Form1. Name＝"VisualBasic 窗体"

B. Form1. Title＝"VisualBasic 窗体"

C. Form1. Caption＝"VisualBasic 窗体"

D. Form1. Text＝"VisualBasic 窗体"

3.以下关于窗体的描述中,错误的是( )。

A.执行 Unload Form1 语句后,窗体 Form1 消失,但仍在内存中

B.窗体的 load 事件在加载窗体时发生

C.当窗体的 Enabled 属性为 False 时,通过鼠标和键盘对窗体的操作都被禁止

D.窗体的 Height、Width 属性用于设置窗体的高和宽

4.决定一个窗体有无控制菜单的属性是( )。

A. MinButton       B. Caption       C. MaxButton       D. ControlBox

5、在 Visual Basic 工程中,可以作为启动对象的程序是( )。

A.任何窗体或标准模块

B.任何窗体或过程

C. Sub Main 过程或其他任何模块

D. Sub Main 过程或任何窗体

6.以下叙述中错误的是( )。

A.一个工程中只能有一个 Sub Main 过程

B.窗体的 Show 方法的作用是将指定的窗体装入内存并显示该窗体

C.窗体的 Hide 方法和 Unload 方法的作用完全相同

D.若工程文件中有多个窗体,可以根据需要指定一个窗体为启动窗体

7.程序运行后,在窗体上单击鼠标,此时窗体不会接收到的事件是( )。

A. MouseDown       B. MouseUp       C. Load       D. Click

8.窗体单击事件过程代码如下:

```
Private Sub Form_Click()
    Dim i, j, x As Integer
    x = 0
    n = InputBox("")
    For i = 1 To n
```

```
        For j = 1 To i
            x = x + 1
        Next j
    Next i
    Print x
End Sub
```

程序运行后,单击窗体,如果输入 3,则在窗体上显示的内容是(    )。

A. 3                 B. 4              C. 5              D. 6

### 三、简答题

1.简述一个窗体从加载到卸载的过程经历的几种状态。

2.多重窗体与多文档界面有哪些类似之处,两者的主要区别是什么?

### 四、操作题

1.应用程序包含一个窗体 Form1。要求程序运行时,当用户单击该窗体,在窗体内显示汉字"热烈欢迎";当用户双击该窗体,结束窗体运行。

2.建立窗体 Form1,程序运行时,单击窗体,在窗体内用 Print 方法显示乘法九九表。

# 第 5 章　控件及应用

## 教学目标

Visual Basic 应用程序的界面主要是由控件构成的,掌握并熟练使用各类标准控件是学习 Visual Basic 程序设计语言的一个重要环节。窗体建立后,程序设计的主要工作就是根据功能需求,在工作界面上创建并布局各种控件,设置各控件的属性,编写控件的常用事件过程代码,调试程序直至达到预期的效果。要开发出一个功能完善的应用软件,其前提是必须熟悉在何种场合、要达到何种效果应该使用何种控件。为此,本章详细介绍了Visual Basic 常用标准控件,为了加深理解,还介绍了几个完整的综合应用实例。

## 教学要求

| 知识要点 | 能力要求 |
|---|---|
| 控件的基本属性 | 熟悉标准控件的通用属性;掌握在设计中、程序中设置这些基本属性的方法 |
| 常用标准控件 | 熟悉各常用标准控件的使用方法;能根据应用程序的功能要求,灵活选用控件,合理布局窗体内控件,熟练设置控件的常用属性;能用 Visual Basic 语言编写控件常用事件的过程代码 |
| 控件数组 | 了解控件数组的概念;掌握控件数组的建立方法;能在程序设计中结合循环语句,熟练使用控件数组 |
| 控件应用 | 了解各综合应用实例的设计思路,读通程序代码,通过操作实训运行这些实例,并能编写程序扩充实例部分功能 |

# 5.1 控件设计

## 5.1.1 控件概述

### 1. 控件的类型

Visual Basic 是面向对象的程序设计语言,它最大的特点就是在可视化的环境下快速、高效地开发具有良好用户界面的应用程序,其实质就是利用其提供的各种控件快速构造应用程序的输入输出窗口界面。

控件(Control)是图形构件的统称。Visual Basic 中使用的控件大致可以分为三类:标准控件、ActiveX 控件和可插入对象。

标准控件又称内部控件,它是由 Visual Basic 提供的基本控件,出现在工具箱内,图标及名称见表 5-1。标准控件包括用来显示和输入文本的标签及文本框控件;用来为用户提供选择功能的单选按钮及复选框控件;用来作为命令触发的命令按钮控件;用来作为对象载体的框架控件;用于图形处理的图形框、图像框、滚动条、形状和直线控件;与时间事件有关的定时器控件;与系统文件处理有关的驱动器列表框、目录列表框及文件列表框控件;与数据处理有关的数据控件等。

**表 5-1**                               **标准控件及其按钮图标**

| 图标 | 控件名称 | 图标 | 控件名称 |
|---|---|---|---|
| A | 标签(Label) | | 图形框(Picture Box) |
| | 命令按钮(Command Button) | | 形状(Shape) |
| abl | 文本框(Text Box) | | 直线(Line) |
| | 单选按钮(Option Button) | | 图像框(Image) |
| | 复选框(CheckBox) | | 驱动器列表框(DriveListBox) |
| | 框架(Frame) | | 目录列表框(DirListBox) |
| | 列表框(List Box) | | 文件列表框(FileListBox) |
| | 组合框(ComboBox) | | 数据(Data) |
| | 水平滚动条(HScrollbar) | | 定时器(Timer) |
| | 垂直滚动条(VScrollbar) | | 对象链接与嵌入(OLE) |

ActiveX 控件文件扩展名为.ocx。由于一个 ActiveX 控件文件中包含一类功能相近的控件,因此它被称为 ActiveX 部件。换句话说,ActiveX(.ocx)部件中包含有若干个 ActiveX 控件。ActiveX 控件是一种标准,用户可以使用 Visual Basic 提供的各种 ActiveX 控件,也可以使用从第三方开发商获得的 ActiveX 控件来开发应用程序。

ActiveX 控件的使用方法与标准控件相同。在程序中加入 ActiveX 控件后,它将成为开发和运行环境的一部分,并为应用程序提供新的功能。

本章主要介绍大部分常用的标准控件,图形、数据处理及文件系统等标准控件将在以后各相关章节中另行介绍。

## 2. 控件的操作

窗体是一个容器,从应用角度来看,运行一个空窗体是毫无意义的。窗体建立以后,设计工作的重点是窗体内控件设计,包括控件的布局、控件的各种属性设置以及控件的事件过程代码设计等内容。

1)添加控件

在窗体内添加一个控件方法如下:

(1)打开工具箱;

(2)单击选中工具箱内某一控件;

(3)将鼠标移到窗体内,此时光标变成"+"形状。按下鼠标左键确定控件的左上角位置,拖动后再放开则确定控件的右下角位置。

另一种更简单的添加控件方法是双击工具箱内某一控件图标。

2)移动控件位置和调整控件大小

用上述方法建立的控件,其位置和大小不一定符合设计要求。窗体内移动控件的方法是先选中一个控件,然后用鼠标将它拖动到合适的位置。如果要改变一个控件的大小,可以用下面的方法:

(1)单击一个控件,使它成为活动控件,在其周围出现 8 个拖动柄;

(2)将鼠标放在拖动柄上,根据需要调整控件的大小,调整时鼠标的右下角会出现提示框,显示该控件的高度和宽度,单位为缇。

3)控件的复制和粘贴

Visual Basic 允许对窗体内的控件进行"剪切"、"复制"和"粘贴"操作。因此,如果窗体内已经有了一个控件,为了方便操作,可以用复制和粘贴的方法添加同类控件。用这种方法建立的控件,其尺寸大小相同,控件名称依次按序自动生成。操作步骤如下:

(1)单击窗体内某一控件;

(2)执行【编辑】|【复制】菜单命令,或者用鼠标右击控件打开快捷菜单执行【复制】命令;

(3)执行【编辑】|【粘贴】菜单命令,弹出提示对话框,系统询问是否建立控件数组;

(4)单击【否】按钮,完成控件复制。

4)删除控件

在窗体内删除一个控件的方法很简单,只需选中该控件后执行【编辑】|【删除】菜单命令即可。更为简便的操作是选中控件后直接按【Del】键删除该控件。

5)多个控件的操作

有些复杂的应用程序,一个窗体内有多个同类控件。在窗体设计时,有些情况下要对这些控件设置相同的属性,或者统一修改它们的尺寸和位置。这时候,可以先选中这些同类控件,然后集中操作。选中多个控件有下面两种方法。

第一种方法是先按下【Ctrl】键,然后依次单击选中各控件。

第二种方法是拖动鼠标,在控件周边画一个虚线矩形框,矩形框内的控件即被选中。

需要注意的是,在被选择的多个控件中,有一个控件周围边框上的拖动柄是实心小方块,这个控件称为"基准控件",其余控件的拖动柄是空心方块。当需要对几个控件同时进行对齐、调整大小等操作时,将以"基准控件"为准。

选择了多个同类控件后,属性窗口中只显示它们共同的属性,便于用户统一设置。此外,在 Visual Basic【格式】菜单中,提供了大量的多控件操作的菜单命令。用户可以使用这些命令,统一多个控件的长度和宽度,也可以在窗体内用多种方式对齐控件。

当窗体内的控件布局完成后,应该执行【格式】|【锁定控件】菜单命令,这样可以固定各控件的位置,防止因误操作而导致控件位置发生变动。

## 5.1.2 控件的基本属性

控件是对象,具有属性、事件和方法三个要素。Visual Basic 中每一类控件都有其特殊的属性,但也有许多控件具有相同的属性。下面介绍常用控件最基本的一些属性。

### 1. 名称属性

所有控件都有 Name 属性,它表示对象的名称。

Name 属性的默认值是在创建控件时由系统定义的。为了增加程序的可读性,有时往往要为控件重新命名。命名控件时不能太随意,最好能将控件与变量区分开来,而且能通过控件名称确定其类型。为此,Microsoft 建议使用 3 字符缩写前缀表示控件类型。标准控件缩写前缀可参考表 5-2。

与名称属性相关的另一个重要概念是控件值。在一般情况下,程序代码中通过"控件.属性"格式设置一个控件的属性值。例如:

Label1. Caption="Visual Basic 程序设计"

这里 Label1 是标签控件名称,Caption 是属性,"Visual Basic 程序设计"是属性值。

为了方便使用,Visual Basic 为每个控件规定了一个默认属性。在程序中设置该属性时,可以直接使用控件名,而不必给出属性名,通常将该属性称为控件值。因此,上面的语句也可以写成:

Label1 ="Visual Basic 程序设计"

表 5-2 中也同时列出了标准控件的控件值。

表 5-2　　　　　　　　　标准控件的前缀和控件值

| 控件 | 前缀 | 控件值 | 举例 | 控件 | 前缀 | 控件值 | 举例 |
|---|---|---|---|---|---|---|---|
| 窗体 | frm | | frmMain | 图形框 | pic | Picture | picDiskSpace |
| 标签 | lbl | Caption | lblMessage | 图像框 | img | Picture | imgIcon |
| 命令按钮 | cmd | Value | cmdCancel | 水平滚动条 | hsb | Value | hsbVolume |
| 文本框 | txt | Text | txtAddress | 垂直滚动条 | vsb | Value | vsbRate |
| 框架 | fra | Caption | fraInput | 形状 | shp | Shape | shpCicle |
| 单选按钮 | opt | Value | optSave | 线条 | lin | Visible | linVertical |
| 复选框 | chk | Value | chkPrint | 驱动器列表框 | drv | Drive | drvTarget |
| 列表框 | lst | Text | lstDevice | 目录列表框 | dir | Path | dirSource |
| 组合框 | cbo | Text | cboTitle | 文件列表框 | fil | FileName | filSource |
| 定时器 | tmr | Enabled | tmrAlarm | 数据 | dat | Caption | datAccess |

### 2.数据类属性

有些控件,如文本框、列表框、组合框具有数据类属性。其中 DataSource 属性用来设置一个数据源,通过该数据源可以绑定一个数据库。DataMember 属性用来从几个数据成员中设置一个特定的数据成员。DataField 属性用来设置被绑定的字段名。数据类属性的相关内容将在第 9 章中结合数据库另行介绍。

### 3.位置类属性

(1)Height、Width、Left、Top 属性

控件的这 4 个属性决定了控件的大小以及控件在窗体坐标系中的位置。窗体坐标系前面已作过介绍,窗体的左上角位置为坐标原点,左边框为坐标纵轴,上边框为坐标横轴,默认度量单位为缇。图 5-1 说明了命令按钮控件这 4 个位置类属性所表示的含义。

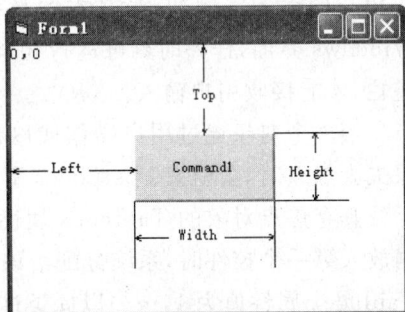

图 5-1 控件的大小及其在窗体中的位置

(2)AutoSize 属性

该属性用来设置控件运行时,是否能自动调整大小以显示所有的内容。标签控件具有 AutoSize 属性。当 AutoSize 属性值为 True 时,控件自动调整大小适应正文显示;当属性为 False 时,被显示的正文长度若超出控件边框,超出部分的字符将被裁去。

### 4.外观类属性

(1)Appearance 属性

该属性用来设置控件运行时,是否以 3D 效果显示。一般具有可见界面的对象,例如标签、文本框、命令按钮、框架等控件都具有 Appearance 属性。

(2)Caption 属性

该属性决定了控件显示的标题内容。除了文本框、图形框、图像框、列表框、组合框外,大多数可视对象都具有 Caption 属性。除了标签控件外,其他有 Caption 属性的控件,标题长度应小于 255 个字符数。

(3)BackColor、ForeColor 属性

BackColor 属性用来设置对象的背景颜色,ForeColor 属性用来设置对象中图形和文本的前景色。这两个属性的设置方法已在窗体设计中作过介绍,这里不再重复。

(4)BackStyle 属性

BackStyle 属性用来设置背景样式,标签控件具有该属性。它有两个属性值,属性值为 0 表示透明(Transparent),即控件的前景内容照样显示,但背景颜色不显示,并且不影响控件后面其他对象的显示效果。属性值为 1 表示不透明(Opaque),此时可以为控件设置背景颜色。

(5)BorderStyle 属性

BorderStyle 属性用来设置边框样式。许多控件,如标签、框架、文本框、图片框、图像框等对象,都具有该属性。它有两个属性值,属性值为 0 表示控件周围没有边框(None);

属性值为 1 表示控件带有边框(Fixed Single)。BorderStyle 属性只能在设计时设置,在运行时该属性是只读的。

### 5．行为类属性

（1）TabIndex 属性

该属性指定用户按【Tab】键时,焦点在各控件间移动的顺序。大多数可视对象,除了图像框、定时器以及部分图形控件外,都具有 TabIndex 属性。

焦点(Focus)是对象响应鼠标或键盘输入的能力。只有当对象具有焦点时,才能响应用户的输入。例如,当文本框具有焦点时,才能接收用户的数据输入。在 Microsoft Windows 界面,任一时刻可运行几个应用程序,但只有具有焦点的应用程序才有活动标题栏,才能接收用户输入。

当一个对象通过用户操作或以代码方式获得焦点时,会引发 GotFocus 事件。当对象失去焦点时,会引发 LostFocus 事件。

具有焦点对象的 TabIndex 属性决定窗体运行时各控件接收焦点的顺序。当在窗体内放入第一个控件时,系统分配给该控件的 TabIndex 属性值默认为 0,放入第二个控件,TabIndex 属性值为 1,……以此类推。

窗体运行时,TabIndex 属性值最小的对象首先获得焦点。用户可以通过键盘上的 Tab 键,使焦点在控件间移动,达到选择控件的目的。

（2）Enabled 属性

该属性决定控件是否允许操作(或是否有效)。当 Enabled 为 True 时,控件允许操作,并对用户操作作出响应。当其值为 False 时,控件呈现暗灰色,禁止用户操作。

（3）Visible 属性

具有可视界面的控件都有 Visible 属性,该属性决定控件是否可见。当 Visible 为 True 时,控件可见。当 Visible 为 False 时,控件不可见,但控件本身还存在。

### 6．其他属性

（1）Alignment 属性

该属性指定控件内文本的对齐方式。属性值为 0 表示文本左对齐;属性值为 1 表示文本右对齐;属性值为 2 表示文本居中。

（2）MousePointer 属性

该属性指定当鼠标移到控件某一特定部分时,所显示的鼠标指针类型。属性值范围为 0～15,若属性值设置为 99,则为用户自定义图标。

（3）MouseIcon 属性

当 MousePointer 属性值设置为 99 时,可以单击该属性值栏内【…】按钮,打开"加载图标"窗口,加载用户自定义图标。

（4）ToolTipText 属性

该属性设置应用程序运行时当鼠标在控件上暂停时显示的文本,通常被用于显示一些提示信息。这个属性在设计阶段往往容易被忽视,或者认为它可有可无。其实该属性非常实用,是界面友好的一个组成部分。尤其是当用户对某些控件功能或操作方式产生疑惑时,会习惯地将鼠标光标停留在控件上等待提示。因此,如果用户界面内含有较多的组成元素,最好为一些重要的控件设置 ToolTipText 属性值。

(5)Font 属性

该属性用于设置控件显示文本的字体,用法与窗体相同。

## 5.1.3　常用标准控件

### 1. 标签控件

标签控件的主要功能是在窗体上显示文本,通常用于信息提示或数据输出。

标签控件最主要的属性是 Caption。该属性接收的所有数据,无论是数值型、日期型还是逻辑型,都认为是字符型,而且设置的文本长度不能超过 1024 个字节。

Caption 属性可以在设计时设置,也可以在运行时用赋值语句修改。例如:

```
Label1. Caption = "Pi=" + Str(3.14)
```

上面的语句中,必须用 Str( )函数将 3.14 转换成字符串,否则运行时会产生类型不匹配错误。

除了一些基本属性外,标签控件还有一个常用属性 WordWrap,该属性经常与 AutoSize 属性结合使用,实现标签中文本的换行。方法如下:

对于新建的标签控件,AutoSize 和 WordWrap 默认的属性值均为 False。由于其宽度和高度固定,因此,标签内每一行文本字符数受到控件宽度 Width 限制,文本行数受到控件高度 Height 限制。用户在设置 Caption 属性值时,如果输入的文本长度超过标签宽度,超出部分的字符无法显示。这时候,用户可以调整标签宽度以适应文本长度,也可以不调整标签宽度,用文本换行的方式使文本适应标签宽度。换行的方法是先输入空格,空格后输入的字符若超出标签宽度,自空格位置起在标签内另起一行显示。但若文本行数超出标签控件的高度,则新增的文本行还是无法显示。

当 AutoSize 的属性值为 True 时,标签的大小取决于 Caption 属性的字符数,在纵向或横向上都可以不受限制。如果 WordWrap 为 False,则标签自动在水平方向扩充以适应 Caption 的文本长度;若 WordWrap 也设置为 True,则可以结合使用空格使标签自动在垂直方向扩充,即实现换行。下面举例说明标签控件的应用。

**例 5-1**　利用两个标签控件,显示具有立体效果的文字,如图 5-2 所示。

图 5-2　用标签控件显示立体字

显示具有立体效果的文字,是通过两个标签错位叠加实现的。属性设置时应注意以下几点：

(1)两个标签的 Caption 属性值要完全相同；

(2)两个标签的 ForeColor 属性值应有色差；

(3)调整两个标签的 Left、Top 属性值，使它们略有位置差；

(4)两个标签 BorderStyle 属性值设置为 1，其余属性均取默认值。

2.命令按钮

命令按钮是触发事件的基本控件，用来启动某个事件代码，完成特定的功能。除了上述的一些基本属性外，它有以下几个常用属性：

(1)Caption 属性

该属性设置命令按钮的标题，即设置命令按钮上的提示信息。与其他控件 Caption 属性不同的是，设计时可以通过该属性创建命令按钮的快捷键。具体方法是在快捷键字母前添加一个连字符"&"。程序运行时，标题中的该字母带有下划线。用户按下【Alt】+【快捷键】便可激活并运行该命令按钮。

(2)Style 属性

设置命令按钮的外观。系统默认值为 0(Standard)，即标准 Windows 风格。若该属性值设为 1(Graphical)，则为图形按钮。该属性在运行时是只读的。

(3)Picture 属性

设置命令按钮运行时显示的图像，其前提是 Style 属性值为 1。命令按钮上可以显示文字，也可以显示图像，或兼而有之。图像可以是.bmp、.jpg、.ico 等多种类型的文件。

(4)DownPicture 属性

设置命令按钮按下时的图像。

(5)DisabledPicture 属性

设置命令按钮无效时的图像，即当该按钮的 Enabled 属性值为 False 时显示的图像。

(6)Enabled 属性

设置命令按钮是否有效，系统默认值为 True，即可以用于触发事件。若该属性值设为 False 时，命令按钮呈浅灰色显示，表明此命令按钮不可使用。

(7)Default 属性

设置按钮是否为窗体的默认按钮，系统默认值为 False。当该属性值设为 True 时，不管窗体上的哪个控件有焦点，只要用户按下【Enter】键，就相当于单击此默认按钮。

(8)Cancel 属性

设置按钮是否为窗体的取消按钮，系统默认值为 False。当该属性值设为 True 时，不管窗体上的哪个控件有焦点，只要用户按下【Esc】键，就相当于单击此取消按钮。

当窗体中按钮数目较多时，用键盘操作是比较复杂的。尽管 Visual Basic 提供了用【Tab】键在控件之间进行切换的功能，但对于【确定】和【取消】这两个按钮，使用【Enter】和【Esc】键来触发也是 Windows 应用程序的习惯操作。

(9)Value 属性

在代码中也可以触发一个命令按钮，使它在程序运行时自动按下。方法是将一个命令按钮的 Value 属性设置为 True，相当于触发了该控件的 Click 事件。

表 5-3 归纳了使用鼠标或键盘操作选定命令按钮的方法。

**表 5-3** **命令按钮控件触发的方法**

| 触发方式 | 操作对象 | 说明 |
| --- | --- | --- |
| 鼠标单击 | 任意命令按钮 | 通用触发方法 |
| 用【Tab】键将焦点移到命令按钮上，然后按【Space】键或【Enter】键 | 任意命令按钮 | 通用触发方法 |
| 按【Alt】+【访问键】 | 带下划线字母的命令按钮 | 快捷键 |
| 按【Enter】键 | 默认命令按钮 | 焦点位置不限 |
| 按【Esc】键 | 默认取消按钮 | 焦点位置不限 |

命令按钮的常用事件主要是键盘和鼠标引起的，其中最重要的是鼠标单击事件，一般情况下，主要围绕这一事件编写过程代码，命令按钮不支持鼠标双击事件。除此之外，当命令按钮获得焦点时，会引发 GotFocus 事件，当它失去焦点时，会引发 LostFocus 事件。用户可以通过操作【Tab】键使命令按钮获得焦点，也可以在代码中使用命令按钮的 SetFocus 方法达到同样的效果。

3. 文本框

标签只能用来显示文本信息，而文本框既能显示文本，又能接收用户的输入，是 Windows 应用程序中最常见的组件之一。

文本框可以用来输入单行文本，有时在登录界面被用作密码输入框。它也常被设置成多行形式，用来输入整个文档。文本框控件是一个小型的编辑器，提供了所有基本的文字处理功能。

文本框有些基本属性前面已作过介绍，如 Name、位置类属性、部分外观和行为类属性等，这里不再重复。文本框其他常用属性及说明见表 5-4。

**表 5-4** **文本框其他常用属性**

| 属性 | 说明 | 默认值 |
| --- | --- | --- |
| Text | 文本框最为重要的一个属性，设计时可以使用该属性为文本框设置初始值，运行时可以利用该属性返回用户的输入值 | Text1 |
| Locked | 设置文本框是否可编辑，若该属性为 True，则不能编辑文本框中的文本，此时文本框相当于一个标签 | False |
| Maxlength | 设置文本框中最多能输入的字符数，默认值为 0，表示对输入字符数没有限制，非零值表示允许输入的字符数，最大值为 32K | 0 |
| MultiLine | 是否允许多行输入，若该属性为 True，则文本框允许多行输入，并具有自动换行功能，用户按【Ctrl】+【Enter】键可插入一空行 | False |
| ScrollBars | 文本框是否带滚动条 | 0 |
| PasswordChar | 设置占位字符 | 空串 |
| SelStart | 设置文本的开始位置，第一个字符的位置是 0 | |
| SelLength | 设置文本的长度 | |
| SelText | 返回当前所选择文本的内容 | |

说明：

（1）文本框没有 Caption 属性。

（2）ScrollBars 属性须在 MultiLine 为 True 时才有效。该属性默认值为 0，表示无滚动条；属性值为 1 时，文本框有水平滚动条；属性值为 2 时，文本框有垂直滚动条；属性值为 3 时，文本框同时有水平和垂直滚动条。当文本框有水平滚动条时，自动换行功能消失，用户按【Enter】键才能换行。

（3）PasswordChar 属性用来设置占位符号，系统默认为空串，此时文本框显示用户输入的数据。若指定一个字符，则文本框中只显示占位符号，不显示用户输入的实际内容。该功能在应用软件登录窗口的密码输入设计中经常被用到。

（4）SelStart、SelLength 以及 SelText 三个属性在设计时不可用，在程序运行时一般用来选择字符串，常和剪贴板配合使用，实现文本信息的剪切、复制、粘贴等功能。

在文本框所能响应的事件中，除了已介绍过的鼠标事件、键盘事件以及与焦点相关的事件外，最为常用的事件是 Change 事件。

当用户在输入新内容或者当程序将 Text 属性设置为新值，从而改变文本框 Text 属性时，便会引发该事件。例如，当用户通过键盘输入单词"Visual Basic 语言应用"时，会引发 16 次 KeyPress 事件，与此同时，也会引发相同次数的 Change 事件。下面举例说明文本框这两个事件过程的用法。

**例 5-2** 窗体 Form1 中有一个标签、一个文本框以及两个命令按钮。用户通过键盘在文本框内输入字符，单击【确认】按钮后，标签显示文本框事件发生的次数以及输入字符串的长度，如图 5-3 所示。单击【返回】按钮，结束程序运行。

分析：

要实现上述功能，应该使用两个窗体级变量，分别在文本框 Change 和 KeyPress 事件过程中不断统计事件发生的次数，直到用户单击【确认】按钮后才显示结果。

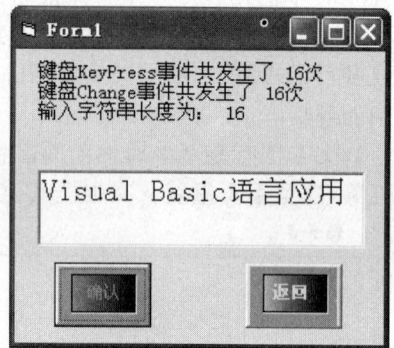

图 5-3　例 5-2 运行结果

各控件的主要属性设置如表 5-5 所示。表中未列出的属性取默认值。

表 5-5　　　　窗体内各控件属性设置

| 控件名称 | 属　性 | 属性值 |
| --- | --- | --- |
| 标签 lblMsg | WordWrap | True |
| 文本框 txtInput | Text | 空 |
| 命令按钮 cmdCalcu | Picture | 图标 |
| | 1-Graphical | Style |
| 命令按钮 cmdQuit | Picture | 图标 |
| | Style | 1-Graphical |

窗体及控件的事件过程代码如下：

```
Option Explicit
Dim intN1, intN2 As Integer              '定义两个窗体级变量
Private Sub Form_Load()
    intN1 = 0: intN2 = 0                 '变量初始化
End Sub
Private Sub txtInput_KeyPress(KeyAscii As Integer)
    intN1 = intN1 + 1
End Sub
Private Sub txtInput_Change()
    intN2 = intN2 + 1
End Sub
Private Sub cmdCalcu_Click()             '单击【确认】按钮显示统计结果
    lblMsg.Caption = "键盘 KeyPress 事件共发生了" + Str(intN1) + "次" + Chr(13)
    lblMsg.Caption = lblMsg.Caption + "键盘 Change 事件共发生了" + Str(intN2) + "次" + Chr(13)
    lblMsg.Caption = lblMsg.Caption + "输入字符串长度为:" + Str(Len(txtInput.Text))
End Sub
Private Sub cmdQuit_Click()
    End                                  '单击【返回】按钮结束程序运行
End Sub
```

文本框最常用的方法是 SetFocus,程序中可以使用该方法使文本框获得焦点。当窗体内建立了多个文本框后,可以用该方法设置输入数据的顺序,将焦点移至所需要的文本框。SetFocus 方法还可用于命令按钮、单选按钮等其他控件,使用格式如下:

[对象.]SetFocus

### 4. 单选按钮和复选框

单选按钮控件用来接收用户的选择,它通常以组的形式出现,用户每次只能在一组单选按钮中选择其中之一。当用户单击一个单选按钮时,该按钮呈现选定状态,而按钮组中的其他按钮就会变成未选定状态。

复选框常被用于在窗体中列出项目选项,用户可以从中选择多个选项。当用户单击复选框时,它呈现选定状态。

这两个控件的常用属性如下:

(1)Value 属性

单选按钮的 Value 属性值为 True,表示被选定;默认值为 False。

复选框的 Value 属性值有三种形式。0(Unchecked)是默认设置,表示未被选定;1(Checked)表示选定;2(Grayed)表示禁止用户选择。

(2)Alignment 属性

用于设置标题和按钮的显示位置,属性值为 0(Left Justify)表示控件按钮在左边,标题显示在右边;属性值为 1(Right Justify)则显示位置相反。

(3)Style 属性

用于设置单选按钮和复选框的外观,属性值有两种情况:0(Standard)为标准样式,1(Graphical)为图形样式。

这两个控件最常用的事件是鼠标单击事件。

## 5. 框架

单选按钮的特点是多中选一,当其中一个被选中时,其余按钮会自动关闭。如果要在窗体中建立几组相互独立的单选按钮时,必须使用框架进行分隔。框架是容器,每个框架内放一组单选按钮。对框架内单选按钮的操作不会影响框架外的其他按钮组。另外,应用程序的用户界面设计一般按功能布局,当窗体中控件较多,也经常将一些同类控件放在一个框架内。采用这种方法,既美观又便于用户操作。

在窗体上创建框架及其内部控件时,不能用双击的方式向框架中添加控件,也不能先画出控件再添加框架。正确的方法是先添加框架,然后单击工具箱上的控件,在框架中以拖拽的方式添加控件。如果要用框架将窗体上现有的控件进行分组,可先选定控件,将它们剪切后粘贴到框架中。

框架内所有的控件不能被拖出框架外,它们将随框架一起移动、显示、消失和屏蔽。

框架的常用属性如下:

(1)Caption 属性

该属性设置框架上的标题名称。

(2)Enabled 属性

该属性设置框架中的对象是否可用,即是否允许对框架内控件进行操作。属性的默认值为 True,若属性值为 False,程序运行时标题正文呈灰色,用户无法对该框架内所有对象进行操作。

(3)Visible 属性

该属性默认值为 True,若属性值为 False,程序执行时框架及其包容的所有控件均被隐藏。

框架也有一些事件,但通常不需要在应用程序中为框架编写事件过程代码。

## 6. 列表框

列表框控件的主要用途在于提供列表式的多个数据项供用户选择。用户可以选择某一列表项,也可以选择多个列表项。如果列表框的项目较多,超过了控件设计高度,系统会自动在列表框边上加一个垂直滚动条。

列表框的属性较多,除了数据、外观、位置、行为类的一些属性外,还具有下列常用属性。

(1)Style 属性

该属性是外观类属性,用来设置列表框的样式。系统默认值为 0(Standard),即标准样式。若该属性值设为 1(Checkbox),则显示为复选框样式。该属性只能在设计时设置,运行时是只读的。两种不同样式的列表框如图 5-4 所示。

(2)MultiSelect(多选择列表项)属性

该属性用来设置用户是否能够在列表框中进行复选。它也只能在设计时设置,运行时是只读的。MultiSelect 属性值的说明如表 5-6 所示。

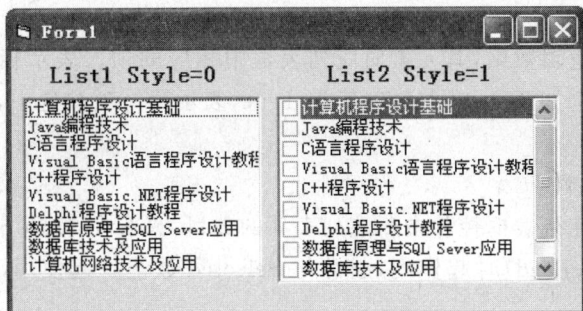

图 5-4 Style 属性不同的两种列表框

表 5-6 列表框 MultiSelect 属性设置

| 属性值 | 说明 |
| --- | --- |
| 0 | 不允许复选(默认值) |
| 1 | 简单复选:用箭头键移动焦点,鼠标单击或按下 Space Bar(空格键)在列表中选中或取消列表项 |
| 2 | 扩展复选:按下【Shift】键并单击鼠标,或按下【Shift】键以及一个箭头键,将在原先的基础上扩展选项。按下【Ctrl】键并单击鼠标,可以在列表中选中或取消列表项 |

(3)Sorted 属性

该属性决定在程序运行期间列表项的排列顺序,它只能在设计时设置。如果 Sorted 属性为 True,则按字母顺序排列,否则按各列表项加入的先后顺序排列。

(4)List 属性

该属性是一个字符串数组,用来保存列表框中各列表项的内容。List 数组的下标从 0 开始,即 List(0)保存表中的第一个列表项的内容。List(1)保存第二个列表项的内容,以此类推,List(ListCount−1)保存表中的最后一个列表项的内容。

List 属性既可以在设计时设置,也可以在程序中设置或引用。

(5)ListIndex 属性

该属性是 List 数组中,被用户选中列表项的下标值(即索引号)。程序中可以利用该属性判断列表框中哪一项被选中。ListIndex 属性值从 0 开始,如果用户选择了多个列表项,则 ListIndex 为最近所选列表项的索引号。如果用户未作选择,则 ListIndex 为−1。

例如,用户在列表框 List1 中选中第 2 项,即 List1. List 数组的第 2 项,则 ListIndex=1。

ListIndex 属性不能在设计时设置,只能在程序中设置或引用。

(6)ListCount 属性

该属性记录了列表框中的数据项数,ListCount−1 表示列表框最后一项的序号。该属性只能在程序中设置或引用。

(7)Text 属性

该属性是只读的,其值是被选中列表项的文本内容。程序中可以通过引用 Text 属性值获取当前选定的列表项的内容。

注意:List1. List(List1. ListIndex)等于 List1. Text。

（8）Selected 属性

该属性是一个逻辑数组，其元素对应列表框中相应的项。表示相应的项在程序运行期间是否被选中。例如，Selected(0)的值为 True，表示第一项被选中，如为 False，表示未被选中。

（9）SelCount 属性

该属性值表示在列表框控件中所选列表项的数目，只有在 MultiSelect 属性值设置为 1(Simple)或 2(Extended)时起作用，通常与 Selected 数组一起使用，用于处理控件中的所选项目。

列表框还有以下几个常用的方法。

（1）AddItem 方法

该方法向一个列表框中加入列表项，其语法是：

列表框名.AddItem Item[, Index]

其中：

Item 必须为字符串表达式。

Index 为新增列表项在列表框中的位置，第一个列表项的 Index 为 0。若省略 Index，则新增列表项添加在列表框的最后。

（2）RemoveItem 方法

该方法用于删除列表框中的列表项，其语法是：

列表框名.RemoveItem Index

（3）Clear 方法

该方法删除列表框控件中的所有列表项，其语法是：

列表框名.Clear

下面举例说明列表框这三种方法的用法。

**例 5-3** 窗体 Form1 中有一个列表框和三个命令按钮，要求能够实现添加、删除列表框中列表项的功能。程序运行界面如图 5-5 所示。

图 5-5 例 5-3 程序运行界面

各控件的主要属性设置如表 5-7 所示。表中未列出的属性取默认值。

表 5-7 　　　　　　　　窗体内各控件属性设置

| 控件名称 | 属 性 | 属性值 |
|---|---|---|
| 列表框 List1 | MultiSelect | 1 |
| | Style | 0 |
| 命令按钮 1 | 名称 | cmdAppend |
| | Caption | 添加 |
| 命令按钮 2 | 名称 | cmdDele |
| | Caption | 删除 |
| 命令按钮 3 | 名称 | cmdZap |
| | Caption | 清除 |

命令按钮的事件过程代码如下：

```
'添加列表项
Private Sub cmdAppend_Click()
    Dim strEntry
    strEntry = InputBox("输入添加内容", "添加")
    List1. AddItem strEntry
End Sub
'删除选中项目
Private Sub cmdDele_Click()
    Dim i As Integer
    For i = List1. ListCount - 1 To 0 Step -1
        If List1. Selected(i) Then List1. RemoveItem i
    Next i
End Sub
'删除全部列表项
Private Sub cmdZap_Click()
    List1. Clear
End Sub
```

### 7. 组合框

组合框是一种兼有列表框和文本框的功能的控件。它可以像列表框一样,让用户通过鼠标选择所需要的项目;也可以像文本框一样,用键入的方式选择项目。在窗体界面设计时,如果因为列表框尺寸太大,影响到其他控件布局,则完全可以使用组合框来代替列表框。

组合框不提供多重选择功能,因此没有 MultiSelect、Selected 以及 SelCount 属性。除此之外,上面介绍过的列表框其他属性,组合框也同样具有。

组合框的 Style 属性决定组合框的类型和行为,它的属性值及含义与列表框有所不同,具体说明见表 5-8。

表 5-8                             组合框 Style 属性设置

| 属性值 | 常数 | 说明 |
|---|---|---|
| 0 | VbComboDropDown | 下拉式组合框(默认值):包括一个下拉式列表和一个文本框。用户可以单击下拉箭头打开列表选择项目,选中的内容显示在文本框上;也可以通过键盘在文本框中输入不属于列表内的选项 |
| 1 | VbComboSimple | 简单组合框:包括一个不能下拉的列表和一个文本框。用户可以从列表中选择项目,也可以通过键盘在文本框中输入不属于列表内的选项 |
| 2 | VbComboDrop-DownList | 下拉式列表框:仅允许用户从下拉式列表中选择项目 |

组合框的事件与方法与列表框基本相同。由于组合框兼有列表框和文本框的功能,因此,组合框比列表框多了一个 Change 事件。

8.滚动条

滚动条通常用来附在窗体边上帮助观察数据或确定位置,一般用作为速度、数量的指示器,有时也可用来作为数据输入的工具。滚动条分为水平滚动条(HscrollBar)和垂直滚动条(VscrollBar),其外观如图5-6所示。除方向不一样外,两者的属性、事件和方法是完全相同的。

滚动条的两端各有一个滚动箭头,在滚动箭头之间有一个滑块。滑块从一端移至另一端时,其值在不断变

图 5-6   水平滚动条和垂直滚动条

化。垂直滚动条的值由上往下递增,水平滚动条的值由左往右递增。其值均以整数表示,取值范围为－32768～32767。最小值和最大值分别在两个端点,其坐标系和滚动条的长度(高度)无关。

滚动条有如下常用属性:

(1)Max 属性

该属性表示当滑块处于最大位置时所表示的值。

(2)Min 属性

该属性表示当滑块处于最小位置时所表示的值。

(3)Value 属性

该属性表示滑块在当前位置的值,范围在 Max 与 Min 之间。

(4)SmallChange 属性

该属性表示当用户单击滚动条两端的箭头时,Value 属性值的增量值,默认值为 1。

(5)LargeChange 属性

该属性表示当用户单击滑块和箭头之间的区域时,Value 属性值的增量值,默认值为 1。

滚动条最常用的是 Scroll 事件和 Change 事件。当用户在滚动条内拖动滑块时触发 Scroll 事件,当改变滑块位置或通过代码改变 Value 属性时触发 Change 事件。Scroll 事件用于跟踪滚动条的动态变化,Change 事件则用来获取滚动条最后的值。下面通过一个实例说明滚动条控件的用法。

例 5-4 设计一个调色板应用程序,要求用户通过操作代表红、绿、蓝三种颜色的滚动条,调节窗体内文本框的背景颜色,并显示三基色各占的百分比值。程序运行界面如图 5-7所示。

分析:

任何一种颜色都可以看成是红、绿、蓝三种基本颜色的合成。Visual Basic 提供的 RGB 函数能很方便地实现调色功能。RGB 函数返回一个代表 RGB 颜色值的长整型数,格式如下:

RGB(red, green, blue)

其中:red、green、blue 指定红、绿、蓝三原色的相对亮度,其值为 0~255。

窗体上的三个滚动条属性设置见表 5-9。

图 5-7 滚动条和调色板

**表 5-9　　　　　　　　滚动条属性设置**

| 对象 | Name | Max | Min | SmallChange | LargeChange |
| --- | --- | --- | --- | --- | --- |
| 红色滚动条 | Hscroll1 | 255 | 0 | 1 | 25 |
| 绿色滚动条 | Hscroll2 | 255 | 0 | 1 | 25 |
| 蓝色滚动条 | Hscroll3 | 255 | 0 | 1 | 25 |

各事件过程代码如下:

```
Option Explicit
Dim intRed, intGreen, intBlue As Integer
'滚动条 HScroll1 的 Change 事件
Private Sub HScroll1_Change()
    intRed = HScroll1.Value
    Call showColor
End Sub
'滚动条 HScroll2 的 Change 事件
Private Sub HScroll2_Change()
    intGreen = HScroll2.Value
    Call showColor '调用子过程
End Sub
'滚动条 HScroll3 的 Change 事件
Private Sub HScroll3_Change()
    intBlue = HScroll3.Value
    Call showColor
End Sub
'子过程
Private Sub showColor()
    '改变文本框背景色
    Text1.BackColor = RGB(intRed, intGreen, intBlue)
    '标签显示
```

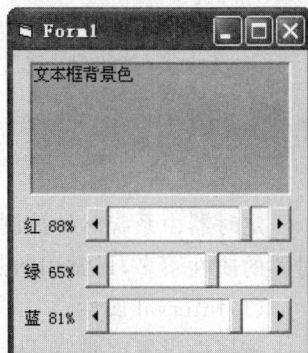

```
        Label1. Caption = "红" + Str(Int(intRed * 100 / 255)) + "%"
        Label2. Caption = "绿" + Str(Int(intGreen * 100 / 255)) + "%"
        Label3. Caption = "蓝" + Str(Int(intBlue * 100 / 255)) + "%"
    End Sub
```

### 9. 定时器

定时器由系统时钟控制和触发,它每隔一定的时间间隔就产生一次 Timer 事件。定时器的属性不多,最常用的是以下两个属性:

(1)Interval 属性

该属性设置定时器 Timer 事件的触发时间间隔,单位为 mS(毫秒),取值范围为 0~65535,所以最大时间间隔不能超过 65 秒,该属性的默认值为 0,即定时器控件不起作用。

(2)Enabled 属性

该属性决定定时器是否有效,系统默认值为 True ,即控件有效,可以定时。若该属性值设为 False 时,定时器不可使用,Timer 事件不执行。

定时器在程序执行时是不可见的,因此在设计窗体时,可以放在任何位置。定时器的外观是系统默认的,不必也无法改变。

定时器只支持 Timer 事件。对于一个含有定时器控件的窗体,每经过一段由属性 Interval 指定的时间间隔,就产生一个 Timer 事件。如果用户希望定时实现某一功能,只需在 Timer 事件的过程中放入程序代码即可。

除了计时,定时器常被用于文本信息移动显示。

例 5-5 在窗体内放一个标签控件,要求程序运行时,标签文本内容能水平向左环绕移动显示。程序运行界面如图5-8所示。

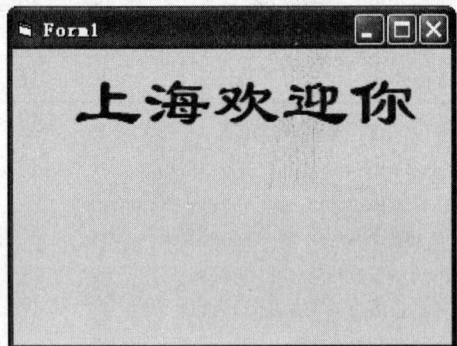

图 5-8 文本信息移动显示

控件的主要属性设置见表 5-10。

表 5-10 窗体内各控件属性设置

| 控件名称 | 属 性 | 属性值 |
| --- | --- | --- |
| 标签 Label1 | Caption | 上海欢迎你 |
| | BackStyle | 0-Transparent |
| | Autosize | True |
| 定时器 Timer1 | Enabled | True |
| | Interval | 20 |

定时器的 Timer 事件过程代码如下:

```
Private Sub Timer1_Timer()
    Label1. Left = Label1. Left - 10      '标签位置左移
    '如果标签完全移出窗体左边框,则再从右边框起重新开始
```

```
        If Label1. Left <= -Label1. Width Then
            Label1. Left = Form1. Width
        End If
    End Sub
```

## 5.1.4 控件数组

### 1.基本概念

在实际应用中,我们有时会用到一些类型相同且功能类似的控件。如果对每一个控件都单独处理,程序中会产生大量重复的冗余代码。解决这类问题的最佳方案是使用控件数组,它能使若干控件共享代码。

控件数组由一组相同类型的控件组成,这些控件共用一个控件名称,具有相似的属性设置,共享同样的事件过程。控件数组中各个控件相当于普通数组中的各个元素,每个控件都有一个索引号,相当于普通数组中的下标,索引号可以通过 Index 属性设置。

### 2.控件数组的建立

控件数组中每一个元素都是控件,它的定义方式与普通数组不同。用户可以在设计时建立控件数组,也可以在运行时添加控件数组元素。

设计时建立控件数组的方法步骤如下:

(1)在窗体上放置一个控件,设置该控件的名称及其他同类属性,这是控件数组建立的第 1 个元素。

(2)选中该控件,执行【编辑】|【复制】命令。

(3)执行【编辑】|【粘贴】命令,系统弹出对话框,询问是否创建控件数组。单击【是】命令按钮确认。这时,窗体内建立了控件数组的第 2 个元素。在属性窗口可以观察到,这两个元素的 Index 属性值已分别被自动设置为 0 和 1。

(4)重复步骤(3),建立控件数组的其他元素。

运行时添加控件数组元素的方法步骤如下:

(1)在窗体上放置一个控件作为控件数组的第 1 个元素,设置该控件的名称及属性。

(2)在编程时用 Load 方法添加其余若干个元素,或者用 UnLoad 方法删除某个元素。Load 方法和 Unload 方法的使用格式为:

Load 控件数组名(<表达式>)

Unload 控件数组名(<表达式>)

其中,<表达式>为整型数据。表示控件数组的某个元素。

(3)通过控件的 Left 和 Top 属性,为控件数组各元素确定其在窗体中的位置。

### 3.控件数组的应用

建立了控件数组之后,控件数组中所有控件共享同一事件过程。例如,假定某个控件数组含有 10 个单选按钮,则不管单击哪个按钮,系统都会调用同一个 Click 过程。由于每个按钮在程序中的作用不同,系统会将被选中对象的 Index 属性值传递给过程,由事件过程根据不同的 Index 值执行不同的操作。

在应用程序设计中结合循环语句使用控件数组,既简化了程序结构,又便于调试和维护。下面举例说明控件数组的应用。

**例 5-6** 这是某测试软件的一部分。窗体内建立了一个框架控件数组、两个单选按钮控件数组和一个标签控件数组。程序运行时,如果用户单击框架内的按钮,要求标签控件数组中索引相同的元素同步显示测试结果。程序运行界面如图 5-9 所示。

图 5-9 控件数组应用

窗体及控件的事件过程代码如下:

```
'窗体加载事件过程
Private Sub Form_Load()
    Dim i As Integer
    For i = 0 To 9
        Frame1(i).Caption = "测试点" + Str(i + 1)
        Option1(i).Caption = "合格"
        Option2(i).Caption = "不合格"
    Next i
End Sub
'合格按钮单击事件过程
Private Sub Option1_Click(Index As Integer)
    Label1(Index).Caption = Option1(Index).Caption
End Sub
'不合格按钮单击事件过程
Private Sub Option2_Click(Index As Integer)
    Label1(Index).Caption = Option2(Index).Caption
End Sub
```

## 5.2 控件应用

通过对 Visual Basic 标准控件的介绍,读者对面向对象的程序设计方法已有了初步的了解。下面介绍几个综合应用实例,便于用户通过实践操作训练巩固学到的知识。希望读者能在此基础上举一反三,进一步熟悉窗体设计的布局方法,加深理解各控件的常用属性,掌握标准控件相关事件过程的代码设计,并从中体会经过编程实现预定设计目标时所带来的乐趣。

## 5.2.1 矩阵运算

### 1. 实例说明

本实例的主要功能是实现矩阵运算。窗体内放置了三个标签,用于显示 $A$、$B$、$C$ 三个矩阵内容。矩阵 $A$、$B$ 均为 4 行 4 列,各元素由随机函数产生,矩阵 $C$ 为运算结果。另有四个命令按钮,单击 Command1 实现矩阵 $A+B$ 运算,运行结果如图 5-10 所示。单击 Command2 实现矩阵 $AB$ 运算,运行结果如图 5-11 所示。单击 Command3 刷新矩阵 $A$ 和 $B$ 的数据。单击 Command4 则退出应用程序运行。

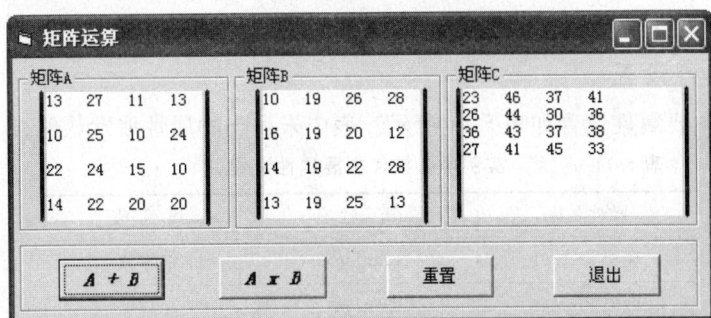

图 5-10 矩阵相加

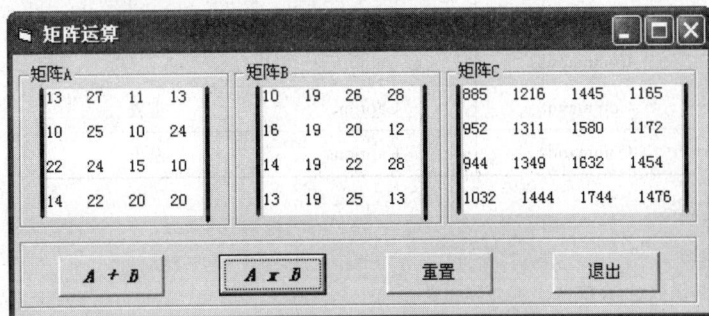

图 5-11 矩阵相乘

下面先简要介绍矩阵运算法则。

(1)矩阵加法定义如下:

假如 $A$ 和 $B$ 是 $m \times n$ 的矩阵,则:

$$A + B = (a_{ij} + b_{ij})_{m \times n} = \begin{bmatrix} a_{11} + b_{11} & \cdots\cdots & a_{1n} + b_{1n} \\ \cdots & \cdots\cdots & \cdots \\ \cdots & \cdots\cdots & \cdots \\ a_{m1} + b_{m1} & \cdots\cdots & a_{mn} + b_{mn} \end{bmatrix}$$

(2)矩阵乘法定义如下:

一般情形下,对于矩阵 $A$ 和 $B$

$$A = (a_{ij})_{m \times s}, B = (b_{ij})_{s \times n}$$

$$c_{ij} = \begin{bmatrix} a_{i1} & a_{i2} & \cdots & a_{is} \end{bmatrix} \begin{bmatrix} b_{1j} \\ b_{2j} \\ \cdots \\ b_{sj} \end{bmatrix} = a_{i1}b_{1j} + a_{i2}b_{2j} + \cdots + a_{is}b_{sj}$$

$$AB = \begin{bmatrix} a_{11} & \cdots & \cdots & a_{1s} \\ \cdots & \cdots & \cdots & \cdots \\ \cdots & \cdots & \cdots & \cdots \\ a_{ml} & \cdots & \cdots & a_{ms} \end{bmatrix} \begin{bmatrix} b_{11} & \cdots & \cdots & b_{1n} \\ \cdots & \cdots & \cdots & \cdots \\ \cdots & \cdots & \cdots & \cdots \\ b_{s1} & \cdots & \cdots & b_{sn} \end{bmatrix} = \begin{bmatrix} c_{11} & \cdots & \cdots & c_{1n} \\ \cdots & \cdots & \cdots & \cdots \\ \cdots & \cdots & \cdots & \cdots \\ c_{ml} & \cdots & \cdots & c_{mn} \end{bmatrix}$$

**注意**：$A$ 的行数等于 $B$ 的列数，且 $A$ 和 $B$ 的先后次序不能改变。

## 2. 控件属性设置

各控件的主要属性设置如表 5-11 所示。表中未列出的属性取默认值。

表 5-11　　　　　实例中各控件主要属性设置

| 控件名称 | 属　性 | 属 性 值 |
|---|---|---|
| 框架 Frame1 | Caption | 矩阵 A |
| 框架 Frame2 | Caption | 矩阵 B |
| 框架 Frame3 | Caption | 矩阵 C |
| Command1 | Caption | A ＋ B |
| Command2 | Caption | A × B |
| Command3 | Caption | 重置 |
| Command4 | Caption | 退出 |

## 3. 程序代码

```
Option Explicit
'声明三个窗体级数组,存放 A、B、C 矩阵元素
Dim aryA(3, 3), aryB(3, 3), aryC(3, 3) As Integer
'窗体加载事件过程
Private Sub Form_Load()
    Call dataRefresh        '调用重置子过程,刷新 A、B 矩阵数据
End Sub
'命令按钮 1 单击事件过程,矩阵相加
Private Sub Command1_Click()
    Dim i, j As Integer
    For i = 0 To 3
        For j = 0 To 3
            aryC(i, j) = aryA(i, j) + aryB(i, j)
        Next j
    Next i
    Call dispResult         '调用子过程显示结果
End Sub
```

```
'命令按钮 2 单击事件过程,矩阵相乘
Private Sub Command2_Click()
    Dim i, j, k As Integer
    For i = 0 To 3
        For j = 0 To 3
            aryC(i, j) = 0
            For k = 0 To 3
                aryC(i, j) = aryC(i, j) + aryA(i, k) * aryB(k, j)
            Next k
        Next j
    Next i
    Call dispResult        '调用子过程显示结果
End Sub
'命令按钮 3 单击事件,调用重置子过程,刷新 A、B 矩阵数据
Private Sub Command3_Click()
    Call dataRefresh
End Sub
'命令按钮 4 单击事件,退出程序运行
Private Sub Command4_Click()
    End
End Sub
'刷新 A、B 矩阵数据子过程
Private Sub dataRefresh()
    Dim i, j As Integer
    Label1.Caption = ""
    Label2.Caption = ""
    Label3.Caption = ""
    For i = 0 To 3
        For j = 0 To 3
            Randomize
            aryA(i, j) = Int(20 * Rnd()) + 10
            aryB(i, j) = Int(20 * Rnd()) + 10
            Label1.Caption = Label1.Caption + LTrim(Str(aryA(i, j))) + Space(3)
            Label2.Caption = Label2.Caption + LTrim(Str(aryB(i, j))) + Space(3)
        Next j
        Label1.Caption = Label1.Caption + Chr(13)
        Label2.Caption = Label2.Caption + Chr(13)
    Next i
End Sub
'显示计算结果(矩阵 C)子过程
Private Sub dispResult()
    Dim i, j As Integer
    Label3.Caption = ""
```

```
        For i = 0 To 3
          For j = 0 To 3
              Label3. Caption = Label3. Caption + LTrim(Str(aryC(i, j))) + Space(3)
          Next j
          Label3. Caption = Label3. Caption + Chr(13)
        Next i
    End Sub
```

### 4. 分析

由于矩阵 $A$、$B$ 均为 $4 \times 4$ 方阵，因此，首先在代码通用声明部分定义了三个窗体级二维数组 aryA(3，3)，aryB(3，3)，aryC(3，3)，用来存放 $A$、$B$、$C$ 矩阵元素。$A$、$B$ 矩阵各元素由随机函数 Rnd()产生。为了避免产生重复数据，使用了 Randomize 语句，它用系统计时器返回值作为新的随机种子值，将 Rnd()函数的随机数生成器初始化。

无论是矩阵 $A$、$B$ 相加或相乘，计算结果都放入矩阵 $C$。考虑到每次运算完成后都要显示矩阵 $C$ 的内容，所以采取了调用子过程 dispResult 的方法显示结果。

本实例的难点是矩阵相乘，程序中是通过 i，j，k 三重循环结构实现的。

此外，本实例可以在以下两方面进一步完善功能。

(1)由用户输入矩阵各元素的值，取代随机数。

(2)如果两矩阵非方阵，而且行和列要在程序运行时由用户确定，那么就不能使用定长数组了，必须采用动态数组。当两个非方阵矩阵 A 和 B 相乘时，应该增加输入校验，以确保 A 的行数等于 B 的列数。

读者完全可以在此基础上自己编写程序完成上述功能。

## 5.2.2 文本编辑器

### 1. 实例说明

这是一个文本编辑器设计实例，运行界面如图 5-12 所示。窗体内有一个文本框，用来接收和编辑文本信息。文本框下面有三个框架。"字体"框架中是一组单选按钮，为用户提供宋体、黑体、隶书、幼圆四种字体选择。"字形及效果"框架中是一组复选框，为用户提供了斜体、粗体、下划线及删除线四种选择。字号框架中有一个组合框，用户可以选择文字大小，单击【确定】命令按钮后确认。当用户单击【退出】命令按钮，则退出应用程序运行。

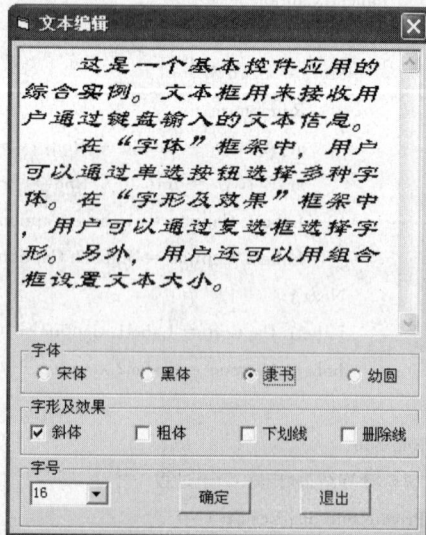

图 5-12 文本编辑器

## 2. 控件属性设置

各控件的主要属性设置如表 5-12 所示。

表 5-12　　　　　实例中各控件主要属性设置

| 控件名称 | 属　　性 | 属性值 |
|---|---|---|
| txtInfo | Locked | False |
| | MultiLine | True |
| | ScrollBars | 2-Vertical |
| | Text | （文本） |
| fraFontName | Caption | 字体 |
| fraFontChk | Caption | 字形及效果 |
| fraFontSize | Caption | 字号 |
| Combo1 | Style | 0 |
| | Text | 大小 |
| cmdOk | Caption | 确定 |
| cmdQuit | Caption | 退出 |

## 3. 程序代码

```
Option Explicit
Dim intFontsize As Integer                '定义窗体级变量
Dim FontNameArea() As Variant             '声明一个动态数组,用来存放各种字体
Dim FontChkArea() As Variant              '声明一个动态数组,用来存放各种字形
Dim FontSizeArea() As Variant             '声明一个动态数组,用来存放各种字号
'窗体加载事件过程
Private Sub Form_Load()
    Dim i As Integer
    '用 Array()函数为数组赋值
    FontNameArea = Array("宋体","黑体","隶书","幼圆")
    FontChkArea = Array("斜体","粗体","下划线","删除线")
    FontSizeArea = Array(8, 9, 10, 11, 12, 14, 16, 18, 20, 22, 24, 26, 28, 36, 48, 72)
    '各控件数组标题显示字体及字形
    For i = 0 To UBound(FontNameArea)
        Option1(i). Caption = FontNameArea(i)
        Check1(i). Caption = FontChkArea(i)
    Next i
    '用 AddItem方法将各种字号放入组合框
    For i = 0 To UBound(FontSizeArea)
        Combo1. AddItem (Str(i))
        Combo1. ListIndex = i
        Combo1. List(i) = FontSizeArea(i)
    Next i
End Sub
```

```
'单选按钮控件数组(字体)单击事件过程
Private Sub Option1_Click(Index As Integer)
    txtInfo. FontName = Option1(Index). Caption
End Sub
'复选框控件数组(字形及效果)单击事件过程
Private Sub Check1_Click(Index As Integer)
    Select Case Index
        Case 0
            txtInfo. FontItalic = Not txtInfo. FontItalic
        Case 1
            txtInfo. FontBold = Not txtInfo. FontBold
        Case 2
            txtInfo. FontUnderline = Not txtInfo. FontUnderline
        Case 3
            txtInfo. FontStrikethru = Not txtInfo. FontStrikethru
    End Select
End Sub
'组合框单击事件过程
Private Sub Combo1_Click()
    intFontsize = Combo1. Text
End Sub
'确定命令按钮单击事件过程
Private Sub cmdOk_Click()
    txtInfo. FontSize = intFontsize
End Sub
'退出命令按钮单击事件过程
Private Sub cmdQuit_Click()
    End
End Sub
```

## 4. 分析

本实例的特点是使用控件数组。在"字体"框架中,用按钮控件数组 Option1 代替 4 个功能类似的单选按钮。在"字形及效果"框架中,用复选框控件数组 Check1 取代 4 个复选框。

控件数组各元素的 Caption 属性可以在设计时设置,也可以在程序中设置。本实例采取了在程序中设置的方法。为此,定义了 FontNameArea 和 FontChkArea 两个数组,并用 Array()函数为数组赋值:

```
FontNameArea = Array("宋体", "黑体", "隶书", "幼圆")
FontChkArea = Array("斜体", "粗体", "下划线", "删除线")
```

在程序代码中,结合循环语句使用数组和控件数组,能简化程序并提高代码执行效率。下面这段代码只有 4 行,但执行后却能为 8 个数组元素添加标题。

```
For i = 0 To UBound(FontNameArea)
    Option1(i). Caption = FontNameArea(i)
    Check1(i). Caption = FontChkArea(i)
```

Next i

在单选按钮单击事件过程中,只用了1行代码,就实现了文本框的字体设置功能。

Private Sub Option1_Click(Index As Integer)

　　txtInfo. FontName = Option1(Index). Caption

End Sub

综上所述,在应用程序窗体设计时,应该尽可能将功能类似、操作方法相同(即事件相同)的同类控件放在同一框架内,并使用控件数组。其优点是使用灵活、易于扩充,同时也便于维护。

## 5.2.3　数字式闹钟

### 1.实例说明

这是一个较为完整的综合应用实例。应用程序运行时显示数字式闹钟界面,如图5-13所示。

该实例具有计时(时钟)和定时(闹钟)两个功能,用户可以在"功能"框架中用单选按钮选择。程序运行后,默认为时钟模式。当用户选择闹钟模式时,"设定"框架有效,框架内控件可以接受用户输入。此时,用户可以通过组合框设置时、分、秒作为报时预置时间。

当计时值与设定值相等时,程序发出一连串"嘟嘟"声作为闹钟提示音。用户也可以在"声音"框架中通过单选按钮开启或关闭声音。

窗体内有两个命令按钮。一个是【运行】(或【暂停】)命令按钮,用来打开(或关闭)时钟;另一个是【退出】命令按钮,用来结束应用程序运行。

图 5-13　数字式闹钟

### 2.控件属性设置

各控件的主要属性设置如表 5-13 所示。

表 5-13　　　　　　实例中各控件主要属性设置

| 控件名称 | 属 性 | 属 性 值 |
|---|---|---|
| Label1 | Caption | 00:00:00 |
| | BackStyle | 1-Opaque |
| | BorderStyle | 1 Fixed Single |
| Frame1 | Caption | 功能 |
| Frame2 | Caption | 设定 |
| Frame3 | Caption | 声音 |
| Combo1 | Style | 0 |
| | Text | Combo1(0). Text="时"<br>Combo1(1). Text="分"<br>Combo1(2). Text="秒" |

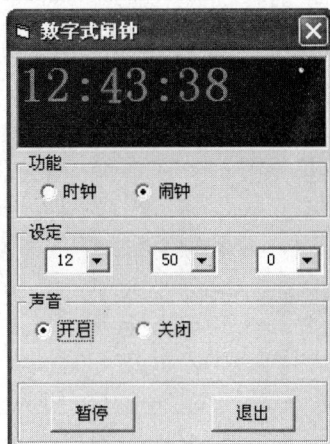

（续表）

| 控件名称 | 属　性 | 属性值 |
|---|---|---|
| Option1 | Caption | Option1(0). Caption＝"时钟"<br>Option1(1). Caption＝"闹钟" |
| Option2 | Caption | Option2(0). Caption＝"开启"<br>Option2(1). Caption＝"关闭" |
| Timer1 | Interval | 200 |
|  | Enabled | False |
| Timer2 | Interval | 100 |
|  | Enabled | False |
| Command1 | Caption | 运行 |
| Command2 | Caption | 退出 |

## 3. 程序代码

```
Option Explicit
Dim timeArry(2)   '定义整型数组,存放时、分、秒三个变量
'窗体加载事件过程
Private Sub Form_Load()
    Dim i As Integer
    For i = 0 To 23 Step 1                    '组合框 1 添加 0-23 小时
        Combo1(0). AddItem (Str(i))
    Next i
    For i = 0 To 59 Step 1                    '组合框 2、3 添加 0-59
        Combo1(1). AddItem (Str(i))
        Combo1(2). AddItem (Str(i))
Next i
End Sub
'组合框控件数组(时、分、秒)单击事件过程
Private Sub Combo1_Click(index As Integer)
    timeArry(index) = Combo1(index). ListIndex       '将用户选择放入数组
    Label1. Caption = Str(timeArry(0)) + ":" + Str(timeArry(1)) + ":" + Str(timeArry(2))
End Sub
'单选按钮(时钟或闹钟)单击事件过程
Private Sub Option1_Click(index As Integer)
    Frame2. Enabled = Not Frame2. Enabled
    Frame3. Enabled = Not Frame3. Enabled
End Sub
'单选按钮(开启或关闭声音)单击事件过程
Private Sub Option2_Click(index As Integer)
    Timer2. Enabled = Not Timer2. Enabled
```

```
    End Sub
'命令按钮(运行或暂停)单击事件过程
Private Sub Command1_Click()
    If Command1.Caption = "运行" Then
        Timer1.Enabled = True
        Command1.Caption = "暂停"
    Else
        Command1.Caption = "运行"
        Timer1.Enabled = False
    End If
End Sub
'命令按钮(退出)单击事件过程
Private Sub Command2_Click()
    End
End Sub
'定时器(计时)事件过程
Private Sub Timer1_Timer()
    Label1.Caption = Time
    If Hour(Time()) = timeArry(0) And Minute(Time()) = timeArry(1) And Second(Time()) =
timeArry(2) Then
        Timer2.Enabled = Not Timer2.Enabled          '设定时间到,发声
    End If
End Sub
'定时器(重复发出声音)事件过程
Private Sub Timer2_Timer()
    Beep
End Sub
```

### 4. 分析

(1)实例中用了两个定时器。Timer1 用于计时,Timer2 用于定时发声。

Timer1 每隔 200mS 产生一次 Timer 事件。在该事件过程中,首先用 Time()函数取出当前系统时间,刷新时钟显示。然后与设定时间相比较,决定是否发出提示音。

在 Visual Basic 中,调用一次 Beep 函数可以产生一次提示音。为了连续发出声音,实例中另外建立了 一 个定时器 Timer2,并设置它的 Interval 属性值为 100mS,即每隔 100mS 调用一次 Beep 函数,从而产生一连串提示音。

(2)"设定"框架内三个组合框操作功能类似,故采用控件数组方案。组合框控件数组共有 144 个选项,分别为时(0～23)、分(0～59)、秒(0～59)。这些选项必须在程序运行时就出现在组合框的下拉列表内。这些数据当然可以在设计时手工输入,但在运行时通过程序添加更为有效。本实例在窗体加载事件过程中,使用两个循环语句实现了上述功能。

### 5.2.4 计算器

#### 1. 实例说明

计算器设计实例的运行界面如图 5-14 所示。窗体内有一个文本框,用来接收输入并显示计算结果。文本框下面是一个框架,框架内建立了 1 个命令按钮控件数组,共有 20 个命令按钮。用户可以用鼠标单击命令按钮输入数字或选择运算操作,也可以将焦点移至文本框后通过键盘输入数字。当用户单击【=】命令按钮,或用【Tab】键将焦点移动到【Enter】命令按钮并按下该键,则在文本框内显示计算结果。

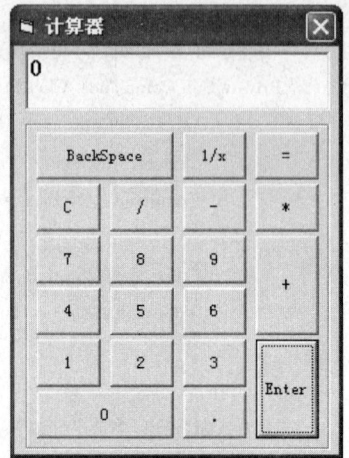

图 5-14  计算器

#### 2. 控件属性设置

窗体内各控件的主要属性设置如表 5-14 所示。

表 5-14        实例中各控件主要属性设置

| 控件名称 | 属 性 | 属性值 |
| --- | --- | --- |
| Form1 | Caption | 计算器 |
| Text1 | Text | "" |
| cmdAry(0~9) | Caption | 0~9 |
| cmdAry(10) | Caption | . |
| cmdAry(11) | Caption | = |
| cmdAry(12~15) | Caption | +、一、*、/ |
| cmdAry(16) | Caption | C |
| cmdAry(17) | Caption | BackSpace |
| cmdAry(18) | Caption | 1/x |
| cmdAry(19) | Caption | Enter |
|  | Default | True |

#### 3. 程序代码

```
Option Explicit
Dim sinNum1, sinNum2 As Single
Dim strOpt As String
'命令按钮控件数组各元素单击事件过程(判键,执行相应操作)
Private Sub cmdAry_Click(Index As Integer)
    Select Case Index
        Case 0 To 9
            Text1. Text = Text1 & cmdAry(Index). Caption
        Case 10
            If InStr(Text1, ".") = 0 Then
```

```
            Text1. Text = Text1 & cmdAry(Index). Caption
        ElseIf Right(Text1, 1) = "." Then
            Text1. Text = Text1 & ""
        End If
    Case 11
        sinNum2 = Val(Text1)
        If strOpt = "+" Then Text1 = sinNum1 + sinNum2
        If strOpt = "−" Then Text1 = sinNum1 − sinNum2
        If strOpt = "*" Then Text1 = sinNum1 * sinNum2
        If strOpt = "/" Then
            If sinNum2 <> 0 Then
                Text1 = sinNum1 / sinNum2
            Else
                Text1 = "除数为零错误!"
            End If
        End If
    Case 12 To 15
        sinNum1 = Val(Text1)
        If Index = 12 Then strOpt = "+"
        If Index = 13 Then strOpt = "−"
        If Index = 14 Then strOpt = "*"
        If Index = 15 Then strOpt = "/"
        Text1 = ""
    Case 16
        Text1 = ""
        sinNum1 = 0: sinNum2 = 0
    Case 17
        If Len(Text1) <> 0 Then
            Text1 = Left(Text1, Len(Text1) − 1)
        End If
    Case 18
        sinNum1 = Val(Text1)
        If sinNum1 = 0 Then
            Text1 = "除数为零错误!"
        Else
            Text1 = 1 / sinNum1
        End If
    Case 19
        Call cmdAry_Click(11)
    End Select
End Sub
```

## 4. 分析

### (1)控件设计

计算器需要接收输入并显示计算结果,使用文本框应该是最佳选择。

实例中,共有 20 个命令按钮,这些控件都要响应鼠标单击事件,而且处理事件的方法类同,故适合使用控件数组。因此,在应用程序设计阶段,首先建立命令按钮控件数组

cmdAry(0～19),并按表 5-15 设置各控件数组元素的属性。

(2)程序分析

为了实现数据运算,首先通用声明段定义了 3 个窗体级变量。单精度变量 sinNum1、sinNum2 分别用来存放被操作数和操作数,字符串变量 strOpt 用来存放运算符号。

实例源程序主要就是命令按钮控件单击事件过程代码。程序中使用了多分支判断语句(Select Case),将用户的操作分为几个类,在各分支处理过程中单独处理。

cmdAry(0～9)是数字按钮,分支处理程序中只用了 1 条语句,将用户选中的数字字符拼接到文本框的 Text 中。这条语句是:Text1. Text = Text1 & cmdAry(Index). Caption。

cmdAry(12～15)是运算按钮。当用户单击这些按钮时,被操作数输入操作应该已经完成。因此,在分支处理程序中做了两件事情。首先将文本框 Text 中的数字字符串转换成数值型的数,存放到被操作数变量 sinNum1,然后将运算符号存放到字符串变量 strOpt。

cmdAry(11)是【=】命令按钮,用户输入完成后单击该按钮相当于执行一次确认操作。这时候,被操作数已存放在变量 sinNum1 中。在分支处理程序中,首先从文本框中取出操作数放到变量 sinNum2,然后根据 strOpt 变量中运算符号完成相应的运算,最后在文本框内显示运算结果。

cmdAry(19)是【Enter】命令按钮,它的 Default 属性值设置为 True,为键盘默认的【确认】键。分支处理中用 Call cmdAry_Click(11)语句调用了【=】命令按钮单击事件过程,完成了同样的操作功能。

另外,程序中还实现了退格、清除、倒数等其他操作功能。

## 本章小结

控件设计的主要工作是窗体中控件的布局、各控件的属性设置及常用事件过程代码设计。Visual Basic 中每一类控件都有其特殊的属性,但也有许多控件具有相同的属性。

标准控件是由 Visual Basic 提供的基本控件,包括标签、文本框、命令按钮、单选按钮、复选框、框架、列表框、组合框、滚动条、定时器等常用控件。

控件数组由一组相同类型的控件组成,这些控件共用一个控件名称,具有相似的属性设置,共享同样的事件过程。在程序设计中结合循环语句使用控件数组,能简化程序结构,提高应用程序运行效率。

为了加深理解,本章还提供了几个完整的综合应用实例。

## 习 题

### 一、填空题

1. Visual Basic 为每个控件规定了一个默认属性。在程序中设置该属性时,可以直接使用控件名,而不必给出属性名,通常将该属性称为( )。

2. 如果希望一个标签控件具有透明属性。它的（　　　）属性值应设置为（　　　）。

3. 当一个对象通过用户操作或以代码方式获得焦点时，会引发（　　　）事件。当对象失去焦点时,会引发（　　　）事件。

4. 当命令按钮的（　　　）属性为（　　　）时,允许用户操作,并响应操作。

5. 命令按钮的（　　　）属性设置该按钮为窗体的默认按钮,系统默认值为（　　　）。

6. 当用户在文本框中输入新内容时,会引发该控件的（　　　）事件。

7. 设置（　　　）属性可以决定用户是否能够在列表框中进行复选。

8. 当用户在滚动条内拖动滑块时触发（　　　）事件。

9. 定时器 Timer 事件触发的时间间隔由（　　　）属性值决定。

10. 控件数组中的索引号可以通过（　　　）属性设置。

二、选择题

1. 为了在按下回车键时执行某个命令按钮的事件过程,需要把该命令按钮的一个属性设置为 True,这个属性是（　　　）。

A. Value　　　　　　B. Default　　　　　　C. Cancel　　　　　　D. Enabled

2. 下面哪一个事件是命令按钮没有的（　　　）。

A. Click　　　　　　B. KeyPress　　　　　　C. DblClick　　　　　　D. GetFocus

3. 为了把焦点移到某个指定的控件,所使用的方法是（　　　）。

A. SetFocus　　　　　　B. Visible　　　　　　C. Refresh　　　　　　D. GetFocus

4. 假定窗体上有一个标签,名为 Label1。为了使该标签透明并且没有边框,正确的属性设置为（　　　）。

A. Label1. BackStyle＝0　　　　　　B. Label1. BackStyle＝1
　 Label1. BorderStyle＝0　　　　　　 Label1. BorderStyle＝1
C. Label1. BackStyle＝True　　　　　　D. Label1. BackStyle＝False
　 Label1. BorderStyle＝ True　　　　　　 Label1. BorderStyle＝ False

5. 窗体上有一个名为 Label1 的标签控件,设置其背景为绿色,正确的语句应该是（　　　）。

A. Label1. BackColor＝RGB(0,255,0)

B. Label1. BackStyle＝ RGB(255,255,0)

C. Label1. BackColor＝RGB(0,0,255)

D. Label1. BackColor＝RGB(255,0,0)

6. 以下叙述中错误的是（　　　）。

A. 双击鼠标可以触发 DblClick 事件

B. 窗体或控件的事件的名称可以由编程人员确定

C. 移动鼠标时,会触发 MouseMove 事件

D. 控件的名称可以由编程人员设定

7. 将命令按钮控件 Command1 的 Enabled 属性设置为 False,其余属性均为默认设置。以下叙述中错误的是（　　　）。

A. Command1 可见,呈现暗灰色,不响应鼠标单击事件

B. Command1 可见,呈现暗灰色,能响应鼠标单击事件

C. 不能使用【Tab】键将焦点移到 Command1 上

D. 可以在程序中将它的 Enabled 属性修改为 True

8. 在窗体上有一个文本框控件,名称为 TxtTime。一个计时器控件,名称为 Timerl。要求每一秒钟在文本框中显示一次当前的时间。程序为:

```
Private Sub Timer1_ _____()
TxtTime. text＝Time
End Sub
```

在下划线上应填入的内容是( )。

A. Enabled       B. Visible       C. Interval       D. Timer

9. 假定窗体 Form1 内有两个文本框 Text1 和 Text2,另有一个命令按钮 Command1。然后编写下面两个事件过程:

```
Private Sub Command1_Click()
    Dim a As Variant
    a = Text1 + Text2
    Print a
End Sub
Private Sub Form_Load()
    Text1 = ""; Text2 = ""
End Sub
```

程序运行后,在 Text1 和 Text2 中分别输入 123 和 321,然后单击命令按钮,则输出结果为( )。

A. 444       B. 321123       C. 123321       D. 132231

10. 在窗体上画一个文本框(其中 Name 属性为 Text1),然后编写如下事件过程:

```
Private Sub Form_Load()
    Text1. Text = ""
    Text1. SetFocus
    For i = 1 To 10
    sum = sum + i
    Next i
    Text1. Text = sum
End Sub
```

上述程序的运行结果是( )。

A. 在文本框 Text1 中输出 55       B. 在文本框 Text1 中输出 0

C. 出错       D. 在文本框 Text1 中输出不定值

11. 在窗体上画四个文本框,并用这四个文本框建立一个控件数组,名称为 Text1(下标从 0 开始,自左至右顺序增大),然后编写如下事件过程:

```
Private Sub Command1_Click()
    For Each TextBox In Text1
        Text1(i) = Text1(i). Index
        i = i + 1
    Next
End Sub
```

程序运行后,单击命令按钮,四个文本框中显示的内容分别为( )。

A. 0 1 2 3       B. 1 2 3 4       C. 0 1 3 2       D. 出错信息

12. 在窗体上面画一个命令按钮和一个标签,其名称分别为 Command1 和 Label1 ,然后编写如下事件过程：

```
Private Sub Command1_Click()
    Dim i, j, counter As Integer
    counter = 0
    For i = 1 To 4
        For j = 6 To 1 Step -2
            counter = counter + 1
        Next j
    Next i
    Label1.Caption = Str(counter)
End Sub
```

程序运行后，单击命令按钮，标签中显示的内容是（　　）。

A. 11　　　　　　　　B. 12　　　　　　　　C. 16　　　　　　　　D. 20

13. 在窗体上画一个 List1 的列表框，一个名称为 Label1 的标签，列表框中显示若干个项目。要求当单击列表框中的某个项目时，在标签中显示被选中的项目的名称。在 List1_Click() 事件过程中，能正确实现上述操作的语句是（　　）。

A. Label1. Caption = List1. ListIndex

B. Label1. Name = List1. ListIndex

C. Label1. Name = List1. Text

D. Label1. Caption = List1. Text

14. 假定建立了一个名为 Command1 的命令按钮控件数组，则以下说法中错误的是（　　）。

A. 控件数组中每个命令按钮的名称属性值均为 Command1

B. 控件数组中每个命令按钮的 Caption 属性值相同

C. 控件数组中所有命令按钮可以使用同一个事件过程

D. 用名称 Command1(下标)可以访问数组中的每个命令按钮

15. 窗体 Form1 中有 1 个命令按钮 Command1，1 个文本框 Text1，一个标签 Label1，一个定时器 Timer1，除了 Timer1 的 Interval 属性设置为 500 外，其余控件的属性均取默认值。如果希望程序运行后文本框内显示系统当前时钟，则 Text1. Text = Time()语句应该放在（　　）事件过程中。

A. Timer1_Timer()　　　　　　　　B. Command1_Click()

C. Label1_DblClick()　　　　　　　D. Text1_Change()

**三、简答题**

1. 说明列表框与组合框两个控件在功能、属性上的异同之处。

2. 滚动条的 Scroll 事件和 Change 事件有什么区别？

**四、操作题**

1. 窗体 Form1 中有一个列表框控件 List1，两个命令按钮 Command1 和 Command2。设计要求如下：

（1）单击命令按钮 Command1，自动向列表框添加 6 个列表项，内容分别为"北京"、"上海"、"天津"、"重庆"、"广州"、"杭州"；

（2）单击命令按钮 Command2，删除当前用户选择的列表项。

2.设计一个银行存款利率计算的应用程序,界面如图 5-15 所示。窗体中有 3 个框架、1 个标签、3 个单选按钮、2 个命令按钮。程序运行时,用户先选择存期,然后单击【计算】命令按钮,标签显示计算结果;单击【退出】命令按钮则结束应用程序运行。

3.设计一个应用程序,运行时首先进入登录窗口,界面如图 5-16 所示。登录窗体中建立 2 个框架、1 个文本框、1 个标签、2 个命令按钮。程序运行时,用户先输入 6 位密码。若密码正确,允许单击【进入】命令按钮,加载应用程序主窗口。若密码不正确,则【进入】命令按钮不接受操作,标签提示用户重新输入。单击【退出】命令按钮则结束应用程序运行。应用程序主窗口界面如图 5-17 所示。用户单击【返回】命令按钮可以返回登录窗口。

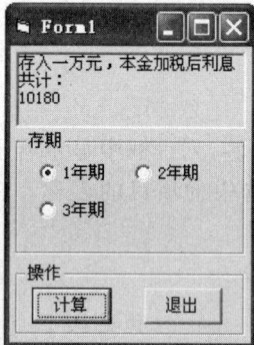

图 5-15　银行存款利率计算　　　图 5-16　登录窗口　　　图 5-17　应用程序主窗口

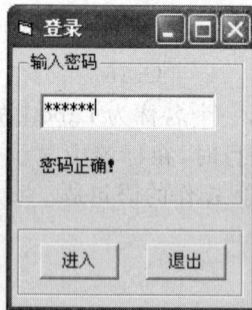

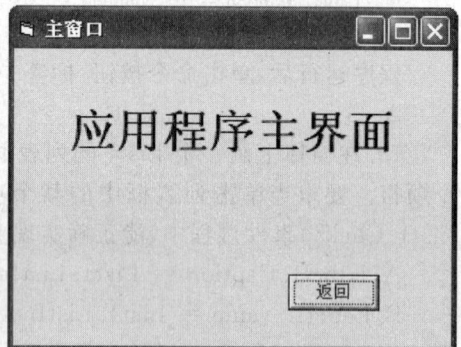

4.在本章 5.2.4 介绍的综合应用程序基础上,扩充计算器功能,增加三角函数计算。三角函数包括正弦、余弦和正切,函数自变量可以是角度或弧度,由用户在工作界面上选择。应用程序用户界面如图 5-18 所示。

图 5-18　计算器应用程序用户界面

# 第 6 章　图形

Visual Basic 具有独特的图形环境特点和强大的图形处理能力,它提供了丰富的图形功能。用户不仅可以使用图形控件进行绘图操作,还可以通过图形方法在窗体或图形框上输出文字和图形。此外,这些图形方法还可以作用于打印机对象。由于用 Visual Basic 开发的应用程序不依赖于系统硬件,因此,这些图形程序可移植性强,应用面也广。

| 知识要点 | 能力要求 |
| --- | --- |
| 系统坐标系和自定义坐标系 | 掌握系统坐标系的基本概念,能根据实际需要自定义坐标系 |
| 图层和颜色 | 掌握图层和颜色的概念,能灵活使用 Visual Basic 提供的多种方法设置控件颜色属性值 |
| 图形控件 | 掌握图形框、图像框、直线、形状 4 种图形控件的基本属性和使用方法 |
| 图形方法 | 掌握对象的 Line、Circle、Pset、Point 方法,能熟练使用这些方法绘制图形,能用 Print 方法输出数据 |

# 6.1  坐标系、图形层和颜色

随着图形处理在工程设计、多媒体技术等诸多领域的广泛应用,各个学科对图形处理的要求越来越高。图形处理中要实现和验证各种新技术和新算法,需要使用图形功能强大的计算机语言作为技术支撑。在这方面,Visual Basic 语言具有较强的优势。

图形处理的基础是计算机图形学。首先,必须区分计算机图形和计算机图像这两个容易混淆的概念。

计算机图形处理主要应用于计算机辅助设计,它研究对象是矢量图形,如直线、圆、形状等图形元素(称为图元),存储的也是图元的参数。由于矢量图形是由图形命令产生的,与具体分辨率无关,因此可以在不同的分辨率下显示。

计算机图像的研究对象是像素,存储的是所有像素的光强度,主要应用于界面制作和图像处理。由于图像基于像素,因此它与分辨率密切相关。当分辨率改变或者图形缩放时,都会影响到图像的显示质量和效果。

## 6.1.1  坐标系

### 1.坐标系概述

坐标系是绘图的基础。为了在对象上绘出图形,必须使用一个坐标系统来描述图形在对象上的位置。

在 Visual Basic 中,每个对象都定位于存放它的容器内,对象定位必须使用容器的坐标系,并通过对象的 Left 和 Top 属性确定它在容器内的位置。根据对象与容器的关系,用户可以使用三种层次的坐标系。

当对象为窗体时,由于窗体处于屏幕内,屏幕就是窗体的容器,因此窗体使用的是屏幕坐标系,通过窗体的 Left 和 Top 属性确定它在屏幕中的位置。

当对象为控件时,由于控件在窗体内建立,则窗体就是控件的容器,因此控件使用的是窗体坐标系,并通过 Left 和 Top 属性确定控件在窗体中的位置。

当在窗体内建立一个图形框,然后在图形框内绘制图形时,该图形框就是容器。图形框内的控件应该使用图形框坐标系。

无论是哪一个层次的容器,要构成一个坐标系,必须有三个要素:坐标原点、坐标度量单位、坐标轴的长度和方向。容器对象(窗体或图形框)可以通过设置缩放类的 5 个属性定义自己的坐标系。

ScaleMode 属性决定容器对象坐标的度量单位。在窗体设计中已介绍过该属性。该属性的默认值为 twip,twip 是一个精确的度量单位,1 英寸＝1440twip。ScaleMode 属性共有 8 种单位形式,取值及说明可以参考表 4-2。当修改该属性值时,坐标系中对象的大小及位置不会发生变化。

在计算机绘图中,最常用的坐标系是基于像素的。但像素(Pixel)并非一定是最佳单位。如果用像素表示控件的大小和位置,则会受到显示器具体分辨率的影响。当显示器分辨率调整后,图形的显示比例会有很大的变化,显示效果也会受到影响。

ScaleLeft 和 ScaleTop 两个属性用于控制容器对象左边和顶端的坐标,坐标原点由这两个属性的值确定。所有容器对象 ScaleLeft、ScaleTop 的默认值均为 0,即坐标原点位于容器的左上角。

ScaleWidth 和 ScaleHeight 两个属性用于确定容器坐标系横坐标和纵坐标的最大值,其值与当前坐标系所使用的坐标度量单位有关。当用户修改 ScaleMode 属性后,系统自动修改这两个属性的值。

2.自定义坐标系

一般情况下,程序设计人员往往采用系统提供的默认坐标系。但有时使用默认坐标系统并不方便。例如,用户要在笛卡尔坐标系(即普通直角坐标系)内显示一条曲线,由于笛卡尔坐标系的原点在左下角,而默认坐标系的原点位置在窗体左上角,图形处理时必须重新计算各点坐标位置。遇到这种情况,最好的方法是自定义坐标系。Visual Basic 允许用户使用 Scale 方法建立自己的坐标系统,其格式如下:

[ 对象. ] Scale [ (x1,y1) －(x2,y2) ]

其中:

对象可以是窗体、图形框或者打印机。如果省略该选项,则默认为带焦点的窗体对象。(x1,y1)表示对象左上角的坐标值,(x2,y2)表示对象右下角的坐标值,这 4 个参数均为单精度数。如果省略这两组参数,则恢复默认坐标系。

当用户自定义坐标系后,Visual Basic 会根据 Scale 给出的坐标参数重新计算 ScaleLeft、ScaleTop、ScaleWidth 和 ScaleHeight 的值。因此,上述语句等效于下列赋值语句:

```
ScaleLeft＝ x1
ScaleTop＝ y1
ScaleWidth＝x2－x1
ScaleHeight＝y2－y1
```

**例 6-1** 在窗体的 Form_Paint()事件过程中建立自定义坐标系,如图 6-1 所示。

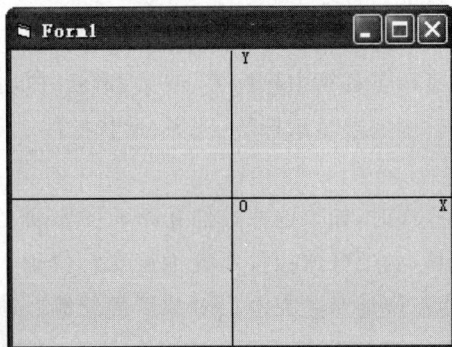

图 6-1 窗体自定义坐标系

程序代码如下:

```
Private Sub Form_Paint()
    Form1. Cls
    Form1. Scale (-100, 100)-(100, -100)
    Form1. Line (-100, 0)-(100, 0)          '画 X 轴
    Form1. Line (0, 100)-(0, -100)          '画 Y 轴
    CurrentX = 0; CurrentY = 0
    Form1. Print 0                          '标记坐标原点
    CurrentX = 95; CurrentY = 0
    Form1. Print "X"                        '标记 X 轴
    CurrentX = 5; CurrentY = 100
    Form1. Print "Y"                        '标记 Y 轴
End Sub
```

当然,用户也可以在设计时或在程序中设置对象的 ScaleLeft、ScaleTop、ScaleWidth 和 ScaleHeight 四项属性建立自己的坐标系统,其效果是一样的。建立例 6-1 的自定义坐标系也可以用下列赋值语句实现:

```
Form1. ScaleLeft = -100
Form1. ScaleTop = 100
Form1. ScaleWidth = 200
Form1. ScaleHeight = -200
```

除了使用 Scale 方法自定义坐标系外,Visual Basic 另外还提供了 ScaleX 和 ScaleY 方法。这两种方法用来将一种坐标度量单位转换为另一种度量单位,其语法格式如下:

[对象.] ScaleX ( Width [, fromScale [, toScale] ])

[对象.] ScaleY ( Height [, fromScale [, toScale] ])

其中,Width、Height 为 X、Y 轴的坐标值,fromScale 为原坐标度量单位,toScale 为转换后的度量单位。

## 6.1.2   图形层

Visual Basic 在构造图形时,用三个不同的层次放置图形的可视部分。

最上层(离用户最近)显示工具箱中除标签、线条、形状外的所有控件对象,如命令按钮、复选框、列表框等控件。中间层显示标签、线条、形状控件对象。最下层显示通过图形方法所绘制的图形。

当用户在窗体上布局控件时,如果这些控件互相不层叠,那么所有的控件都被显示在界面上。如果控件发生层叠,必须分清控件所处的层次。位于上层的对象会遮盖下层相同位置上的任何对象,即使下层的对象在上层对象后面绘制。位于同一层内的对象在发生层叠时,位于前面的对象会遮盖位于后面的对象。例如,在窗体内放置标签和文本框时,当这两类控件相叠,不管怎么操作,标签总是出现在文本框的后面。当命令按钮和文本框相叠时,它们的叠放顺序与操作有关。

同一图形层内控件对象排列顺序称为 Z 序列。设计时可以通过执行【格式】|【顺序】|【置前】(或【置后】)菜单命令调整 Z 序列。程序运行时可以使用 Zorder 方法将特定对象调整到同一图形层的前面或后面。Zorder 方法的语法格式如下：

对象.Zorder［Position］

其中，对象可以是窗体及除了菜单和时钟之外的任何控件。Position 指出一个控件相对于另一个控件的位置的数值。Position 为 0 表示该控件被定为与 Z 序列的前面，Position 为 1 表示该控件被定为与 Z 序列的后面。

## 6.1.3 颜色

在图形设计中，无论是对象的属性，还是图形方法所绘制的图形，都离不开颜色。Visual Basic 允许用户在程序设计阶段或程序运行阶段为对象设置颜色属性。颜色的属性值是一个四字节的长整型数(Long)。设计时设置对象的颜色属性可以使用调色板。程序中可以用赋值语句设置控件的颜色属性值。设置颜色属性值可以使用以下 5 种方式。

(1)RGB 函数

RGB 函数格式如下：

RGB(red, green, blue)

其中：red、green、blue 指定红、绿、蓝三原色的相对亮度，其值为 0~255。

RGB 函数在第 5 章中已作过简单介绍，这里略加补充说明。RGB 函数基于加色系统，是目前应用最为广泛的颜色模式。彩色显示器就是以这一原理为基础产生颜色的。显示器通过发射出三种不同强度的电子束，使屏幕内侧覆盖着的红、绿、蓝磷光粉发出不同强弱的光，由它们再合成不同的颜色。Visual Basic 提供的 RGB 函数可以生成 $256^3$ 种颜色，虽然这只是自然界中可见颜色的一部分，但对人眼的分辨率来说已足够了。表 6-1 列出一些常见的标准颜色，以及这些颜色的红、绿、蓝三原色的成分。

表 6-1　　　　常见颜色及基色成分

| 黑色 | 0 | 0 | 0 |
|---|---|---|---|
| 蓝色 | 0 | 0 | 255 |
| 绿色 | 0 | 255 | 0 |
| 青色 | 0 | 255 | 255 |
| 红色 | 255 | 0 | 0 |
| 洋红色 | 255 | 0 | 255 |
| 黄色 | 255 | 255 | 0 |
| 白色 | 255 | 255 | 255 |

(2)QBColor 函数

QBColor 函数允许用户在程序运行时选择使用微软 Quick Basic 中定义的某一种基

本颜色。该函数返回的是所选 Quick Basic 基本颜色对应的 RGB 颜色值,基本格式如下:

  QBColor( ColorValue )

其中,参数 ColorValue 的取值范围是 0～15 之间的整数值,故该函数可以设定 16 种颜色。参数 ColorValue 的取值及对应的颜色见表 6-2。

**表 6-2**　　　　　　**QBColor 函数参数取值及对应颜色**

| 参数值 | 对应颜色 | 参数值 | 对应颜色 |
|---|---|---|---|
| 0 | 黑色 | 8 | 灰色 |
| 1 | 蓝色 | 9 | 亮蓝色 |
| 2 | 绿色 | 10 | 亮绿色 |
| 3 | 青色 | 11 | 亮青色 |
| 4 | 红色 | 12 | 亮红色 |
| 5 | 洋红色 | 13 | 亮洋红色 |
| 6 | 黄色 | 14 | 亮黄色 |
| 7 | 白色 | 15 | 亮白色 |

例如,程序中可以使用以下语句将标签 Label1 的背景设置为亮蓝色:

Label1. BackColor = QBColor(9)

（3）使用十六进制数

由于 Visual Basic 内部使用十六进制数来表示颜色,因此设定颜色最直接的方法是使用十六进制数作为颜色属性值。使用方式为:&H00BBGGRR&。其中 &H 表示十六进制,00 为保留位,BB 为蓝色分量数值,GG 为绿色分量数值,RR 为红色色分量数值,最后一个 & 表示该数为十六进制数。

由于各分量取值范围为 0～255,即 &HFF,因此使用该方法所能表示的颜色范围是 0～16777215（&HFFFFFF&）。当各个分量均取值为 80,即颜色值为 &H808080 时,颜色取得了中间值。

例如,程序中可以使用以下语句将标签 Label1 的背景设置为深灰色:

Label1. BackColor = &H808080

（4）使用颜色常量

为了方便用户使用,Visual Basic 将常用的 8 种颜色定义为系统常量。这 8 种颜色常量见表 6-3,用户使用时无需定义,可以直接引用。

**表 6-3**　　　　　　**Visual Basic 系统常量及对应颜色**

| 常量 | 颜色 | 常量 | 颜色 |
|---|---|---|---|
| vbBlack | 黑色 | vbRed | 红色 |
| vbGreen | 绿色 | vbYellow | 黄色 |
| vbBlue | 蓝色 | vbMagenta | 洋红色 |
| vbCyan | 青色 | vbWhite | 白色 |

例如,程序中可以使用以下语句将标签 Label1 的背景设置为绿色:

Label1.BackColor = vbGreen

（5）使用系统颜色

在设计应用程序图形界面时,为了与 Windows 操作系统下标准应用程序的界面风格保持一致,用户可以在程序中使用系统颜色作为对象的颜色属性值。这样做的优点是当系统颜色改变时,应用程序引用的颜色也随之相应变化。

使用系统颜色常数的方法是先执行主菜单中的【视图】|【对象浏览器】命令,打开对象浏览器窗口。然后选择 VBRUN 库中的 SystemColorConstants 类,接下来在右边列表框中选择系统颜色常数,如图 6-2 所示。

图 6-2 在对象浏览器中查看系统颜色常数

例如,程序中可以使用以下语句设置窗体 Form1 的背景色:

Form1.BackColor = vb3DDKShadow

## 6.2 图形控件及方法

在 Visual Basic 图形设计中,绘图可以采用两种方式。第一种方式是利用图形控件,用户可以使用图形框和图像框加载图片,使用直线和形状绘制图形。第二种方式是利用 Line、Circle、Pset 等图形方法绘制几何图形。

### 6.2.1 图形控件

在 Visual Basic 标准控件中,与图形相关的控件有两类。一类是作为图形容器的控件,包括图形框控件（PictureBox）和图像框控件（ImageBox）。另一类是作为图形构件的控件,包括直线（Line）控件和形状（Shape）控件。有时将这 4 个控件统称为图形控件。

1. 图形框

图形框主要的作用是为用户显示图片,也可以作为其他控件（除窗体外）的容器。图形框具有独立的坐标系统,用户可以使用系统的默认坐标系,也可以在图形框中自定义坐标系。图形框内的控件可以分组,这些控件随图形框移动而移动。除了装载图片外,利用图形框的图形方法还可以绘制各种几何图形。

图形框的属性较多。它和窗体一样,具有缩放类属性,通过 ScaleMode、ScaleLeft、ScaleTop、ScaleWidth 和 ScaleHeight 这 5 个属性,用户可以建立自定义坐标系。它和文本框、列表框、组合框一样,具有数据类属性。它作为窗体容器内的控件,也具有位置类属性。它和绝大多数标准控件一样,具有名称、外观和行为类属性。有些基本属性在窗体及控件设计中已作过介绍,这里不再重复。下面主要介绍与图形设计相关的一些重要属性。由于图形框和窗体都是容器,图形框有的属性窗体也具有。因此,如果图形框属性中使用对象,表示窗体也具有该属性。

(1)Picture 属性

该属性用来设置图形框控件中要显示的图片。图形框可以显示的图形文件类型及说明见表 6-4。

表 6-4 图形框支持的图形文件类型

| 图片格式 | 文件标识 | 文件扩展名 | 描述 |
|---|---|---|---|
| 位图 | Bitmap | . bmp<br>. dib | 又称"绘图类型(Paint－Type)"图形,其图形由点(像素)组成 |
| 图标 | Icon | . ico<br>. cur | 尺寸固定的特殊类型位图,最大尺寸为 32×32 像素,也可以为 16×16 像素 |
| 普通图元文件 | | . wmf | 将图形定义为编码的线段和图形 |
| 增强图元文件 | Metafile | . emf | 将图形定义为编码的线段和图形 |
| JPEG 文件 | JPEG | . jpg | 支持 8 位和 24 位颜色的压缩位图格式 |
| GIF 文件 | GIF | . gif | 支持 256 种颜色的压缩位图格式,也是因特网上流行的文件格式 |

用户可以在设计时通过属性窗口在图形框内装载一幅图片,也可以在程序运行过程中加载图片。如果在程序中加载图片,应该使用 LoadPicture( )函数,其语法格式为:

对象. Picture = LoadPicture("图形文件名")

其中,"图形文件名"应包含文件的路径。

在程序中也可以使用 LoadPicture( )函数从图形框中删除图片,其语法格式为:

图形框对象. Picture =LoadPicture("")

或图形框对象. Picture = LoadPicture ()

例 6-2 窗体 Form1 中建立三个图形框 Picture1 ~Picture3、三个命令按钮。要求程序运行时,单击【加载】命令按钮,用 LoadPicture( )函数将当前目录中的两个位图文件 001. bmp、002. bmp 分别加载到图形框 Picture1 和 Picture2 内,如图 6-3 所示。单击【交换】命令按钮,将两个图形框中的图片互换。单击【删除】命令按钮,则将图片从图形框中删除。

程序代码如下:

图 6-3 用 LoadPicture( )函数加载图片

加载图片
```
Private Sub Command1_Click()
    Picture1. Picture = LoadPicture(App. Path & "\001. bmp")
    Picture2. Picture = LoadPicture(App. Path & "\002. bmp")
End Sub
'交换图片
Private Sub Command2_Click()
    Picture3. Picture = Picture1. Picture
    Picture1. Picture = Picture2. Picture
    Picture2. Picture = Picture3. Picture
End Sub
'删除图片
Private Sub Command3_Click()
    Picture1. Picture = LoadPicture("")
    Picture2. Picture = LoadPicture("")
End Sub
```
说明：

程序设计中，如果交换两个变量值，通常需要引入第三个变量进行过渡。本例中交换两个图形框中的图片操作与此类似。为此，在设计时建立了第三个图形框 Picture3，用于存放临时图片。程序中的 App. Path 表示当前路径。

（2）AutoSize 属性

该属性决定图形框控件是否自动改变大小以显示图片的全部内容，默认值为 False。如果 AutoSize 的属性值为 True，当被载入的图片实际尺寸比图形框大时，图形框自动改变大小，以适应图片尺寸（注意：不是图片改变大小），这样图形框就能显示图片的全部内容。否则，图形框不具备自动调节尺寸功能，只容纳图片的一部分，超出控件区域的内容被裁减掉。

（3）AutoRedraw 属性

AutoRedraw 属性在属性窗口中归属于行为类属性。该属性的默认值为 False，当其值为 True 时，图片框将具有自动重画功能。

窗体也具有 AutoRedraw 属性。当使用 Print 方法在窗体上输出信息时，如果窗体的大小发生变化或者窗体最小化后，有些信息可能会消除。要持久性输出文本或图形，应该将 AutoRedraw 属性的值设为 True。

（4）CurrentX 和 CurrentY 属性

这两个属性用来设置对象在绘图时下一个输出的水平（CurrentX）或垂直（CurrentY）坐标。设计时不能使用，只能在程序中设置或改变。窗体也具有这两个属性。使用时的语法格式如下：

    对象. CurrentX [= x]
    对象. CurrentY [= y]

如果省略可选项[= x]和[= y]，则表示当前的坐标值。当坐标系确定后，语句中的 x 和 y 表示坐标的绝对位置。

下面介绍一个图形框的应用实例。

**例 6-3**  窗体 Form1 中建立两个图形框 Picture1 和 Picture2,两个命令按钮。要求程序运行时,图形框 Picture1 显示星空(由随机分布的"★"组成)。图形框 Picture2 加载了月球图片。用户单击【开始】命令按钮,月球在星空中缓缓移动,如图 6-4 所示。单击【停止】命令按钮,则停止月移星空。

图 6-4  应用程序运行界面

各控件的主要属性设置见表 6-5。

表 6-5  例 6-3 中各控件主要属性设置

| 控件名称 | 属 性 | 属性值 |
|---|---|---|
| Form1 | Caption | 月移星空 |
| Picture1 | AutoRedraw | True |
| Picture2 | AutoSize | True |
|  | BorderStyle | 0 |
|  | Picture | 月球位图 |
| Command1 | Caption | 开始 |
| Command2 | Caption | 停止 |
| Timer1 | Interval | 100 |

例 6-3 的程序代码如下:

```
Option Explicit
Private Sub Command1_Click()
    Timer1. Enabled = True                '打开定时器
End Sub
Private Sub Command2_Click()
    Timer1. Enabled = False
End Sub
'Picture1 内显示星空
Private Sub Form_Paint()
    Dim i As Integer
    For i = 1 To 50
```

```
            Picture1. CurrentX = Picture1. Width * Rnd
            Picture1. CurrentY = Picture1. Height * Rnd
            Picture1. Print "★"
        Next i
    End Sub
    Private Sub Timer1_Timer()
        Picture2. Left = Picture2. Left - 10    'Picture2 左移
        '如果 Picture2 完全移出 Picture1 左边框,则再回到 Picture1 右边框重新开始
        If Picture2. Left <= -Picture2. Width Then
            Picture2. Left = Picture1. Width
        End If
    End Sub
```

分析:

程序中使用了一个定时器 Timer1,图片的移动是在 Timer1_Timer()事件过程中改变 Picture2 在 Picture1 中的位置实现的。可以通过设置 Interval 的属性值改变 Timer()事件的时间间隔,或者修改每次移动的距离,改变图片移动速度。

图形框支持 Click、DblClick、KeyPress、Change、LostFocus 等常用事件。

2. 图像框

图像框一般用来静态装入图像,显示在窗体的指定位置。图像框尽管是图像的容器,但却不是控件的容器。由于图像框无法包含其他控件,所以不具备坐标系,因此也没有缩放类属性。图像框最重要的属性是 Picture 和 Stretch 属性。Picture 属性的设置方法与图形框相同,而 Stretch 属性是图形框所不具备的。

Stretch 属性的默认值为 False,它决定被加载的图片是否要调整尺幅以适应图像框的宽度和高度。当该属性值为 True 时,图片根据图像框尺寸自动调整大小。此时,如果再改变图像框的宽度和高度,内部图像也随着放大和缩小。

当该属性值为 False 时,被加载的图片尺幅不能改变,而是通过调整图像框的大小来适应图片。此时,如果改变图像框的宽度和高度,内部图片大小不变。

图像框的常用事件有 Click、DblClick,但不具备 Cls 和 Print 方法。

最后必须强调的是,图形框和图像框都用于装入图形,但两者在使用时有如下区别:

(1)图形框是一个容器,可以再包含其他控件,但图像框不是容器,无法包含其他控件。

(2)图像框的 Stretch 属性和图形框的 AutoSize 属性的比较

通过设置图像框的 Stretch,既可以使装入的图形自动调整大小来适应控件,也可以使控件自动调整大小以适应图形。但对于图形框而言,即使设置其 AutoSize 属性,也只能由控件自动调整大小来适应装入的图形,而不能对图形的大小进行调整。

(3)图像框只能支持图形框的部分事件和方法。例如,图形框可以通过 Print 方法接收文本,而图像框不具有 Print 方法,无法接受和输出文本信息。此外,图像框也不支持 Cls 方法。

(4)图像框比图形框占用的内存要少,因此,当需要反复显示多个图形时,使用图像框

显示速度要比使用图形框快。

### 3. 直线

直线是绘图控件,绘制直线主要用于装饰,不能用来触发事件。

直线控件有以下几个常用属性。

(1)BorderStyle 属性

该属性用于设置线型,共有 7 种类型,线型常量及设置说明见表 6-6。

**表 6-6**                        **直线的 BorderStyle 属性设置**

| 常量 | 设置值 | 说明 |
| --- | --- | --- |
| vbTransparent | 0 | 透明 |
| vbBSSolid | 1 | 实线 |
| vbBSDash | 2 | 虚线 |
| vbBSDot | 3 | 点线 |
| vbBSDashDot | 4 | 点划线 |
| vbBSDashDotDot | 5 | 双点划线 |
| vbBSInsideSolid | 6 | 内实线 |

(2)BorderWidth 属性

该属性用于设置线宽,默认值为 1,其值越大,直线越粗。

(3)BorderColor

该属性用于设置线的颜色。

(4)X1、X2、Y1、Y2

该属性用于设置直线的位置,X1 和 Y1 为直线的起点坐标位置,X2 和 Y2 为直线的终点坐标位置。

(5)Visible 属性

该属性决定直线控件是否可见。

### 4. 形状

形状控件用来画矩形、正方形、椭圆、圆、圆角矩形及圆角正方形。该控件放入容器时显示为一个矩形,用户可以通过属性设置改变其形状。形状控件有以下几个常用属性。

(1)BorderStyle、BorderWidth 和 BorderColor 属性

这 3 个属性决定了形状控件边框线的线型、线宽和颜色,设置方法与直线控件相同。

(2)BackStyle 属性

该属性指定形状控件的背景是否透明。属性值为 1 时表示不透明,属性值为 0 表示透明。

(3)FillColor 属性

该属性设置形状控件的内部填充颜色。

(4)FillStyle 属性

该属性设置形状控件的内部填充样式。共有 8 种样式,具体见表 6-7。

**表 6-7** 形状控件的 FillStyle 属性设置

| 常量 | 设置值 | 说明 |
|---|---|---|
| vbFSSolid | 0 | 实线 |
| vbFSTransparent | 1 | 透明 |
| vbHorizontalLine | 2 | 水平直线 |
| vbVerticalLine | 3 | 垂直直线 |
| vbUpwardDiagonal | 4 | 上斜对角线 |
| vbDownwardDiagonal | 5 | 下斜对角线 |
| vbCross | 6 | 十字线 |
| vbDiagonalCross | 7 | 交叉对角线 |

（5）Shape 属性

该属性设置形状控件的外观。共有 6 种形状，具体见表 6-8。

**表 6-8** 形状控件的 Shape 属性设置

| 常量 | 设置值 | 说明 |
|---|---|---|
| vbShapeRectangle | 0 | 矩形 |
| vbShapeSquare | 1 | 正方形 |
| vbShapeOval | 2 | 椭圆形 |
| vbShapeCircle | 3 | 圆形 |
| vbShapeRoundedRectangle | 4 | 圆角矩形 |
| vbShapeRoundedSquare | 5 | 圆角正方形 |

下面举例说明形状控件的 FillStyle 属性和 Shape 属性。

**例 6-4** 窗体 Form1 中建立一个图形框 Picture1，图形框中建立两个控件数组。一个是形状控件数组 Shape1（0）～Shape1（7），另一个是标签控件数组 Label1（0）～Label1（7）。程序运行后，单击图形框，显示出表 6-7 中列出的各种填充以及表 6-8 中列出的各种形状，界面如图 6-5 所示。

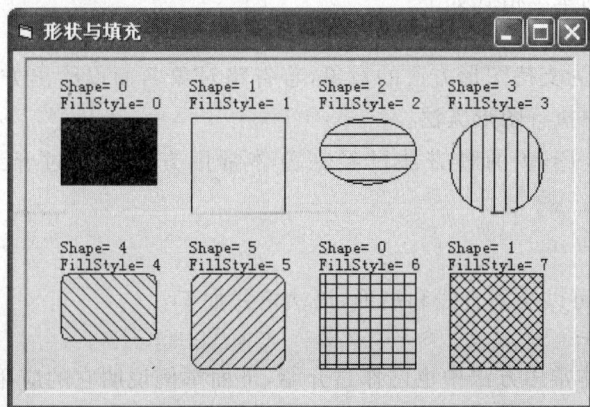

图 6-5 形状控件的 FillStyle 属性和 Shape 属性

图形框单击事件过程代码如下：

```
Private Sub Picture1_Click()
    Dim i As Integer
    For i = 0 To 7
        Shape1(i). Shape = i Mod 6
        Shape1(i). FillStyle = i
        Label1(i). Caption = "Shape=" + Str(i Mod 6) + Chr(13) + "FillStyle=" + Str(i)
    Next i
End Sub
```

## 6.2.2 图形方法

直线、形状和图像框这三个图形控件占用系统资源较少,使用直观,操作也很方便。但由于它们不能作为其他控件的容器,也没有焦点,用户无法在程序运行时对它们进行控制。因此,这三个图形控件在应用上存在一定的限制。

在 Visual Basic 中,除了使用上述图形控件外,还可以利用图形方法绘制图形。常用的图形方法见表 6-9,这些方法适用的对象包括窗体(Form)、图形框控件(PictureBox)以及打印机(Printer)对象。

**表 6-9** 常用图形方法

| 方法 | 功能说明 |
| --- | --- |
| Cls | 清除所有图形和 Print 输出的文字 |
| Pset | 绘制点 |
| Point | 返回指定点的颜色值 |
| Line | 绘制线、矩形和填充域 |
| Circle | 绘制圆、椭圆或圆弧 |
| Print | 显示一个字符串 |
| PaintPicture | 在控件的指定位置绘制图形、图像 |

使用图形方法的基本格式如下:

[Object.]方法名 参数

其中,Object 应为支持图形方法的对象,若省略对象名而仅给出方法时,则表示在当前具有焦点的对象中执行图形方法。

表 6-9 中 Cls 和 Print 两种方法已经在窗体常用方法中作过介绍,本节不再重复叙述。

### 1. Line 方法

使用 Line 方法可以绘制直线和矩形,语法格式如下:

[Object.] Line[[Step]( x1,y1 )]−[Step]( x2,y2) [ ,Color][.B[F ]]

Line 方法在窗体常用方法中也已作过介绍,下面举例说明它的应用。

**例 6-5** 窗体 Form1 中有一个图形框 Picture1、两个命令按钮 Command1 和 Command2,两个单选按钮 Option1 和 Option2。要求程序运行时,当用户单击【绘制坐标系】命令按钮,则在图形框内绘制带刻度线和原点的自定义坐标系。单击【显示曲线】命令按钮,则根据单选按钮的值,在图形框坐标系内绘制一条正弦或余弦曲线(－180°～180°)。单击单选按钮 Option1,显示正弦曲线。单击单选按钮 Option2,显示余弦曲线。窗体运行界面如图 6-6 和图 6-7 所示。

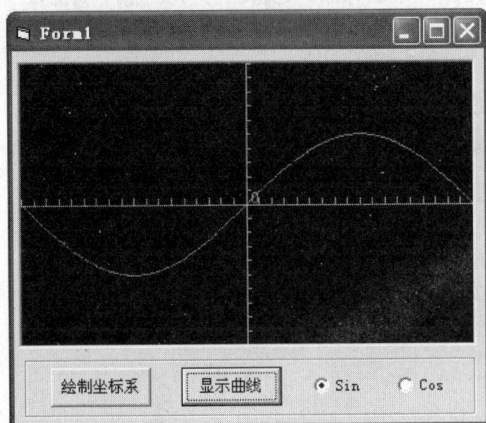

图 6-6　绘制正弦曲线　　　　　　　　　图 6-7　绘制余弦曲线

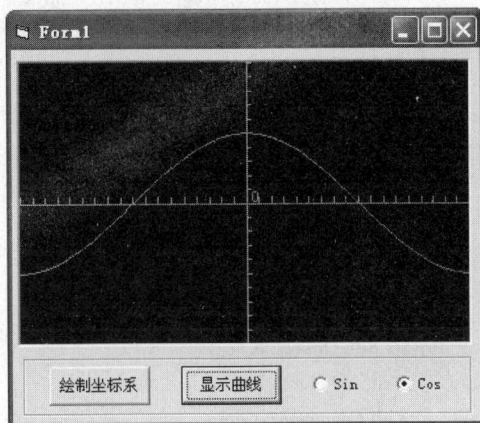

程序代码如下:

```
Option Explicit
Public Sub iniPicture1()
'在图形框内绘制自定义坐标系
    Dim i As Integer
    Picture1. Cls
    Picture1. ForeColor = &HA3A3A3 '用淡灰色画线
    Picture1. Scale (－180，100)－(180，－100) '自定义坐标系
    Picture1. Line (－180，0)－(180，0) '画 X 轴
    Picture1. Line (0，100)－(0，－100) '画 Y 轴
    For i = －100 To 100 Step 10
        Picture1. Line (0，i)－(5，i) '画 Y 轴 20 根刻度线
    Next i
    For i = －180 To 180 Step 10
        Picture1. Line (i，0)－(i，5) '画 X 轴 36 根刻度线
    Next i
    Picture1. CurrentX = 5
    Picture1. CurrentY = 10
    Picture1. Print "0" '标出原点
End Sub
Private Sub Command1_Click()
    Call iniPicture1 '调用子过程
End Sub
Private Sub Command2_Click()
    Dim i As Integer
    Picture1. ForeColor = RGB(0，255，0) '用绿色画线
    '用 Line 方法画出正弦或余弦曲线
    For i = －180 To 179
```

```
        If Option1 Then
            Picture1. Line (i, 50 * Sin(i * 3. 14 / 180))-((i + 1), 50 * Sin((i + 1) * 3. 14 / 180))
        Else
            Picture1. Line (i, 50 * Cos(i * 3. 14 / 180))-((i + 1), 50 * Cos((i + 1) * 3. 14 / 180))
        End If
        Next i
    End Sub
    '单击单选按钮 1,显示正弦曲线
    Private Sub Option1_Click()
        Call iniPicture1
        Call Command2_Click
    End Sub
    '单击单选按钮 2,显示余弦曲线
    Private Sub Option2_Click()
        Call iniPicture1
        Call Command2_Click
    End Sub
```

分析:

有些情况下,使用图形方法要比图形控件方便得多。本例中,坐标系的 XY 轴共有 56 条刻度线,程序中只用了两个循环语句。如果使用图形控件的话,设计时要建立 56 个直线控件。当 XY 轴的刻度更密集时,使用图形控件显然是不切合实际的。

### 2. Circle 方法

使用 Circle 方法可以绘制出圆、椭圆、圆弧及扇形,语法格式如下:

[Object. ] Circle [ Step ] ( x, y ), Radius, [ Color ], [ Start ], [ End ], [ Aspect ]

其中:

(1)Step:该选项为可选项,若使用 Step,则后续项( x, y )表示与当前坐标位置的相对距离,即为相对坐标。

(2)( x, y ):圆心坐标。

(3)Radius:半径值,绘制椭圆时为椭圆的最大半径。

(4)Color:指定绘制图形的颜色。若省略,则默认为当前的 ForeColor 属性值。

(5)Start、End:可选项,表示以弧度为单位的圆弧的起点和终点,范围从 $-2\pi \sim 2\pi$ 。默认值为 $0 \sim 2\pi$ ,绘图时按逆时针方向从圆弧的起点向终点画弧。

若起点为负数,将画一条从圆心到起点的连线,然后将负的起点角度变为正的角度,以逆时针方向画出从起点到终点的连接圆弧。

若终点为负数,将画一条从圆心到终点的连线,然后将负的终点角度变为正的角度,以逆时针方向画出从起点到终点的连接圆弧。

(6)Aspect:椭圆的高宽比。指椭圆在 Y 方向的半径与 X 方向半径的比值。可以定义为整数或浮点数。

**例 6-6** 单击窗体 Form1,用 Circle 方法在窗体上画圆、弧及椭圆,如图 6-8 所示。

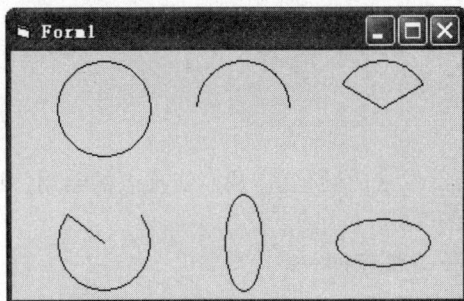

图 6-8　在窗体上画圆、弧及椭圆

程序代码如下:

```
Private Sub Form_Click()
    Form1. Circle (1000, 600), 500
    Form1. Circle (2500, 600), 500, , 0, 3.14
    Form1. Circle (4000, 600), 500, , −0.5, −2.6
    Form1. Circle (1000, 2000), 500, , −2.5, 0.6
    Form1. Circle (2500, 2000), 500, , , , 2.5
    Form1. Circle (4000, 2000), 500, , , , 0.5
End Sub
```

**例 6-7** 单击窗体 Form1,用 Circle 方法在窗体上绘制心形图案,如图 6-9 所示。

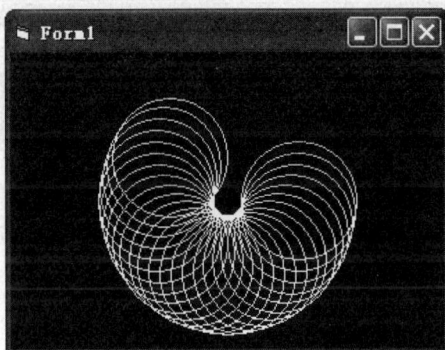

图 6-9　在窗体上绘制随机彩色同心圆图案

构造心形图案的算法为:将一个半径为 r 的圆周等分为 n 份,以这 n 个等分点为圆心,以等分点到定点的距离为半径绘制 n 个圆。本例中,取圆的半径为窗体高度的四分之一,圆心在窗体中心。程序代码如下:

```
Private Sub Form_Click()
    Dim r, x, y, x0, y0, i, pi As Single
    x0 = Form1. ScaleWidth / 2          '圆心位置
    y0 = Form1. ScaleHeight / 2
    r = Form1. ScaleHeight / 4          '圆半径
    pi = 3.1415926
    For i = 0 To 1.2 * pi Step pi / 20
        x = r * Cos(i) + x0
```

```
        y = r * Sin(i) + y0
        Circle (x, y), r * 0.8
   Next i
End Sub
```

### 3. Pset 方法

Pset 方法用来设置指定像素的颜色值,从而实现点的绘制。语法格式如下:

［Object.］PSet［Step］( x,y )［, Color］

(1)Step:用法与 Circle 方法相同。

(2)( x,y ):指定绘制点的坐标位置。

(3)Color:指定绘制点的颜色,可以使用 Visual Basic 支持的任意一种颜色定义方法指定颜色。若该项省略,则默认为当前的 ForeColor 属性值。

**例 6-8**　要求单击命令按钮,在图形框 Picture1 中用 Pset 方法绘制阿基米德螺线。窗体运行界面如图 6-10 所示。

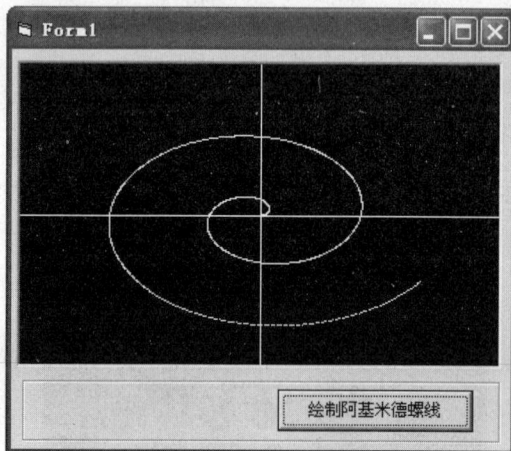

图 6-10　用 Pset 方法绘制阿基米德螺线

程序中使用参数方程确定曲线上各点的坐标,命令按钮的单击事件过程代码如下:

```
Private Sub Command1_Click()
    Dim i As Integer
    Dim sngx, sngy, sngn As Single
    Picture1.ScaleMode = 3
    Picture1.Scale (-15, 15)-(15, -15)          '自定义坐标系
    Picture1.Line (-15, 0)-(15, 0)              '画 X 轴
    Picture1.Line (0, 15)-(0, -15)              '画 Y 轴
    For sngn = 0 To 12 Step 0.01
        sngx = sngn * Cos(sngn): sngy = sngn * Sin(sngn)
        Picture1.PSet (sngx, sngy)              '画阿基米德螺线
    Next sngn
End Sub
```

## 4. Point 方法

Point 方法用于获得指定点的颜色值。使用格式如下：

Color＝[Object. ] Point [ Step ] ( x，y )

其中：

对象为窗体或者图形框。( x，y )为坐标值，均为单精度数。

使用 Point 方法可以获得一个指定区域的图像信息，并使用 Pset 方法进行仿真。下面举例说明 Point 方法的应用。

**例 6-9**　窗体 Form1 内有三个图形框 Picture1～Picture3，Picture1 加载了一幅图片。要求程序运行后，用户单击 Picture1，用 Point 和 Pset 方法将 Picture1 内的图片缩放后放入 Picture2，并将图片旋转后放入 Picture3，运行界面如图 6-11 所示。

图 6-11　图像的缩放与旋转

程序代码：

```
Private Sub picture1_Click()
    Dim i, j As Integer, lngPcolor As Long
    For i = 0 To 500
        For j = 0 To 500
            lngPcolor = Picture1. Point(i, j)
            Picture2. PSet (i, j), lngPcolor
            Picture3. PSet (j, i), lngPcolor
        Next j
    Next i
End Sub
Private Sub Form_Load()
    Picture1. Scale (0, 0)－(500, 500)
    Picture2. Scale (0, 0)－(500, 500)
    Picture3. Scale (0, 0)－(500, 500)
End Sub
```

分析：

（1）Picture1 和 Picture2 都建立了相同的自定义坐标系，取点和画点的数目相同，因此图像处理不失真。但是，两个图形框的宽度和高度不同，从而达到了缩放的效果。

（2）用 Pset 方法在 Picture3 内绘制图像时，将读入点的（x，y）坐标值互换，相当于将 Picture1 内的图像作了旋转。

# 6.3　图形应用

为了进一步熟悉图形控件内容，掌握图形方法的应用，下面介绍几个图形设计方面的综合应用实例。尽管这些实例涉及的应用范围有限，但如果读者能读通程序代码，进而自己动手上机完成这些实例，并在此基础上编写程序扩充应用程序部分功能，定会有所收获。

## 6.3.1　数据图

1. 实例说明

有些情况下，在应用程序中为配合数据处理而绘制一些图表能增强视觉效果。在 Visual Basic 中完全可以使用其他控件显示数据图表，当然也能够自行设计。下面介绍如何使用图形控件以及图形方法绘制一些数据图形。本实例的用户界面如图 6-12 所示，主要功能如下：

（1）窗体运行后，用户先单击组合框打开下拉列表选择数据。组合框共有 10 个，采用控件数组。数据项范围为 0～100，由程序自动生成。

（2）数据形成后，单击"直方图"图形框，在 Picture1 内利用图形控件显示数据直方图（条形图），矩形的高度与数据相等或成正比。

（3）单击"饼图"图形框，在 Picture2 内利用图形方法绘制数据饼图（圆形图），并在图边标出数据比例。

（4）要求操作能重复进行，更新数据并单击图形框后，图形能自动刷新。

2. 控件属性设置

各控件的主要属性设置如表 6-10 所示。

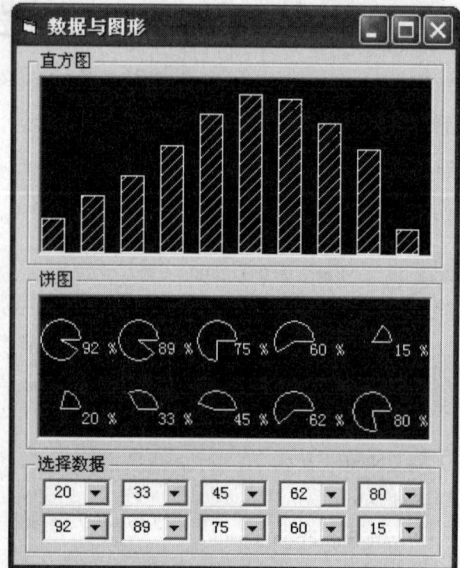

图 6-12 数据与图形界面

**表 6-10** 数据图形实例中各控件主要属性设置

| 控件名称 | 属 性 | 属性值 |
|---|---|---|
| Form1 | Caption | 数据与图形 |
| Frame1 | Caption | 直方图 |
| Frame2 | Caption | 选择数据 |
| Frame3 | Caption | 饼图 |
| Shape1(0~9) | Shape | 0-Rectangle |
| | BorderColor | &H00FFFFFF&(白色) |
| | FillColor | &H00FFFFFF&(白色) |
| | FillStyle | 5 |
| | Visible | False |
| Picture1 | BackColor | &H00000000&(黑色) |
| Picture2 | BackColor | &H00000000&(黑色) |
| | ForeColor | &H00FFFFFF&(白色) |

### 3.程序代码

程序代码如下：

```
Option Explicit
Dim intDataArry(9) As Integer
'单击组合框选择数据(0—100)
Private Sub Combo1_Click(Index As Integer)
    intDataArry(Index) = Combo1(Index).Text
End Sub
'初始化
Private Sub Form_Load()
    Dim i, j As Integer
        For i = 0 To 9
            For j = 0 To 100
                Combo1(i).AddItem (Str(j))          '组合框添加数据项
            Next j
            Combo1(i).Text = "图" + (Str(i + 1))
        Next i
    Picture1.Scale (0, 100)—(100, 0)               '自定义图形框 1 坐标系
    Picture2.Scale (0, 100)—(100, 0)               '自定义图形框 2 坐标系
End Sub
'图形框 1 单击事件过程
Private Sub Picture1_Click()
    Dim i As Integer
    For i = 0 To 9                                  '使用形状控件数组显示数据直方图
        Shape1(i).Height = intDataArry(i)
        Shape1(i).Top = intDataArry(i)
        Shape1(i).Visible = True
```

```
        Next i
    End Sub
    ′图形框 2 单击事件过程
    Private Sub Picture2_Click()
        Dim i As Integer
        Picture2. Cls
        For i = 0 To 9                              ′使用图形方法绘制数据饼形图
            Picture2. Circle ((i Mod 5) * 20 + 5, Int(i / 5) * 50 + 20), 5, RGB(255, 255, 255), −0.01,
    −intDataArry(i) * 0.01 * 2 * 3.14159
            Picture2. Print Spc(1); intDataArry(i); ″%″        ′用 Print 方法标出各数据
        Next i
    End Sub
```

### 4. 分析

(1)数据输入可以采用多种方式。为了方便用户操作,本实例使用组合框控件数组。

(2)直方图采用图形控件实现。因此设计时先用复制、粘贴的方法,建立了一个形状控件数组,共有 10 个元素,在图形框中依次排列。

(3)程序的通用声明过程中声明了一个窗体级数组 intDataArry(9),共有 10 个数组元素,用来存放用户通过组合框选择的数据。

(4)窗体的 Form_Load()事件过程中用循环语句自动为组合框控件数组的 10 个元素添加数据项,并自定义坐标系。

(5)在图形框内显示数据直方图的方法是:形状控件的宽度与间隔实现设置,循环中形状的 Top 与 Height 属性取相应数组元素的值。

(6)数据饼形图使用图形方法绘制。由于实例要求在图形框内分两排显示饼形图,因此关键是确定循环中用 Circle 方法绘图的圆心坐标位置。程序中使用了下面的方法:

```
    For i = 0 To 9
        Picture2. Circle ((i Mod 5) * 20 + 5, Int(i / 5) * 50 + 20)……
    Next i
```

当循环变量 i=0~4 时,圆心坐标位置分别为(5,20)、(25,20)…(85,20)。当循环变量 i=5~9 时,圆心坐标位置分别为(5,70)、(25,70)…(85,70)。

另一个关键是在绘制扇形时要确定弧的起点和终点。程序中起点为−0.01,终点与数据大小有关,应该为 −intDataArry(i) * 0.01 * 2 * 3.14159,即弧长百分比应等于数据百分比。

## 6.3.2　图像剪切

### 1. 实例说明

本实例工作界面如图 6-13 所示,窗体左边有一个图形框,加载了一幅图片。窗体右边有四个未加载任何图片的小图形框。用户通过操作图形框边上的四个滚动条,选定被剪切图像区域,然后单击右边任何一个小图形框,即可将选定区域内的图像复制到该图形框内。用户单击【清除】命令按钮,可以清除四个小图形框内的图像。用户单击【退出】命令按钮则结束应用程序运行。

图 6-13 图像剪切程序工作界面

## 2.控件属性设置

各控件的主要属性设置如表 6-11 所示。

表 6-11 图像剪切实例中各控件主要属性设置

| 控件名称 | 属 性 | 属性值 |
|---|---|---|
| Form1 | Caption | 图像剪切 |
| Frame1 | Caption | 原图像 |
| Frame2 | Caption | 剪切后 |
| Picture1 | Picture | 被编辑图像 |
| HScroll1(0~1) | Max | 400 |
| | Min | 0 |
| | LargeChange | 10 |
| | SmallChange | 1 |
| Scroll1(0~1) | 同 HScroll1(0~1) | 同 HScroll1(0~1) |
| Command1 | Caption | 清除 |
| Command2 | Caption | 退出 |

## 3.程序代码

程序代码如下：

```
Option Explicit
Dim intAx(1)，intAy(1) As Integer
'【清除】命令按钮单击事件过程
Private Sub Command1_Click()
    Dim i As Integer
    For i = 0 To 3
```

```
            Picture2(i). Cls
        Next i
    End Sub
    '【退出】命令按钮单击事件过程
    Private Sub Command2_Click()
        End
    End Sub
    '窗体加载事件,自定义坐标系
    Private Sub Form_Load()
        Picture1. Scale (0, 0)-(400, 400)
    End Sub
    '图形框控件数组单击事件过程
    Private Sub Picture2_Click(Index As Integer)
        Dim i, j As Integer, lngPcolor As Long
        '读写指定范围图像数据
        Picture2(Index). Scale (intAx(0), intAy(0))-(intAx(1), intAy(1))
        For i = intAx(0) To intAx(1)              'X 坐标范围
            For j = intAy(0) To intAy(1)          'Y 坐标范围
                lngPcolor = Picture1. Point(i, j)        '读指定点颜色
                Picture2(Index). PSet (i, j), lngPcolor   '在指定位置绘点
            Next j
        Next i
    End Sub
    '用户拖动滚动条,确定图像 X 坐标范围
    Private Sub HScroll1_Change(Index As Integer)
            intAx(Index) = HScroll1(Index). Value
            Line1(Index). X1 = intAx(Index)
            Line1(Index). X2 = intAx(Index)
            Line1(Index). Y1 = 0
            Line1(Index). Y2 = 400
    End Sub
    '用户拖动滚动条,确定图像 Y 坐标范围
    Private Sub VScroll1_Change(Index As Integer)
            intAy(Index) = VScroll1(Index). Value
            Line2(Index). X1 = 0
            Line2(Index). X2 = 400
            Line2(Index). Y1 = intAy(Index)
            Line2(Index). Y2 = intAy(Index)
    End Sub
```

## 4. 分析

程序开始部分定义了两个数组 intAx(1) 和 intAy(1)。这两个数组只有 4 个元素,用来存放用户通过操作滚动条选定的图像范围。当用户单击某一个空白图形框后,就利用数组内的数据为该图形框定义坐标系,然后用 Point、Pset 方法读写指定范围内图像各点,实现图像的剪切和复制。

### 6.3.3 指针式时钟

#### 1.实例说明

用 Visual Basic 语言设计一个指针式时钟,用户界面如图 6-14 所示。窗体中有一个图形框,设计时先在图形框内建立 1 个形状控件(圆)以及 4 个标签(数字 3、6、9、12),另外放 3 个直线控件作为时、分、秒针。程序运行时,用户单击【运行】命令按钮,时钟工作;单击【暂停】命令按钮,时钟停止工作;单击【退出】命令按钮,结束应用程序运行。

图 6-14 指针式时钟

#### 2.控件属性设置

各控件的主要属性设置如表 6-12 所示。

表 6-12　　　　　　　　　　指针式时钟实例各控件主要属性设置

| 控件名称 | 属　性 | 属性值 |
| --- | --- | --- |
| Form1 | Caption | 指针式时钟 |
| Picture1 | AutoRedraw | True |
| Lhp | BorderWidth | 8 |
| Lmp | BorderWidth | 5 |
| Lsp | BorderWidth | 1 |
| Timer1 | Enabled | False |
| | Interval | 1000 |
| Command1 | Caption | 运行 |
| 退出 | Command2 | Caption |

#### 3.程序代码

程序代码如下:

```
Option Explicit
```

```
    Dim sp(59, 1) As Integer          'sp 数组放时、分、秒针的 x,y 坐标值
'窗体加载事件
Private Sub Form_Load()
    Picture1. Scale (-100, 100)-(100, -100)
    Call iniPicture1
End Sub
'命令按钮(运行或暂停)单击事件过程
Private Sub Command1_Click()
If Command1. Caption = "运行" Then
    Timer1. Enabled = True
    Command1. Caption = "暂停"
Else
    Command1. Caption = "运行"
    Timer1. Enabled = False
End If
End Sub
'命令按钮(退出)单击事件过程
Private Sub Command2_Click()
    End
End Sub
'定时器(计时)事件过程
Private Sub Timer1_Timer()
'发出声音
    Beep
'绘出秒针
    lsp. X1 = 0
    lsp. Y1 = 0
    lsp. X2 = sp(Second(Time()), 0)
    lsp. Y2 = sp(Second(Time()), 1)
'绘出分针
    lmp. X1 = 0
    lmp. Y1 = 0
    lmp. X2 = sp(Minute(Time()), 0)
    lmp. Y2 = sp(Minute(Time()), 1)
'绘出时针,时针指向位置要换算
    lhp. X1 = 0
    lhp. Y1 = 0
    lhp. X2 = 0.6 * sp(5 * (Hour(Time()) Mod 12) + 5 * Minute(Time()) / 60, 0)
    lhp. Y2 = 0.6 * sp(5 * (Hour(Time()) Mod 12) + 5 * Minute(Time()) / 60, 1)
End Sub
Public Sub iniPicture1()
'图形框初始化,计算 60 个指针指向位置坐标(分、秒针)
    Dim i, mx, my As Integer
    Picture1. Cls
    For i = 0 To 59
```

```
            mx = 70 * Sin(i * 6 * 3.1415 / 180)
            my = 70 * Cos(i * 6 * 3.1415 / 180)
            sp(i, 0) = mx: sp(i, 1) = my
        Next i
    End Sub
```

### 4. 分析

（1）设计中使用了一个定时器作为时钟计时,每隔 1 秒,在 Timer1_Timer()事件过程中根据当前的系统时间重新定位时、分、秒三根指针。

（2）时、分、秒三根指针使用了 3 个直线控件,这 3 根直线的起始位置都是坐标系的原点,关键是直线终点坐标。因此,程序中先声明了一个二维数组 sp(59,1),用来存放 0～59 共 60 个分针(秒针)刻度的(x,y)坐标值,然后在图形框初始化 iniPicture1()过程中计算各点坐标位置并给数组赋值。

（3）命令按钮 Command1_Click()事件过程的主要任务是切换定时器(开启或关闭)以及交换按钮的显示(暂停或运行)。

## 本章小结

计算机图形处理的研究对象是矢量图形,如直线、圆、形状等图形元素。在 Visual Basic 图形设计中,用户可以使用图形控件或者采用图形方法绘制图形。

坐标系是绘图的基础。用户在图形设计时可以采用系统提供的默认坐标系,也可以自定义坐标系。

图形控件有两类。一类是作为图形容器的控件,可以用来加载图片,包括图形框控件和图像框控件。另一类是作为图形构件的控件,可以用来绘制图形,包括直线控件和形状控件。

与图形控件相比,用图形方法绘制图形的效率更高。常用的图形方法有 Print、Line、Circle、Pset 等方法。使用图形方法的对象主要是窗体、图形框这两个容器对象。

## 习　题

### 一、填空题

1. 用 Scale [ (x1, y1) −(x2, y2)]方法建立坐标系,相当于下列赋值语句:

ScaleLeft＝(　　　)

ScaleTop＝(　　　)

ScaleWidth＝(　　　)

ScaleHeight＝(　　　)

2. 同一图形层内控件对象排列顺序称为(　　　)。程序运行时可以使用(　　　)将特定对象调整到同一图形层的前面或后面。

3. RGB(red，green，blue)函数中 red、green、blue 指定红、绿、蓝三原色的相对亮度，其值为（　　）。

4. 如果要在程序中为图形框加载图片，应该使用（　　）函数。

5. 如果要将图形框 Picture2 内的图片放入图形框 Picture1 内，可以使用（　　）语句。

6. 为了在运行时把 d:\pic 文件夹下的图形文件 a.jpg 装入图形框 Picture1，所使用的语句为（　　）。

7. 如果要使图形框能自动调整大小来适应装入的图形，应设置（　　）属性为（　　）。

8. 语句 Form1. Circle (4000，600)，500，，−0.5，−2.6 在窗体上绘制一个（　　）。

9. Pset 方法用来设置指定像素的（　　）。

二、选择题

1. 假定在图片框 Picture1 中装入了一个图形，为了清除该图形（不删除图片框），应采用的正确方法是（　　）。

A. 选择图片框，然后按 Del 键

B. 执行语句 Picture1. Picture=LoadPicture(″″)

C. 执行语句 Picture1. Picture=″″

D. 选择图片框，在属性窗口中选择 Picture 属性，然后按回车键

2. 在窗体内先放置一个标签，然后再放置一个文本框，当这两个控件相叠时，正确的说法是（　　）。

A. 文本框总是出现在标签的前面

B. 标签总是出现在文本框的前面

C. 文本框和标签的图形层次与操作的先后顺序有关

D. 可以使用 Zorder 方法将标签放在文本框的前面

3. 当被加载的图片尺寸大于控件尺寸时，下面正确的说法是（　　）。

A. 设置图形框 AutoSize 属性为 True，能使装入的图片自动缩小以适应控件

B. 设置图像框的 Stretch 属性为 True，能使装入的图片自动缩小以适应控件

C. 图形框加载图片时出错

D. 图像框加载图片时控件尺寸自动放大以适应图片幅度

4. Form1. Circle (100，100)，100，，0，3.14 语句在窗体上以(100，100)为圆心坐标位置，以 100 为半径，绘制出了（　　）。

A. 1 个圆　　　　B. 半个圆形　　　　　C. 1 个扇形　　　　D. 半个圆弧

5. Picture1. Point(i，j) 语句（　　）。

A. 在图形框(i，j)坐标位置上绘制了一个点

B. 在图形框上以(i，j)坐标位置为圆心，绘制了一段弧

C. 读入图形框(i，j)坐标点的颜色值

D. 在图形框上从 i 到 j 绘制了一条短线段

三、简答题

1. 简述图形框和图像框在用于加载图片时的区别。

2. 简述 Line 控件与 Line 方法异同之处。

四、操作题

1. 应用程序运行的界面如图 6-15 所示,窗体 Form1 中有一个图形框 Picture1、两个文本框 Text1、Text2 以及两个命令按钮 Command1、Command2。要求用 Line 方法在图形框上绘制出函数 $f(x) = x^2$ 在区间 [a,b] 之间的积分面积图。程序运行时,用户先在文本框内输入 a、b 的值,然后单击【绘图】命令按钮,则在图形框内显示积分面积;单击【退出】命令按钮,则结束应用程序运行。

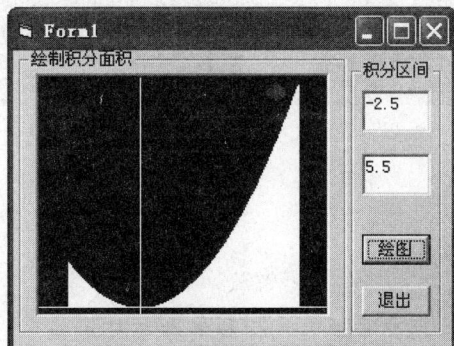

图 6-15 函数 $f(x) = x^2$ 积分面积图

2. 应用程序运行的界面如图 6-16 所示。要求当用户单击窗体后,用随机函数产生 10 个整数,数值范围为 60~100,然后在图形框中用 Line 方法绘制出数据直方图,并用 Print 方法在图边标出数据。

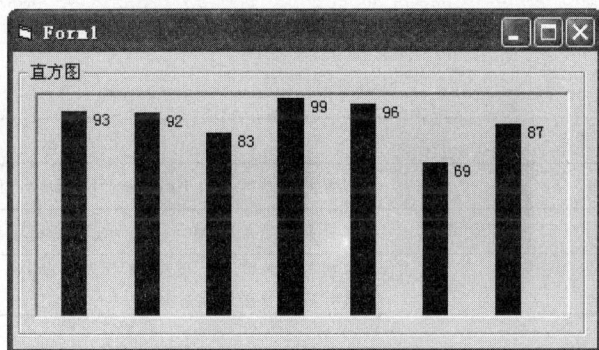

图 6-16 数据和直方图

# 第 7 章  键盘与鼠标事件

## 教学目标

应用程序运行过程中,用户是通过鼠标和键盘与应用程序进行交互的,因此,应用程序必须能够响应键盘和鼠标事件。窗体或控件对象获得焦点时,能够接受 KeyPress、KeyDown 和 KeyUp 键盘事件。窗体以及大多数控件对象都能对鼠标操作作出响应,产生 MouseDown、MouseUp 以及 MouseMove 事件。拖放是 Windows 系统的常用操作,也是应用程序设计的重要内容。

## 教学要求

| 知识要点 | 能力要求 |
| --- | --- |
| 常用键盘事件 | 掌握并熟悉键盘的 KeyPress、KeyDown 和 KeyUp 事件 |
| 常用鼠标事件 | 掌握并熟悉鼠标 MouseDown、MouseUp 和 MouseMove 事件 |
| 拖放 | 掌握与拖放有关的属性、事件及方法;能用手动、自动拖动模式设计应用程序的拖放过程 |

# 7.1　键盘事件

Windows 操作系统可以打开多个窗口,同时运行几个应用程序,但只有当前活动的窗口才能响应窗体的键盘事件。如果窗体上有能够获得焦点的控件,则按键触发的将是控件的键盘事件。假如希望按键总是能触发窗体的键盘事件,应该将窗体的 KeyPreview 属性值设置为 True。

在 Visual Basic 中,重要的键盘事件共有三种,它们分别是 KeyPress、KeyDown 和 KeyUp 事件。

## 7.1.1　KeyPress 事件

KeyPress 事件是当用户按下并释放键盘上某一个键时发生的。除了窗体外,文本框、图形框、组合框、列表框、命令按钮等大多数标准控件只要具有焦点,都能响应该事件。

窗体的 KeyPress 事件过程的语法形式如下:

```
Private Sub Form_KeyPress(KeyAscii As Integer)
    ...
End Sub
```

控件的 KeyPress 事件过程的语法形式如下:

```
Private Sub Object_KeyPress([Index As Integer,] KeyAscii As Integer )
    ...
End Sub
```

其中:

Index:该参数值是一个整数,用于控件数组。

KeyAscii:该参数用来返回一个表示 ANSI 键代码的整数,利用该参数可以判断出用户按的是哪一个键。

说明:

(1)关于 ASCII 码和 ANSI 码

ASCII 码(American Standard Code for Information Interchange,美国信息交换标准码)是文本编码方式的基础,它是一个七位的编码标准,包括 26 个小写字母、26 个大写字母、10 个数字、32 个符号、33 个控制代码和一个空格,共 128 个代码。

随着计算机技术的发展,ASCII 码的局限性越来越突出。由于计算机以字节为单位存储和交换数据信息,因此 ANSI(American National Standards Institute,美国国家标准协会)对 ASCII 码进行了扩充,在原来的基础上又增加了 128 个附加字符,形成了 ANSI 字符集。

ANSI 开始的 128 个字符的编码和 ASCII 定义的一样,只是在最高位上加个 0。例如,在 ASCII 编码中,字符"A"表示为 1000001,而在 ANSI 编码中,则用 01000001 表示。

(2)KeyPress 事件常被用于文本框的输入字符处理。因为该事件发生在文本框中字符显示之前,所以可以通过 KeyAscii 参数控制输入字符的合法性,甚至可以用来拒绝输入的字符。程序中只需将 KeyAscii 参数设置为 0,就能避免输入的字符回显,起到抑制输入的作用。

下面举例说明 KeyPress 事件的用法。

**例 7-1** 窗体 Form1 中建立一个标签和一个文本框。要求当用户在文本框内输入文本时,通过 KeyPress 事件判断按键,并在标签上显示该键的 ASCII 码。窗体运行界面如图 7-1 所示。

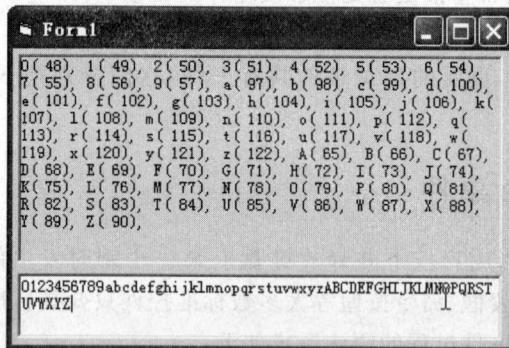

图 7-1 键盘的 KeyPress 事件

文本框的 KeyPress 事件过程代码如下:

```
Private Sub Text1_KeyPress(KeyAscii As Integer)
    Label1. Caption = Label1. Caption + Chr(KeyAscii) + "(" + Str(KeyAscii) + "),"
End Sub
```

**例 7-2** 工程项目共有两个窗体,Form1 为登录窗口,Form2 为应用程序主界面。程序运行先进入登录窗口,用户在文本框内输入 6 位数字密码,若按下非 0~9 数字键,须作相应提示,如图 7-2 所示。如果输入密码正确,则进入 Form2,显示应用程序主界面,如图 7-3 所示。如果单击 Form2 内的【返回】命令按钮,则返回到登录窗口。

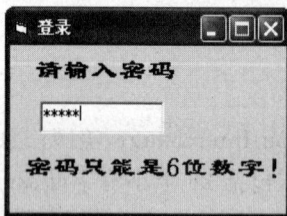

图 7-2 登录窗口

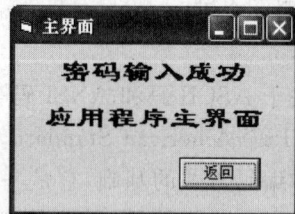

图 7-3 应用程序主界面

登录窗口 Form1 中的程序代码如下:

```
Private Sub Text1_Change()
    If Text1. Text = "654321" Then
        Me. Hide
        Form2. Show
    End If
End Sub
Private Sub Text1_KeyPress(KeyAscii As Integer)
```

```
        If KeyAscii < 48 Or KeyAscii > 57 Then
            Label2. Caption = "密码只能是 6 位数字!"
            KeyAscii = 0
        End If
    End Sub
```

Form2 中命令按钮单击事件过程代码如下:

```
Private Sub Command1_Click()
    Form1. Show
    Unload Me
End Sub
```

## 7.1.2 KeyDown 和 KeyUp 事件

当焦点在某个对象上,用户按下键盘上的任一键,便会引发该对象的 KeyDown 事件,释放按键便会引发对象的 KeyUp 事件。这两个键盘事件的语法形式如下:

```
Private Sub Form_KeyDown(KeyCode As Integer, Shift As Integer)
Private Sub Object_KeyDown( [Index As Integer, ] KeyCode As Integer, Shift As Integer)
Private Sub Form_KeyUp(KeyCode As Integer, Shift As Integer)
Private Sub Object_KeyUp( [Index As Integer, ]KeyCode As Integer, Shift As Integer)
```

其中:

(1)Index

该参数值是一个整数,用于控件数组。

(2)KeyCode

该参数返回所按键的键值,即当 KeyDown 或 KeyUp 事件发生时,由系统传递过来的键盘扫描代码。KeyCode 参数允许使用系统常数,这些常数位于对象浏览器中的 VBRUN. KeyCodeConstants 类中。例如,F1 键的常数为 Const vbKeyF1 = 112 (&H70)。

必须说明的是,KeyCode 参数以"键"为准,而不是以"字符"为准。由于键盘上的大写字母与小写字母使用同一个键,因此它们的 KeyCode 值相同。而大键盘上的数字键与小键盘上对应的数字键不是同一个键,所以它们的 KeyCode 值是不一样的。对于同时具有上档字符和下档字符的键,当发生 KeyDown 或 KeyUp 事件时,所得到的 KeyCode 值是下档字符的 ASCII 值。为了便于理解,表 7-1 列出了部分字符的 KeyCode 和 KeyAscii 参数代码值。

表 7-1 　　　　　　　　　　KeyCode 和 KeyAscii 参数代码值

| 键(字符) | KeyCode | KeyAscii |
|---|---|---|
| "A" | &H41 | &H41 |
| "a" | &H41 | &H61 |
| "5" | &H35 | &H35 |
| "%" | &H35 | &H25 |
| "1"(大键盘上) | &H31 | &H31 |
| "1"(数字键盘上) | &H61 | &H31 |

（3）Shift

该参数返回一个整数值，指示键盘上的 Shift、Ctrl 和 Alt 三个功能转换键的按键状态。Shift 参数是一个位域，在机器内部用三个二进制位表示三个键的按键状态，见表 7-2。

**表 7-2　　　　　　　　　　　　Shift 参数的值**

| 位 $b_2$ | 位 $b_1$ | 位 $b_0$ |
|---|---|---|
| $b_2=1$ 表示按下 Alt 键 | $b_1=1$ 表示按下 Ctrl 键 | $b_0=1$ 表示按下 Shift 键 |

当用户按下一个或同时按下多个功能转换键时，都会触发 KeyDown 事件，系统自动将所按键的状态值传递给 Shift 参数。例如，当用户按下 Alt 键时，Shift 参数值为 $4(2^2)$；当用户按下 Ctrl 键时，Shift 参数值为 $2(2^1)$；当用户按下 Shift 键时，Shift 参数值为 $1(2^0)$；当用户同时按下这三个键时，Shift 参数值为 $7(2^2+2^1+2^0)$。

在实际应用中，可以用 Shift 参数与其位屏蔽值进行逻辑与运算，从而准确判断用户是否按下了某一个功能转换键。Shift 参数的位屏蔽值也可以使用表 7-3 中的常数，这些常数位于对象浏览器中的 VBRUN.ShiftConstants 类中。

**表 7-3　　　　　　　　　　Shift 参数的位屏蔽**

| 常数 | 值 | 说明 |
|---|---|---|
| vbShiftMask | 1 | Shift 键的位屏蔽 |
| vbCtrlMask | 2 | Ctrl 键的位屏蔽 |
| vbAltMask | 4 | Alt 键的位屏蔽 |

虽然 KeyDown 和 KeyUp 事件可以应用于大多数键，但这两个事件经常被用在判断扩展字符功能键、识别按键的组合、区分数字小键盘和常规数字键等场合。下面举例说明其应用。

**例 7-3**　窗体内建立一个文本框，用于接收通过键盘输入的字符。要求用 KeyDown 事件识别 F1 功能键及其组合。程序运行界面如图 7-4 所示。

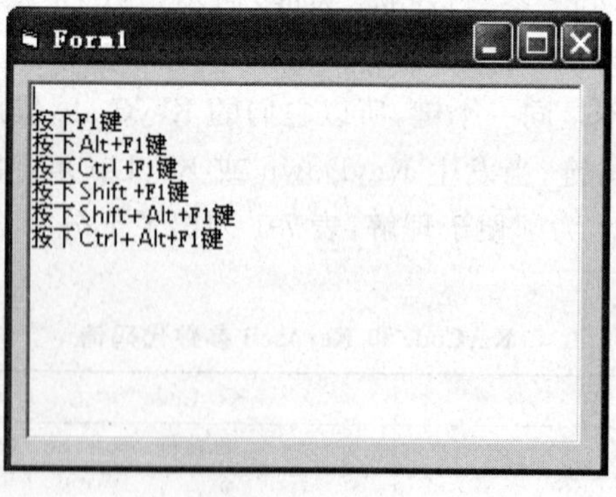

图 7-4　KeyDown 事件应用

文本框的 KeyDown 事件过程代码如下：

```
Option Explicit
Dim strInfo As String
Dim blnShiftDown, blnCtrlDown, blnAltDown As Boolean
```

```
Private Sub Text1_KeyDown(KeyCode As Integer，Shift As Integer)
    blnShiftDown = Shift And vbShiftMask
        blnCtrlDown = Shift And vbCtrlMask
        blnAltDown = Shift And vbAltMask
        '根据 KeyCode 参数判断是否按 F1 键，根据 Shift 参数判断三个功能键的组合
        If KeyCode = vbKeyF1 Then
            If blnShiftDown And blnCtrlDown And blnAltDown Then
                strInfo = "Shift＋Ctrl＋Alt＋F1 键"
            ElseIf blnShiftDown And blnCtrlDown Then
                strInfo = "Shift＋Ctrl＋F1 键"
            ElseIf blnShiftDown And blnAltDown Then
                strInfo = "Shift＋Alt＋F1 键"
            ElseIf blnCtrlDown And blnAltDown Then
                strInfo = "Ctrl＋Alt＋F1 键"
            ElseIf blnShiftDown Then
                strInfo = "Shift＋F1 键"
            ElseIf blnCtrlDown Then
                strInfo = "Ctrl＋F1 键"
            ElseIf blnAltDown Then
                strInfo = "Alt＋F1 键"
            ElseIf Shift = 0 Then
                strInfo = "F1 键"
            End If
            Text1. Text = Text1. Text + Chr(13) + Chr(10) + "按下" & strInfo
        End If
    End Sub
```

# 7.2 鼠标事件

鼠标事件是指由用户操作鼠标而引发的能被对象识别的事件。窗体以及大多数控件都能对鼠标操作作出响应。通过前面几章学习，读者已经熟悉了对象的 Click 和 DblClick 事件。但是，这两个事件只关注鼠标单一操作，忽略了操作过程状态。如果程序设计中需要区分各种独立的鼠标状态，就必须要用到以下三个重要的鼠标事件。

MouseDown 事件：在按下任意一个鼠标按钮时被触发。

MouseUp 事件：在释放任意一个鼠标按钮时被触发。

MouseMove 事件：在移动鼠标时被触发。

以窗体对象为例，上述三个鼠标事件对应的过程如下：

```
Private Sub Form_MouseDown(Button As Integer, Shift As Integer, X As Single, Y As Single)
Private Sub Form_MouseUp(Button As Integer, Shift As Integer, X As Single, Y As Single)
Private Sub Form_MouseMove(Button As Integer, Shift As Integer, X As Single, Y As Single)
```

这三个过程中出现了 Button 、Shift 、X 、Y 共四个参数，说明如下：

（1）Button

该参数返回一个整数，用来判断用户按下鼠标的哪一个键。用户鼠标操作所对应的 Button 参数返回值见表 7-4。

**表 7-4**                    **Button 参数返回值及鼠标操作**

| 常数 | 值 | 含义 |
|---|---|---|
| vbLeftButton | 1 | 按下鼠标左键 |
| vbRightButton | 2 | 按下鼠标右键 |
| vbMiddleButton | 4 | 按下鼠标中间键 |

对于 MouseMove 事件与 MouseDown、MouseUp 事件，Button 参数有所不同。MouseMove 事件的 Button 参数表示的是鼠标所有按钮当前的状态，而 MouseDown、MouseUp 事件中的 Button 参数则明确地表示哪一个鼠标按钮已被按下或释放。

（2）Shift

该参数返回一个整数，在 Button 参数指定的按钮被按下或者被释放的情况下，Shift 参数表示键盘上的 Shift、Ctrl、Alt 三键的按键状态，使用方法与键盘事件相同。

（3）X、Y

参数 X 和 Y 用来返回鼠标的当前坐标位置。X、Y 坐标值与当前坐标系有关，该坐标系是对象通过 ScaleHeight、ScaleWidth、ScaleLeft、ScaleTop 属性建立的坐标系。

在程序设计时，需要特别注意的是，上述这些鼠标事件被什么对象识别。当鼠标指针位于窗体中无控件的空白区域时，窗体将识别鼠标事件。当鼠标指针位于某个控件上时，该控件将识别鼠标事件。

另外需要说明的是，MouseMove 事件是鼠标在屏幕上移动时触发的。当鼠标指针处于对象的边界范围内时该对象就能接收 MouseMove 事件。随着鼠标移动，MouseMove 事件不断发生，但并不是鼠标经过的每个像素都会触发该事件。MouseMove 事件触发的次数与鼠标移动速度有关，如果鼠标指针移动得越快，则在两点之间触发的 MouseMove 事件越少。

下面举例说明窗体鼠标事件的应用。

**例 7-4** 窗体 Form1 运行时在标签内显示鼠标的位置，并判断鼠标哪一个键按下和释放。程序运行结果如图 7-5 所示。

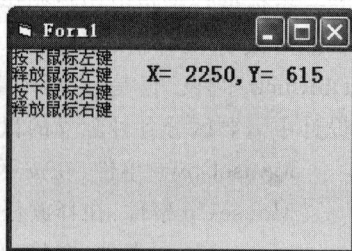

图 7-5 判断鼠标的位置及动作

事件过程代码如下：

```
Option Explicit
Private Sub Form_MouseDown(Button As Integer, Shift As
    Integer, X As Single, Y As Single)
    Select Case Button
        Case 1
            Print "按下鼠标左键"
        Case 2
            Print "按下鼠标右键"
    End Select
```

```
End Sub
Private Sub Form_MouseUp(Button As Integer, Shift As Integer, X As Single, Y As Single)
    Select Case Button
        Case 1
            Print "释放鼠标左键"
        Case 2
            Print "释放鼠标右键"
    End Select
End Sub
Private Sub Form_MouseMove(Button As Integer, Shift As Integer, X As Single, Y As Single)
    Label1. Caption = "X=" + Str(X) + ",Y=" + Str(Y)
End Sub
```

**例 7-5** 在窗体内使用鼠标事件绘制直线和圆。程序运行时,用户按下【Ctrl】键,然后移动鼠标,移动中按下鼠标左键开始画线,按下鼠标右键开始画圆,圆的半径随鼠标移动而变大。程序运行结果如图 7-6 所示。

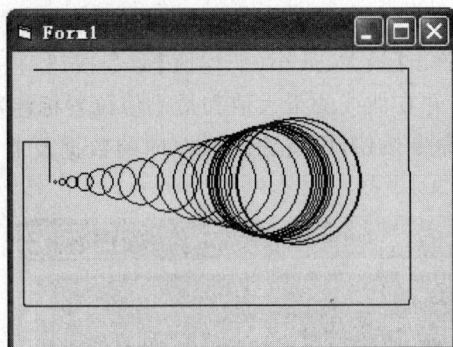

图 7-6 用鼠标事件绘制直线和圆

程序代码如下:

```
Option Explicit
Dim mx0, mx1, my0, my1 As Integer
'用户按下鼠标键,先确定位置
Private Sub Form_MouseDown(Button As Integer, Shift As Integer, X As Single, Y As Single)
    mx0 = X: my0 = Y: mx1 = X: my1 = Y
End Sub
'用户移动鼠标,绘制直线和圆
Private Sub Form_MouseMove(Button As Integer, Shift As Integer, X As Single, Y As Single)
    If Shift And vbCtrlMask Then '用户按下【Ctrl】键
        If Button = 1 Then '按下鼠标左键,绘线
            Form1. DrawMode = 7
            Form1. Line (mx0, my0)-(mx1, my1)          '清除原来位置上的线条
            mx1 = X: my1 = Y                           '设置新线的终点坐标
            Form1. DrawMode = 13
            Form1. Line -(mx1, my1)                    '绘线
        End If
        If Button = 2 Then                             '按下鼠标右键,绘圆
```

```
        mx1 = X: my1 = Y
        Form1. DrawMode = 13
        Form1. Circle (mx1, my1), Abs(mx1 - mx0) / 4
      End If
    End If
  End Sub
```

说明：对象的 DrawMode 属性可以将新像素与原有像素用不同的方法进行组合。这个属性对应于 And、Or、Not、Xor 之类的逻辑运算。默认的 DrawMode 属性值为 13，表示用新像素取代原有像素。当 DrawMode 属性值设置为 7 时，表示新像素与原有像素进行 Xor 运算。

鼠标事件在程序设计中经常被用到。为了加深理解，下面再举一个较为完整的综合应用实例。

**例 7-6** 窗体 Form1 内建立了一个图形框 Picture1、两个直线控件、三个命令按钮，要求实现曲线分段求值。运行时用户首先单击【数据曲线】命令按钮，系统产生随机数据，并在图形框内绘制数据曲线。然后，用户在图形框内单击鼠标左键，确定曲线起点，再单击右键确定终点。当用户单击【最大、最小、平均值】命令按钮，程序自动求出分析范围内数据的最大、最小、平均值，并在曲线的最大值和最小值位置标注数据，同时绘制出数据平均线。当用户单击【清除】命令按钮，则清除图形框内的数据及曲线。程序运行界面如图 7-7 所示。

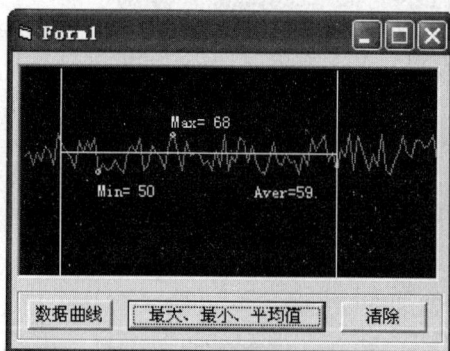

图 7-7  曲线分段求值

各控件的主要属性设置如表 7-5 所示。

表 7-5                           各控件主要属性设置

| 控件名称 | 属 性 | 属性值 |
|---|---|---|
| 图形框 Picture1 | AutoRedraw | True |
| Command1 | Caption | 数据曲线 |
| Command2 | Caption | 最大、最小、平均值 |
| Command3 | Caption | 清除 |

程序代码如下：

```
Option Explicit
Dim intxArry(2), intData(100) As Integer
```

```
'窗体加载,先自定义坐标系
Private Sub Form_Load()
    Picture1. Scale (0, 100)-(100, 0)
End Sub
'用户选择分段曲线范围,单击鼠标左键选择曲线起点,单击右键选择终点
Private Sub Picture1_MouseDown(Button As Integer, Shift As Integer, x As Single, y As Single)
    Line1(Button). Visible = True
    Line1(Button). X1 = x
    Line1(Button). X2 = x
    Line1(Button). Y1 = 0
    Line1(Button). Y2 = 100
    intxArry(Button) = x               'intxArry(1)为线段起点 X 坐标,intxArry(2)为线段终点 X 坐标
End Sub
'产生数据,绘制出曲线
Private Sub Command1_Click()
    Dim i As Integer
    For i = 1 To 100
        intData(i) = 50 + Int(20 * Rnd())
    Next i
    For i = 1 To 99
        Picture1. Line (i, intData(i))-(i + 1, intData(i + 1)), RGB(0, 255, 0)
    Next i
End Sub
'求选定线段内的最大值、最小值、平均值
Private Sub Command2_Click()
    Dim i, mx1, mx2, intMax, intMin, intAver As Integer
    intMax = 0: intMin = 100: intAver = 0
    For i = intxArry(1) To intxArry(2)
        If intData(i) > intMax Then                  '求最大值
            intMax = intData(i)
            mx1 = i
        End If
        If intData(i) < intMin Then                  '求最小值
            intMin = intData(i)
            mx2 = i
        End If
        intAver = intAver + intData(i)
    Next i
    intAver = intAver / (intxArry(2) - intxArry(1))          '求平均值
    Picture1. Circle (mx1, intMax), 0.5               '在最大值位置绘制一个小圆圈
    Picture1. CurrentY = intMax + 10
    Picture1. Print "Max="; intMax                   '标出最大值
    Picture1. Circle (mx2, intMin), 0.5              '在最小值位置绘制一个小圆圈
    Picture1. CurrentY = intMin - 5
    Picture1. Print "Min="; intMin, "Aver="; Format(intAver, "##.#")          '标出最小、平均值
```

```
        Picture1. Line (intxArry(1)，intAver)－(intxArry(2)，intAver)'绘制选定线段的平均线
    End Sub
    Private Sub Command3_Click()
        Picture1. Cls
        Line1(1). Visible ＝ False
        Line1(2). Visible ＝ False
    End Sub
```

# 7.3 拖放

在 Windows 环境中,用户经常会遇到鼠标拖放操作。例如,为了删除一个文件或文件夹,可以用鼠标将它拖放到回收站中。Visual Basic 也为用户提供了拖放控件的功能。除了菜单、定时器外,大多数对象均可以在程序运行期间被拖放。在 Visual Basic 中,拖放涉及源和目标两个对象,拖放操作过程被分解成两个步骤:

步骤一:将鼠标光标移到一个源对象上,按下鼠标键并移动对象,这一操作过程称为拖动(Drag)。

步骤二:将源对象移动到目标对象上,释放鼠标按钮,这一操作过程称为放置(Drop)。

## 7.3.1 与拖放有关的属性、事件及方法

### 1. 属性

(1)DragMode 属性

该属性属于源对象,用来设置手动或自动拖动模式。它可以在设计时设置,也可以在程序代码中设置。

DragMode 属性默认值为 0,表示手动拖动模式。在该模式下,对象能够接受 Click 事件和 MouseDown 事件。若要进行鼠标拖动操作,必须在 MouseDown 事件过程代码中用 Drag 方法启动拖动。

DragMode 属性值为 1 时,启用自动拖动模式。在该模式下,控件对象将不再接受并响应 Click 事件和 MouseDown 事件。当用户在源对象上按下鼠标左键并拖动时,对象的图标便随鼠标指针一起移动。移动过程中如果经过其他对象,则会在这些对象上产生 DragOver 事件。当鼠标移到目标区域时也会在目标对象上产生 DragOver 事件。若在目标区域释放按键,则会在目标对象上产生 DragDrop 事件。

(2)DragIcon 属性

DragIcon 属性属于源对象,所有可以拖动的对象都具有该属性。它用来设置控件被拖动时的图标形状。

在拖动操作过程中,对象实际上并未移动,移动的只是代表对象的边框。默认方式下,控件被拖动时显示的拖动图标是该控件的灰色轮廓。若用户希望拖动时显示其他形状图标,应该对 DragIcon 属性进行设置。DragIcon 属性既可以在设计时进行设置,也可

以在程序运行时设置。例如,在当前工作目录中放一个手形图标文件 H_POINT.cur,可以用以下语句为控件 Command1 设置拖动图标:

```
Command1.DragIcon = LoadPicture(App.Path & "\H_POINT.cur")
```

**2.事件**

与拖放相关的事件是 DragDrop 和 DragOver 事件。与上面介绍的两个拖放属性不同的是,这两个拖放事件是发生在目标对象上的。

(1)DragDrop 事件

当用户将源对象拖动到目标对象上并释放鼠标按钮时将引发 DragDrop 事件。目标对象可以是窗体、MDIForm 或控件对象。该事件过程形式如下:

```
Private Sub Form_DragDrop(Source As Control, X As Single, Y As Single)
Private Sub MDIForm_DragDrop(Source As Control, X As Single, Y As Single)
Private Sub Object _DragDrop([ Index As Integer,]Source As Control, X As Single, Y As Single)
```

其中:

参数 Index 表示控件数组。

参数 Source 表示源对象。

参数 X、Y 表示当前鼠标指针在目标窗体或控件中的坐标值,该坐标值用目标对象的坐标系来表示。

为了判断源对象的类型,可以在事件过程中使用 TypeOf 函数。在程序中识别源对象的语句形式如下:

```
If TypeOf 对象变量 Is 控件类型 Then
```

例如:

```
If TypeOf Source Is Image Then…
```

(2)DragOver 事件

当用户将源对象拖动到某个对象上时,该对象将引发 DragOver 事件。该事件过程形式如下:

```
Private Sub Form_DragOver(Source As Control, X As Single, Y As Single, State As Integer)
Private Sub MDIForm_DragOver(Source As Control, X As Single, Y As Single, State As Integer)
Private Sub Object_DragOver([Index As Integer,]Source As Control, X As Single, Y As Single, State As Integer)
```

其中:

参数 Index、Source、X、Y 的含义与 DragDrop 事件相同。

参数 State 是一个整数,它表示被拖动的源对象是进入、离开还是停留在目标对象上。程序设计中可以利用 State 参数确定关键转变点处(如由 vbEnter 转变为 vbLeave)的操作。State 参数值及含义见表 7-6。

**表 7-6**                              **State 参数值及含义**

| 常数 | 值 | 含义 |
| --- | --- | --- |
| vbEnter | 0 | 表示进入,指源对象正被向一个目标范围内拖动 |
| vbLeave | 1 | 表示离去,指源对象正被向一个目标范围外拖动 |
| vbOver | 2 | 表示跨越,指源对象仍在目标范围内,从一个位置移到了另一位置 |

**例 7-7**　在窗体 Form1 内建立一个框架 Frame1、一个文本框 Text1、一个标签 Label1 以及一个命令按钮 Command1。命令按钮的 DragMode 属性值设置为 1。程序运行时,拖动命令按钮,移过标签及文本框,最后在框架 Frame1 区域内放下。编写程序,观察在拖放过程中产生的事件。

程序代码如下:

```
Option Explicit
'将命令按钮放在框架内产生 DragDrop 事件
Private Sub Frame1_DragDrop(Source As Control, X As Single, Y As Single)
    If TypeOf Source Is CommandButton Then
        Frame1.Caption = "命令按钮已被拖放"
    End If
End Sub
'拖动命令按钮经过标签产生 DragOver 事件
Private Sub Label1_DragOver(Source As Control, X As Single, Y As Single, State As Integer)
    Select Case State
    Case vbEnter
        Label1.Caption = Label1.Caption + "有控件进入..." + Chr(13)
    Case vbLeave
        Label1.Caption = Label1.Caption + "有控件离去..."
    Case vbOver
        Label1.Caption = Label1.Caption + "有控件跨越..."
    End Select
End Sub
'拖动命令按钮经过文本框产生 DragOver 事件
Private Sub Text1_DragOver(Source As Control, X As Single, Y As Single, State As Integer)
    Select Case State
    Case vbEnter
        Text1.Text = Text1.Text + "有控件进入..." + Chr(13)
    Case vbLeave
        Text1.Text = Text1.Text + "有控件离去..."
    Case vbOver
        Text1.Text = Text1.Text + "有控件跨越..."
    End Select
End Sub
```

程序运行界面如图 7-8 所示。

### 3.方法

(1)Move 方法

当用户用鼠标拖动对象时,对象的边框随鼠标一起移动,其实这只是一种视觉效果。如果程序中未经任何处理,则拖动结束释放鼠标按钮后,控件将保持其初始位置。若要改

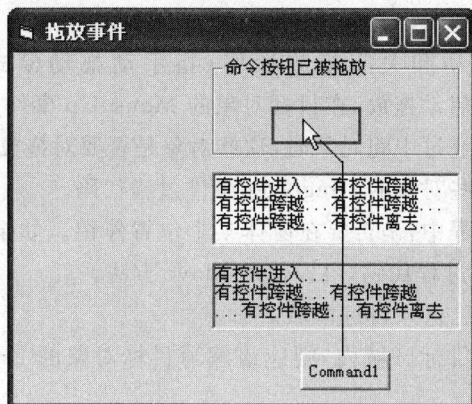

图 7-8 拖放命令按钮在其他控件上产生的事件

变对象的位置,应该使用对象的 Move 方法。该方法在第4章中曾作过简单介绍,其语法形式如下:

 Object. Move left, top, width, height

其中:

left、top 为对象的位置参数,width, height 参数决定对象的宽度和高度,默认单位为缇。

(2)Drag 方法

当对象的 DragMode 属性设置为 0(手工拖动)时,在程序运行过程中,系统不会自动启动和停止一个拖放过程。什么时候启动拖放,什么时候停止拖放,都需要通过编写程序代码,利用 Drag 方法来实现。当然,也可以使用该方法拖动一个 DragMode 属性值为 1 的对象。除了 Line、Menu、Shape、Timer 控件与对话框外,Drag 方法可用于其他任何控件,其语法形式如下:

 Object. Drag [action]

其中:

action 是一个常数或数值,指定要执行的动作。如果省略 action,则默认值为开始拖动对象。action 参数值及含义见表 7-7。

表 7-7                                   action 参数值及含义

| 常数 | 值 | 含义 |
| --- | --- | --- |
| vbCancel | 0 | 表示取消拖动操作 |
| vbBeginDrag | 1 | 表示开始拖动对象 |
| vbEndDrag | 2 | 表示结束拖放 |

## 7.3.2 拖放过程设计

应用程序拖放设计主要考虑以下几个相关问题:

(1)分清拖放操作涉及的源对象和目标对象。

(2)设置源对象的拖动模式(自动或手动)。相对而言,自动拖动模式较为简单,但手动拖放使程序设计更加方便灵活。

（3）设置源对象的拖动图标。

（4）用 Drag 方法启动和关闭拖放操作（指手动拖动模式）。一般在源对象的 MouseDown 事件过程中启动拖放，在目标对象的 MouseUp 事件过程中关闭拖放操作。

（5）鼠标拖动源对象经过中间对象时，这些对象是否要对拖放操作作出响应。如果需要作出响应，应该编写这些对象的 DragOver 事件过程代码。

（6）源对象在拖动过程中，是否要在窗体某个位置停留。如果有可能停留，则应该编写窗体的 DragDrop 事件过程代码，可以使用 Move 方法。

（7）如何指示源对象已进入目标区域。

（8）当源对象放置在目标区域内，则应该编写目标对象的 DragDrop 事件过程代码，完成一些具体的功能。

下面通过两个实例，分别介绍自动拖放及手动拖放的设计过程。

1.自动拖放

例 7-8　在窗体 Form1 内建立两个文本框 Text1、Text2，并预先在 Text1 内输入一段文本。要求用户首先通过键盘操作，在 Text1 内选定文本，然后使用自动拖放模式，将选定的文本拖放到 Text2 中。程序运行时的用户界面如图 7-9 所示。

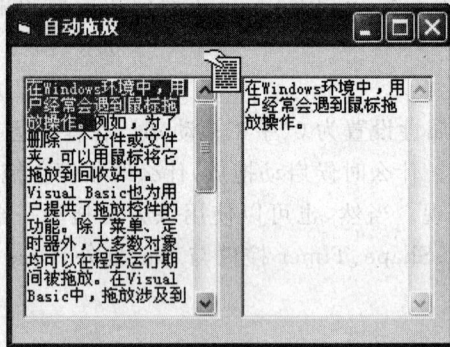

图 7-9　自动拖放应用实例

设计过程如下：

（1）首先新建一个工程，该工程只有一个窗体 Form1。在窗体内建立两个文本框控件 Text1 和 Text2。

（2）设置各控件的主要属性，参见表 7-8。

表 7-8　　　　　　　　各控件主要属性设置

| 控件名称 | 属　性 | 属性值 |
| --- | --- | --- |
| 文本框 Text1 | MultiLine | True |
| | ScrollBars | 2-Vertical |
| | DrawIcon | DRAG1PG. ICO(图片) |
| | DrawMode | 1-Automatic |
| | Text | 文本 |
| 文本框 Text2 | MultiLine | True |
| | ScrollBars | 2-Vertical |

（3）源对象是文本框 Text1，目标对象是文本框 Text2，采用自动拖动模式。拖放 Text1 的目的并非是要移动控件的实际位置，而是为了在 Text2 上产生 DragDrop 事件，并在事件过程中获取源对象的相关信息。因此，拖放设计时不必考虑中间对象对拖动的响应，只需编写 Text2 的 DragDrop 事件过程代码。

```
Private Sub Text2_DragDrop(Source As Control，X As Single，Y As Single)
    If TypeOf Source Is TextBox Then
        Text2. Text = Source. SelText
    End If
End Sub
```

### 2. 手动拖放

**例 7-9**　在窗体 Form1 内建立一个图像框 Image1 以及两个图形框 Picture1、Picture2。图像框内加载了一个信封图片，图形框 Picture1、Picture2 分别加载了两个邮箱图片。程序运行时的用户界面如图 7-10 所示。要求采用手动拖动模式，实现如下功能：

当用户拖动信封进入 Picture1 时，Picture1 显示一张笑脸，如图 7-11 所示。当用户转而拖动信封离开 Picture1 进入 Picture2 时，Picture1 内的笑脸变为失望，如图 7-12 所示。当用户将信封放入 Picture2 后，Picture2 显示信封图片，图像框消失，如图 7-13 所示。

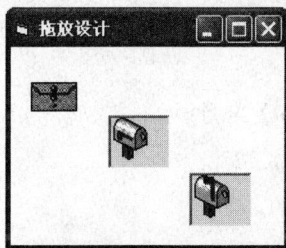

图 7-10　拖放前

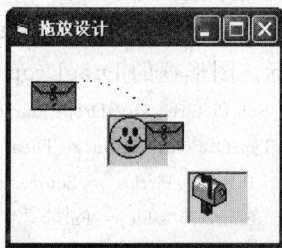

图 7-11　拖动 Image1 进入 Picture1

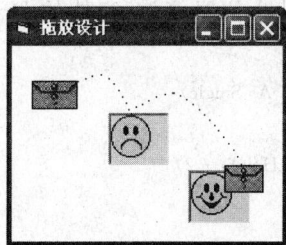

图 7-12　拖动 Image1 离开 Picture1

图 7-13　将 Image1 放置在 Picture2

设计过程如下：

（1）首先新建一个工程，该工程只有一个窗体 Form1。在窗体内建立图像框 Image1、图形框 Picture1、Picture2。

（2）准备图片素材。本例中所使用的图片为 ICO 文件，均来源于 Microsoft Visual Studio\Common\Graphics\Icons。用户应该将这些图像文件复制到当前工程所在的目录下。

（3）设置各控件的主要属性，参见表 7-9。

表 7-9 各控件主要属性设置

| 控件名称 | 属 性 | 属性值 |
|---|---|---|
| 图像框 Image1 | Stretch | True |
| | Picture | MAIL05A.ICO(信封图片) |
| | DrawIcon | 同上 |
| | DrawMode | 0-Manual |
| 图形框 Picture1 | Picture | MAIL21A.ICO(邮箱 A 图片) |
| 图形框 Picture2 | Picture | MAIL21B.ICO(邮箱 B 图片) |

（4）源对象是图像框 Image1，采用手动拖动模式。当用户在图像框上按下鼠标左键时启动拖放。图像框的 MouseDown 事件过程如下：

```
Private Sub Image1_MouseDown(Button As Integer, Shift As Integer, X As Single, Y As Single)
    If Button = 1 Then                              '判断是否按下左键
        Image1. DragIcon = Image1. DragIcon         '设置拖动图标
        Image1. Drag 1                              '启动手动拖放
    End If
End Sub
```

（5）目标对象是图形框 Picture2，当源对象 Image1 放置在目标区域内，Picture2 改为源对象图标。图形框的 DragDrop 事件过程如下：

```
Private Sub Picture2_DragDrop(Source As Control, X As Single, Y As Single)
    If TypeOf Source Is Image Then
        Picture2. Picture = Source. Picture
        Source. Visible = False
    End If
End Sub
```

（6）图像框 Image1 在拖动过程中，有可能在窗体某个位置停放，窗体的 DragDrop 事件过程如下：

```
Private Sub Form_DragDrop(Source As Control, X As Single, Y As Single)
    If TypeOf Source Is Image Then
        Source. Move (X — Source. Width / 2), (Y — Source. Height / 2)
    End If
End Sub
```

说明：如果使用 Source. Move X，Y 语句，则当前鼠标位置在控件的左上角，而程序中将当前鼠标位置定在控件中心。

（7）图像框 Image1 在拖动过程中，有可能经过图形框 Picture1，Picture1 的 DragOver 事件过程如下：

```
Private Sub Picture1_DragOver(Source As Control, X As Single, Y As Single, State As Integer)
    Select Case State
    Case vbEnter
        Picture1. Picture = LoadPicture(App. Path + "\FACE05. ico")
```

```
        Case vbLeave
            Picture1. Picture = LoadPicture(App. Path + "\FACE04. ico")
        End Select
    End Sub
```

说明：

程序中用 LoadPicture 语句加载指定目录下的一幅图片。语句中完全可以使用绝对路径，例如：Picture1. Picture = LoadPicture("C:\Program Files\Microsoft Visual Studio \Common\Graphics\Icons\Misc\ FACE05. ico")

但是，在应用程序中，一般不建议使用绝对路径。因为如果文件所在目录路径发生变动（如另一用户将 Visual Basic 安装在 D 盘），会产生找不到文件的错误。解决这类问题的最佳方案是首先将应用程序运行时要用到的外部文件放在当前工作目录下，然后在程序中使用 App 对象。

App 对象的 Path 属性指定了应用程序的路径。语法形式为：

App. Path [= pathname]

其中，pathname 是表示路径名的一个字符串。

(8)当将图像框 Image1 拖动到目标区域 Picture2 内，然后释放鼠标按键，则关闭手动拖动，并产生 DragDrop 事件。

```
Private Sub Picture2_MouseUp(Button As Integer, Shift As Integer, X As Single, Y As Single)
    Image1. Drag 2            '关闭手动拖放
End Sub
```

## 本章小结

用户是通过鼠标和键盘与应用程序进行交互的，应用程序必须能够响应鼠标和键盘事件。

重要的键盘事件共有三种，它们分别是 KeyPress、KeyDown 和 KeyUp 事件。当某个对象获得焦点时，如果用户按下并释放键盘上某一个键，会产生 KeyPress 事件。若用户按下键盘上的任一键，会引发该对象的 KeyDown 事件；若释放按键，则会引发对象的 KeyUp 事件。

鼠标事件是指由用户操作鼠标而引发的能被对象识别的事件。除了 Click 和 DblClick 事件外，常用的鼠标事件是 MouseDown、MouseUp 以及 MouseMove 事件。

鼠标拖放是 Windows 系统的常用操作。Visual Basic 也为用户提供了拖放控件的功能，包括自动和手动两种拖放模式。

拖放操作涉及源和目标两个对象。拖放设计时需要设置源对象的 DragMode 和 DragIcon 属性；需要编写中间对象或目标对象的 DragOver 和 DragDrop 事件过程代码。如果采用手动拖动模式，编程时还要用到 Drag 方法。

习　题

**一、填空题**

1.假如希望按键总是能触发窗体的键盘事件,应该将窗体的(　　)属性值设置为(　　)。

2.通过键盘向文本框输入时,可以通过(　　)参数控制输入字符的合法性。

3.大写字母与小写字母使用同一个键,其 KeyCode 值(　　)。

4.KeyDown 事件过程中,如果 Shift 参数值为 2,说明用户按下(　　)键。

5.把窗体的 KeyPreview 属性设置为 True,然后编写如下两个事件过程:

```
Private Sub Form_KeyDown(KeyCode As Integer, Shift As Integer)
    Form1. Print Chr(KeyCode)
End Sub
Private Sub Form_KeyPress(KeyAscii As Integer)
    Form1. Print Chr(KeyAscii)
End Sub
```

程序运行后,如果直接按键盘上的"A"键(即不按住 Shift 键),则在窗体上输出的字符分别是(　　)和(　　)。

6.在窗体上移动鼠标时,触发窗体的(　　)事件。

7.自动拖动模式下,控件对象将不再接受并响应(　　)事件和(　　)事件。

8.自动拖动模式下,当用户在源对象上按下鼠标左键并拖动时,如果经过其他对象,则会在这些对象上产生(　　)事件。若在目标区域释放按键,则会在目标对象上产生(　　)事件。

**二、选择题**

1.在窗体上画一个名称为 Txt1 的文本框,然后编写如下的事件过程:

```
Private Sub Txt1_KeyPress(keyascii as integer)
End Sub
```

若焦点位于文本框中,则能够触发 KeyPress 事件的操作是(　　)。

A.单击鼠标　　　B.双击文本框　　　C.鼠标滑过文本框　　　D.按下键盘上的某个键

2.以下叙述中错误的是(　　)。

A.在 KeyUp 和 KeyDown 事件过程中,从键盘上输入 A 或 a 被视作相同的字母(即具有相同的 KeyCode)

B.在 KeyUp 和 KeyDown 事件过程中,将键盘上的"1"和右侧小键盘上的"1"视作不同的数字(具有不同的 KeyCode)

C.KeyPress 事件中不能识别键盘上某个键的按下与释放

D.KeyPress 事件中可以识别键盘上某个键的按下与释放

3.对窗体编写如下事件过程:

```
Private Sub Form_MouseDown(Button As Integer, Shift As Integer, X As Single, Y As Single)
```

```
    If Button = 2 Then
        Print "AAAAA";
    End If
End Sub
Private Sub Form_MouseUp(Button As Integer, Shift As Integer, X As Single, Y As Single)
    Print "BBBBB"
End Sub
```

程序运行后,如果右击鼠标,则输出结果为(    )。

A. AAAAA                    B. AAAAA BBBBB

C. BBBBB                    D. BBBBB AAAAA

4. 把窗体的 KeyPreview 属性设置为 True,然后编写如下事件过程:

```
Private Sub Form_KeyPress(KeyAscii As Integer)
    Dim ch As String
    ch = Chr(KeyAscii)
    KeyAscii = Asc(UCase(ch))
    Print Chr(KeyAscii + 2)
End Sub
```

程序运行后,按键盘上的"A"键,则在窗体上显示的内容是(    )。

A. A            B. B            C. C            D. D

5. 窗体的 MouseDown 事件过程

Form_MouseDown (Button As Integer, Shift As Integer, X As Single, Y As Single)

有 4 个参数,关于这些参数,正确的描述是(    )。

A. 通过 Button 参数判定当前按下的是哪一个鼠标键

B. Shift 参数只能用来确定是否按下 Shift 键

C. Shift 参数只能用来确定是否按下 Alt 和 Ctrl 键

D. 参数 X、Y 用来设置鼠标当前位置的坐标

6. 以下叙述中错误的是(    )。

A. 双击鼠标可以触发 DblClick 事件

B. 窗体或控件的事件的名称可以由编程人员确定

C. 移动鼠标时,会触发 MouseMove 事件

D. 控件的名称可以由编程人员设定

7. 以下关于 KeyPress 事件过程中参数 KeyAscii 的叙述中正确的是(    )。

A. KeyAscii 参数是所按键的 ASCII 码        B. KeyAscii 参数的数据类型为字符串

C. KeyAscii 参数可以省略                    D. KeyAscii 参数是所按键上标注的字符

8. 当用户将源对象拖动到目标对象上并释放鼠标按钮时将引发(    )事件。

A. DragOver        B. DragDrop        C. MouseDown        D. KeyDown

### 三、简答题

1. KeyDown 事件与 KeyPress 事件有何区别?

2. 请说明键盘扫描代码(KeyCode)与键盘 ASCII 码(KeyAscii)的区别?

### 四、操作题

1. 在窗体上建立两个文本框,它们的名称分别为 txtX 和 txtY。编写程序,当鼠标在

窗体上移动时,在文本框内显示鼠标器指针所指的位置。

2.在窗体上建立一个图形框并且加载一幅图片。程序运行时,按↑、↓、←、→箭头键,可以使图形框在某个方向上移动 50 个像素位置。如果按下 Ctrl 键的同时再按下↑、↓、←、→箭头键,可使图形框移动 100 个像素的位置。

3.编写程序,利用 Move 方法移动窗体上的命令按钮。要求如下:

程序运行后,在窗体上按下鼠标左键,则命令按钮的左上角被移到当前鼠标指针所在的位置;按下 Shift 键,再按鼠标左键,则命令按钮的中心被移到当前鼠标指针所在的位置。

4.在窗体上添加一个文本框。编写程序,让文本框跟随鼠标指针移动,同时在文本框中显示当前鼠标指针所在的位置。

# 第 8 章　界面设计

**教学目标**

　　界面设计是应用程序设计的一个重要环节，一个应用程序的界面往往决定了该程序的易用性与可操作性。Windows 系统下规范的应用程序界面通常包括菜单、工具栏、状态栏等组成部分。界面设计越规范，应用程序的可操作性就越好。

　　对程序设计人员而言，必须了解用户界面的设计原则，能熟练使用界面设计的工具控件，并掌握界面设计的方法。这也是本章的教学目标所在。

**教学要求**

| 知识要点 | 能力要求 |
|---|---|
| 通用对话框 | 了解对话框的分类；掌握通用对话框的建立方法；掌握通用对话框的基本属性及文件、颜色、字体对话框的特殊属性；能在程序设计中应用各类对话框 |
| 菜单 | 了解菜单的类型和结构；能根据系统功能组织菜单；掌握菜单设计器的使用方法；能设计和应用下拉式菜单和弹出菜单 |
| 工具栏 | 掌握 ImageList 控件及 ToolBar 控件的属性，能使用这两个控件创建工具栏 |
| 状态栏 | 掌握 StatusBar 控件的属性，能使用该控件创建状态栏 |
| 应用程序向导 | 掌握使用应用程序向导建立程序框架的步骤及方法 |

# 8.1 对话框

## 8.1.1 概述

在基于 Windows 的应用程序中,对话框(Dialog Box)是一种特殊类型的窗体对象,是应用程序与用户进行交互的重要工具。简单的对话框可以用来显示一段信息,提示用户执行某些操作,并通过接受用户输入获得反馈信息。有些对话框较为复杂,交互的信息就更多。程序设计中如果所有的对话框都单独设计,将会耗费大量的时间和工作量,而利用系统提供的通用对话框则可以提高工作效率。

1. 对话框的特点

对话框是一种特殊类型的窗体。与普通窗体相比,对话框具有以下几个特点:

(1)对话框通常只有关闭按钮(有时还有帮助按钮),但没有最大化和最小化按钮,以免被用户意外地扩大或缩成图标。

(2)对话框的边框是固定的,在一般情况下,用户没有必要改变对话框的大小。

(3)对话框主要用于人机交互,使用后就关闭,所以必须为用户提供退出功能。

(4)对话框界面必须清晰直观,操作不能太复杂。对话框中内容不宜太多,实在有许多内容需要和用户交互的话,可以使用选项卡的形式。

与窗体类似,对话框可以有两种工作模式:

如果对话框是模式的,那么用户必须关闭(隐藏或卸载)该对话框后,才能继续操作应用程序的其他部分。例如,Visual Basic 中的"关于"对话框就是模式对话框。一般而言,应用程序中显示重要消息的对话框总是模式的,这类对话框在继续做下去之前,总是要求用户先关闭对话框或者对它的消息作出响应。

如果对话框是非模式的,则允许在对话框与其他窗体之间转移焦点而不用关闭对话框。也就是说,当非模式对话框正在显示时,用户可以在当前应用程序的其他地方继续操作。非模式对话框用于显示频繁使用的命令与信息。例如,Visual Basic 中"编辑"菜单中的"查找"对话框就是一个非模式对话框。

2. 对话框的分类

在 Visual Basic 中,对话框分为预定义对话框、自定义对话框和通用对话框有三种类型。

预定义对话框也称为预制对话框,是由系统提供的。预定义对话框包括输入框和信息框(消息框)。输入框可以在程序中用 InputBox 函数建立,信息框可以使用 MsgBox 函数建立,这方面的内容在第 3 章中已做过介绍。

自定义对话框也称为定制对话框,由用户自行创建。预定义对话框尽管使用很方便,但它的应用受到一定限制,在有些情况下无法满足用户的具体要求。为此,用户可以根据需要使用标准窗体建立自己的对话框。

在程序设计中,有许多应用场合需要使用一些规范化的对话框。例如,在文件操作时要用到"打开"和"保存"文件对话框;在文本输入时要用到"字体"对话框;在信息输出时要用到"打印"对话框。这类对话框当然也可以自定义,但更为简便的方法是使用 Visual Basic 提供的通用对话框控件。

通用对话框(CommonDialog)是一种 ActiveX 控件,它随同 Visual Basic 提供给程序设计人员。它包括一组标准的操作对话框,这些对话框具有与 Windows 系统下大多数应用程序相同的风格。使用通用对话框可以很方便地实现诸如打开和保存文件、设置打印选项、选择颜色和字体等操作。

**3.建立通用对话框**

由于通用对话框不是标准控件,启动 Visual Basic 后,工具箱中没有该控件。如果应用程序中要用到通用对话框,应该在设计阶段先将它添加到工具箱内,具体操作步骤如下:

(1)执行【工程】|【部件】菜单命令,打开"部件"窗口;

(2)在"控件"选项卡中选择 Microsoft Common Dialog Control 6.0 选项,如图 8-1 所示;

(3)单击【确定】命令按钮。

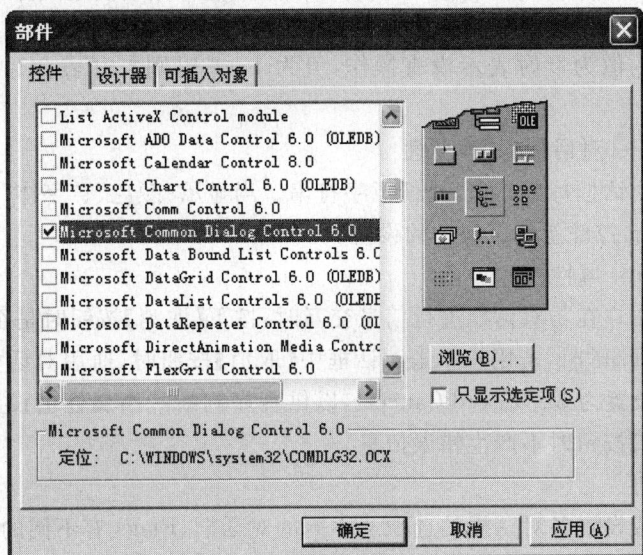

图 8-1  添加通用对话框控件

经过上面的操作后,通用对话框控件就出现在控件工具箱中,其图标为 ▦。在设计时,如果需要使用通用对话框,就可以像使用标准控件一样把它添加到窗体中。控件默认名称为 CommonDialog1,图标大小不能改变。

在程序运行时,如果没有语句去调用,通用对话框本身被隐藏。用户可以在代码中对控件的 Action 属性赋值,或者用控件的 Show 方法打开通用对话框。表 8-1 给出了用 Show 方法打开的对话框类型。例如,要在程序运行时中打开一个颜色对话框,可以在代码中使用语句:CommonDialog1. ShowColor。

| 表 8-1 | Show 方法打开的对话框类型 |
|---|---|
| Show 方法 | 说明 |
| ShowOpen | 显示"打开"对话框 |
| ShowSave | 显示"另存为"对话框 |
| ShowColor | 显示"颜色"对话框 |
| ShowFont | 显示"字体"对话框 |
| ShowPrinter | 显示"打印"对话框 |
| ShowHelp | 显示"帮助"对话框 |

### 4.通用对话框的基本属性

通用对话框除了具有 Name、Left、Top 等属性外,还有以下一些基本属性。

(1)Action 属性

该属性是为了与 Visual Basic 早期版本兼容而提供的,用于设置被显示的对话框类型。Action 属性不能在设计时设置,只能在代码中赋值。其语法格式如下:

Object. Action [= value]

其中,value 的值为 0 时表示没有操作,值为 1～6 时则打开表 8-1 中相应的各类对话框。

(2)DialogTitle(对话框标题)属性

该属性设置对话框标题,可以是任意字符串。当显示"颜色"、"字体"或"打印"对话框时,CommonDialog 控件忽略该属性的设置。

(3)CancelError 属性

该属性表示用户在与对话框进行信息交互时,按下【取消】按钮时是否产生出错信息。当属性值设置为 True 时,若用户单击对话框中【取消】按钮时,通用对话框自动将错误对象 Err. Number 设置为 32755 (cdlCancel),以供程序判断。当属性值设置为 False(默认值)时,单击【取消】按钮时不产生错误信息。

(4)Flags 属性

该属性返回或设置各对话框的选项。不同的对话框,Flags 有不同的属性值。

除了以上基本属性外,各种对话框还有自己的特殊属性。在介绍各类对话框时将详细说明这些属性的具体内容和使用方法。

通用对话框的属性可以在属性窗口中进行设置,也可以在属性页对话框中设置。打开属性页对话框的方法如下:

右键单击通用对话框控件,在弹出的快捷菜单中,选择【属性】命令,打开属性页对话框,如图 8-2 所示。属性页对话框其实就是属性窗口列表项的分类和细化,它有 5 个选项卡,对应不同类型的对话框。各选项卡显示的是属性的默认值,操作结束后单击【确定】命令按钮完成设置。

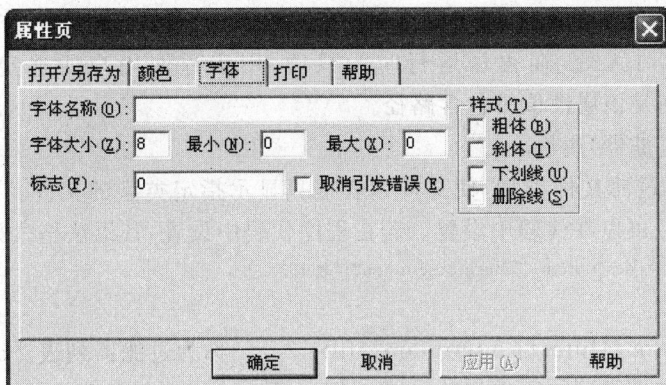

图 8-2 属性页对话框

## 8.1.2 文件对话框

### 1.属性

文件对话框常被用于获取文件的相关信息。它有两种形式："打开"文件对话框和"保存"文件对话框。在这两种对话框窗口内,用户可以遍历磁盘的整个目录结构,找到所需要的文件。从形式上看,这两种对话框的结构是类似的。"打开"文件对话框的界面如图8-3 所示。

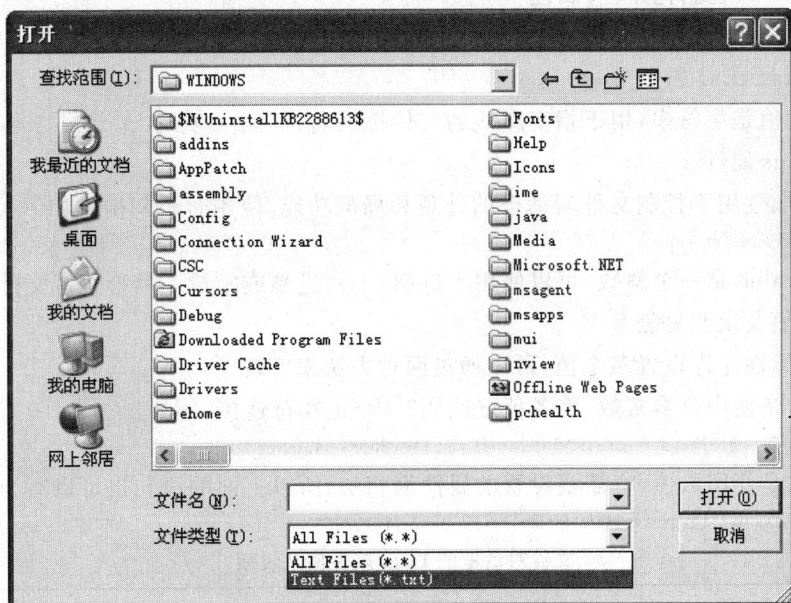

图 8-3 "打开"文件对话框

文件对话框有以下特殊属性。

(1)FileName(文件名称)属性

该属性值为字符串,用于设置或返回用户所选定的文件名(包含路径)。

（2）FileTitle（文件标题）属性

该属性设计时无效，在程序运行时为只读，用于返回用户所选定的文件名。与 FileName 的区别是该属性值不包含路径。

（3）Filter（过滤器）属性

该属性用于过滤文件类型，使文件列表框只显示指定类型的文件。Filter 属性可以在设计时设置，也可以在代码中设置。若在程序代码中设置，其语法格式如下：

Object. Filter [= description1|filter1|description2|filter2...]

其中：

[= description1|filter1|description2|filter2...]称为过滤器列表。description 称为描述符，是描述文件类型的字符串表达式。filter 称为过滤器，是指定文件扩展名的字符串表达式。

利用该属性可以设置多个文件类型，供用户在对话框的"文件类型"的下拉列表中选择。例如以下语句：

CommonDialog1. Filter = "All Files(*.*)|*.*|Text Files(*.txt)|*.txt"

在"文件类型"的下拉列表中显示两种文件类型以供用户选择，参见图 8-3。

（4）FilterIndex（过滤器索引）属性

该属性值为整型数，表示用户在文件类型列表框选定了第几组文件类型，第一个过滤器的 FilterIndex 属性值为 1。

（5）InitDir（初始化路径）属性

该属性用来指定文件对话框中的初始目录。如果没有设置属性值，则使用当前目录。

（6）DefaultExt 属性

该属性值是字符串，用于指定默认的文件扩展名，例如. txt 或. doc。

（7）Flags 属性

Flags 属性用于控制文件对话框的外观和局部功能，使用时语句格式如下：

Object. Flags [= value]

其中，value 是一个整数，可以使用十进制、十六进制或常量三种形式。文件对话框的 Flags 属性值及说明见表 8-2。

Flags 属性允许设置多个值，可以通过两种方法来实现。

方法一是使用符号常数，将各值之间用"OR"运算符连接，例如：

CommonDialog1. Flags = cdlOFNFileMustExist Or cdlOFNHideReadOnly。

方法二是使用数值，将需要设置的属性值相加，所以上面的语句也可以写为：

CommonDialog1. Flags=&H1004（即&H1000+&H4）。

表 8-2　　　　　　　　　　　文件对话框的 Flags 属性值及说明

| 常数 | value | 说明 |
| --- | --- | --- |
| cdlOFNAllowMultiselect | &H200 | 指定文件名列表框允许多重选择 |
| cdlOFNCreatePrompt | &H2000 | 当文件不存在时对话框要提示创建文件 |
| cdlOFNExplorer | &H80000 | 类似资源管理器，打开一个文件对话框模板 |

（续表）

| 常数 | value | 说明 |
| --- | --- | --- |
| cdlOFNExtensionDifferent | &H400 | 当文件扩展名与 DefaultExt 属性指定的扩展名不一致时，返回该值 |
| cdlOFNFileMustExist | &H1000 | 指定只能输入文本框已经存在的文件名，当用户输入非法的文件名时，要显示一个警告 |
| cdlOFNHelpButton | &H10 | 对话框显示帮助按钮 |
| cdlOFNHideReadOnly | &H4 | 对话框隐藏只读复选框 |
| cdlOFNLongNames | &H200000 | 使用长文件名 |
| cdlOFNNoChangeDir | &H8 | 强制将对话框打开时的目录置成当前目录 |
| cdlOFNNoLongNames | &H40000 | 不使用长文件名 |
| cdlOFNNoReadOnlyReturn | &H8000 | 指定返回的文件不能具有只读属性 |
| cdlOFNNoValidate | &H100 | 指定对话框允许返回的文件名中含有非法字符 |
| cdlOFNOverwritePrompt | &H2 | 指定"另存为"对话框，当选择的文件已经存在时产生信息框，用户必须确认是否覆盖该文件 |
| cdlOFNPathMustExist | &H800 | 指定只能输入有效路径，输入非法路径时应显示一个警告信息 |
| cdlOFNReadOnly | &H1 | 建立对话框时，只读复选框初始化为选定 |

### 2. 应用

在窗体中建立通用对话框，仅仅是为用户提供一个与应用程序进行信息交互的操作界面，要真正实现各类对话框功能，必须通过对控件编程来完成。下面举例说明"打开"和"保存"两种文件对话框的应用。

**例 8-1** 窗体 Form1 中有一个图形框 Picture1 和一个命令按钮 Command1，并建立了一个通用对话框控件 CommonDialog1。要求用户单击命令按钮，显示"打开"文件对话框。对话框的初始目录为 C：\ Program Files \ Microsoft Visual Studio \ Common \ Graphics，文件类型下拉列表中显示位图和 ICO 两种类型文件。当用户选定一个图形文件，单击【打开】命令按钮则将该文件加载到图形框内；单击【取消】命令按钮则清除图形框内已加载的文件，并在窗体上输出"用户已取消"。

命令按钮单击事件过程代码如下：

```
Private Sub Command1_Click()
    On Error GoTo errp1
    CommonDialog1. InitDir="C：\ProgramFiles\MicrosoftVisualStudio\Common\Graphics"
    CommonDialog1. Filter = "位图文件|＊.bmp|ICO 文件|＊.ico"
    CommonDialog1. CancelError = True
    CommonDialog1. ShowOpen        '或用 Action = 1
    Picture1 = LoadPicture(CommonDialog1. FileName)
errp1：
    If Err. Number = 32755 Then
        Picture1 = LoadPicture()
        Print "用户已取消"
        Exit Sub
```

```
            End If
        End Sub
```

分析：

代码中使用了 On Error 语句，该语句用来设置一个错误陷阱，在运行时用来捕获错误。一旦错误发生，程序将转到错误处理过程去处理错误。On Error 语句有以下三种语法格式：

格式一：On Error Goto 语句标号

当错误发生，程序转到语句标号所指示的程序块去执行。

格式二：On Error Goto 0

禁止当前过程中任何已启动的错误处理程序。

格式三：On Error Resume Next

当错误发生，忽略错误行，继续执行下一条语句。

在 Visual Basic 中，Err 是一个对象，它包含各类实时运行错误信息。当 On Error 语句捕获到错误后，Err 是对象的属性 Number 指示对应的错误号。

在本例中，CommonDialog1. CancelError ＝ True ，因此当用户按下【取消】按钮，通用对话框自动将错误对象 Err. Number 设置为 32755，从而使程序捕获到了错误，转到语句标号 errp1 标注的程序块执行。在该程序块中，使用 IF 语句判断错误号并进行实时处理。

**例 8-2** 窗体 Form1 中有一个文本框 Text1 和两个命令按钮，并添加了一个通用对话框控件 CommonDialog1。具体功能要求如下：

(1)单击【打开】命令按钮，显示"打开"文件对话框。对话框的初始目录为当前工作目录，文件类型为文本文件。

(2)打开一个已存在的文本文件 exmp1. txt，并将其内容输入到文本框内。

(3)单击【保存】命令按钮，显示"另存为"文件对话框，将文本框内的文本保存为 exmp2. txt 文件。

设置各控件的主要属性，参见表 8-3。

表 8-3 各控件主要属性设置

| 控件名称 | 属 性 | 属性值 |
|---|---|---|
| 命令按钮 Command1 | Caption | 打开文件 |
| 命令按钮 Command2 | Caption | 保存文件 |
| 文本框 Text1 | MultiLine | True |
| | ScrollBars | 2-Vertical |

程序代码如下：

```
Dim intxt As String
Private Sub Command1_Click()
    CommonDialog1. Filter = "文本文件| * . txt"
    CommonDialog1. InitDir = App. Path              '指定当前目录
    CommonDialog1. Flags = cdlOFNFileMustExist       '指定文件必须已存在
```

```
        CommonDialog1. ShowOpen                              '显示"打开"文件对话框
        Open CommonDialog1. FileName For Input As ＃1         '打开用户选定的文件
        '将文件内容输入到文本框
        Do While Not EOF(1)
            intxt ＝ Input(1，＃1)
            Text1. Text ＝ Text1. Text ＋ intxt
        Loop
        Close ＃1 '关闭文件
    End Sub
    Private Sub Command2_Click()
        Dim i As Integer
        CommonDialog1. Filter ＝ ″文本文件|＊. txt″
        CommonDialog1. InitDir ＝ App. Path                   '指定当前目录
        CommonDialog1. Flags ＝ cdlOFNOverwritePrompt         '指定文件覆盖要确认
        CommonDialog1. ShowSave                              '显示"另存为"文件对话框
        Open CommonDialog1. FileName For Output As ＃1        '打开用户指定的输出文件
        '将文本框内容保存为文本文件
        For i ＝ 1 To Len(Text1. Text)
            Print ＃1, Mid(Text1. Text，i，1);
        Next i
        Close ＃1
    End Sub
```

分析：

(1)在 Command1_Click()事件过程中,首先用控件的 ShowOpen 方法,显示"打开"文件对话框。当用户选定文件 exmp1. txt 后,CommonDialog1. FileName 的内容是该文件名(包括路径)。然后使用 Input 语句将文件内容读入文本框 Text1。

(2)在 Command2_Click()事件过程中,也是用控件的 ShowSave 方法,显示"另存为"文件对话框,然后再用 Print 语句将文本框内容保存为另一个文本文件。

(3)本实例的主要目的是说明一个概念,即使用文件对话框的实质是为用户提供一个人机交互的界面。文件对话框关闭后,获取了一个带路径的文件全名,仅此而已。至于如何打开、读写、关闭该文件,还需通过编写程序来实现。关于文件操作的具体内容,将在第 10 章数据文件中作详细介绍。

## 8.1.3　其他对话框

### 1.颜色对话框

"颜色"对话框用于设置颜色,除了具有通用对话框的基本属性外,还有下面两个特殊属性。

(1)Color 属性

该属性用于设置颜色,或将用户在对话框中选择的颜色返回给应用程序,其属性值是一个长整型数。

（2）Flags 属性

该属性的取值见表 8-4。

**表 8-4** "颜色"对话框的 Flags 属性值及说明

| 常数 | value | 说明 |
|------|-------|------|
| cdlCCRGBInit | &H1 | 为对话框设置初始颜色值 |
| cdlCCFullOpen | &H2 | 显示全部对话框，包括自定义颜色部分 |
| cdlCCPreventFullOpen | &H4 | 不显示自定义颜色部分 |
| cdlCCShowHelpButton | &H8 | 显示对话框显示帮助按钮 |

**例 8-3** 窗体 Form1 中建立一个通用对话框。要求程序运行时，单击窗体打开"颜色"对话框，为窗体设置背景色。

程序代码如下：

```
Private Sub Form_Click()
    CommonDialog1.Flags = cdlCCFullOpen
    CommonDialog1.Action = 3
    Form1.BackColor = CommonDialog1.Color
End Sub
```

### 2. 字体对话框

"字体"对话框为用户提供一个标准的字体设置界面。用户可以使用该对话框选择字体、字体样式、字体大小、字体效果等参数。"字体"对话框也有以下一些特殊属性。

（1）Font 属性集

该属性集包括 FontName（字体名）、FontSize（字体大小）、FontBold（粗体）、FontItalic（斜体）、FontStrikethru（删除线）和 FontUnderline（下划线）。

（2）Flags 属性

"字体"对话框 Flags 属性值较多，表 8-5 列出了几个常用属性值。

**表 8-5** "字体"对话框部分 Flags 属性值及说明

| 常数 | value | 说明 |
|------|-------|------|
| cdlCFScreenFonts | &H1 | 屏幕字体 |
| cdlCFPrinterFonts | &H2 | 打印机字体 |
| cdlCFBoth | &H3 | 两种字体皆列出 |
| cdlCFEffects | &H100 | 对话框允许删除线、下划线以及颜色 |

（3）Color 属性

该属性用于设置字符颜色，使用它的前提是先设置 cdlCFEffects。

**例 8-4** 窗体 Form1 中建立一个文本框 Text1 和一个命令按钮 Command1。要求程序运行时，单击命令按钮打开"字体"对话框，为文本框设置字体。

程序代码如下：

```
Private Sub Command1_Click()
    On Error GoTo errp1
```

```
        CommonDialog1. CancelError = True
        CommonDialog1. Flags = cdlCFBoth Or cdlCFEffects
        CommonDialog1. ShowFont
        Text1. FontName = CommonDialog1. FontName
        Text1. FontSize = CommonDialog1. FontSize
        Text1. FontBold = CommonDialog1. FontBold
        Text1. FontItalic = CommonDialog1. FontItalic
        Text1. FontUnderline = CommonDialog1. FontUnderline
        Text1. FontStrikethru = CommonDialog1. FontStrikethru
        Text1. ForeColor = CommonDialog1. Color
    errp1:
        Exit Sub
    End Sub
```

程序中通过赋值语句 CommonDialog1. Flags = cdlCFBoth Or cdlCFEffects,使打开的"字体"对话框具有"效果"选项,如图 8-4 所示。字体设置效果如图 8-5 所示。

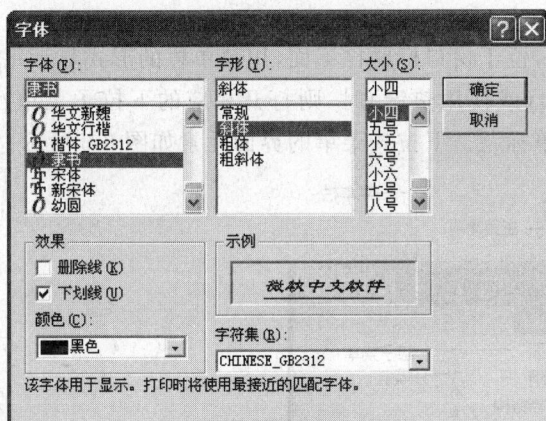

图 8-4 "字体"对话框

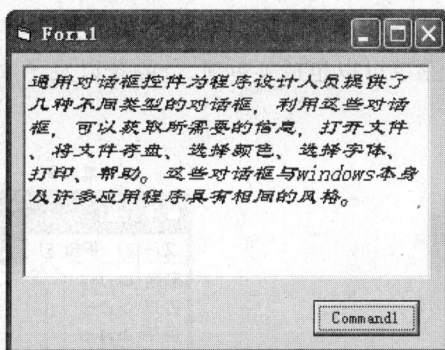

图 8-5 字体设置效果

### 3. 打印对话框

"打印"对话框为用户提供一个标准的打印窗口界面。用户可以使用该对话框选择打印范围、数量等打印参数,并驱动打印机进行所选内容的打印。"打印"对话框有以下几个特殊属性。

（1）Copies 属性

该属性值为整型数,用于指定打印的份数。

（2）FromPages 和 ToPages 属性

这两个属性用于设置打印的起始页号和终止页号。

（3）Flags 属性

该属性用于设置或返回"打印"对话框的选项。

# 8.2 菜 单

## 8.2.1 菜单概述

菜单是 Windows 界面的重要组成部分。一个规模较大的应用程序,往往需要通过菜单交互实现程序功能。菜单有两个基本作用,一是为用户提供人机对话的界面,以便让使用者选择应用系统的各种功能;二是管理应用系统,控制各种功能模块的运行。程序设计人员可以通过菜单对各种命令按功能进行分组,使用户能够更加方便、直观地访问这些命令。

1．菜单的类型和结构

在实际应用中,菜单分为下拉式和弹出式两种使用形式。

(1)下拉式菜单

下拉式菜单是一种典型的窗口式菜单,位于窗口标题栏下面,用菜单栏的形式显示每个菜单的标题文字。当用户单击主菜单项(或使用热键)时,则打开相应的下拉子菜单。子菜单可以包括菜单项、分隔条以及子菜单标题。下拉式菜单的界面元素如图 8-6 所示。

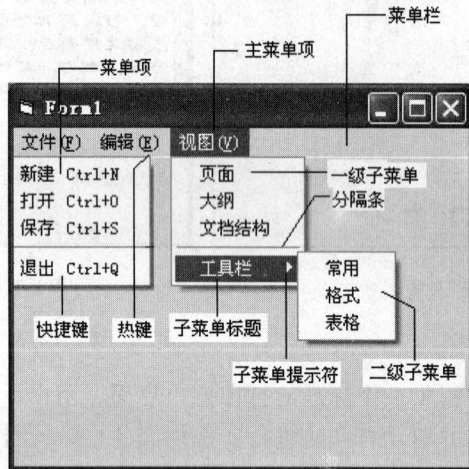

图 8-6　下拉式菜单结构

(2)弹出式菜单

弹出式菜单也叫快捷菜单,又称为上下文菜单。它是独立于菜单栏而显示在窗体上的浮动菜单。当用户单击鼠标右键,可以打开弹出式菜单,菜单位置取决于鼠标右键按下时指针的位置。弹出式菜单包含一组命令,通常用于对窗体中某个特定区域有关的操作或选项进行控制,可视为单个下拉菜单的特例。

2．组织菜单

设计菜单的首要任务是组织菜单结构,即定义各菜单项内容并分组。菜单并没有规范,组织一个菜单,也没有强制性的规定,但 Widows 系统下应用程序的菜单系统已形成

了独特的风格,具有一些约定成俗的共性。组织菜单大致有如下的一般性原则:

(1)按照系统的功能来组织菜单

规范的软件设计,在需求分析阶段就应该提交系统的功能结构。因此,在程序设计阶段,按照系统的功能来组织菜单是比较合理的。通常将应用程序功能按大类分配到各个窗体(指多窗体应用程序),而在同一窗体中,则通过菜单命令实现各个具体操作功能。组织菜单时,不应在同一菜单中使用多个相同功能的菜单项,以避免用户操作时产生疑惑。

(2)下拉菜单结构

下拉菜单的结构如同一棵向下伸展的树,菜单树应广而浅,而不是窄而深。菜单深度一般要求最多控制在三层以内,层数太多会带来操作上的不方便。菜单中要避免使用没有下拉项的主菜单项,因为孤立的主菜单项和按钮没什么区别。

(3)菜单项标题

菜单项标题要力求文字简洁、用词准确、含义明确,要易于与同一界面上的其他按钮区分。

(4)菜单分组

通常按照功能进行菜单分组。子菜单各组间使用分隔条进行分割。同一组内的各菜单项则按一定的规则排序。例如按照菜单项的逻辑顺序、按照菜单命令的使用频率、或按字母顺序排列组内的菜单项。大多数基于 Windows 的应用程序在菜单分组时都遵循用户的使用习惯,如"文件"菜单在最左边,然后是"编辑",最右边是"帮助"菜单。子菜单的位置也很重要。通常在"编辑"菜单下安排"剪切"、"复制"与"粘贴"等子菜单项。当然,程序设计人员完全可以根据应用程序的实际功能对菜单分组进行适当调整。菜单位置的变化不会影响程序的运行效果,但却改变了用户的使用习惯。

(5)主菜单项应该设置热键,常用菜单项要设置命令快捷键。快捷键一般使用关键词的首字母,例如打开文件使用 Ctrl+O,保存文件使用 Ctrl+S,打印文件使用 Ctrl+P。若两个菜单命令快捷键首字母重复,则使用用户已习惯的快捷键,如"剪切"使用 Ctrl+X。

(6)为了方便用户使用,可以在相关的窗体或控件区域内设置弹出式菜单,通常使用鼠标右键弹出菜单。建立弹出式菜单后,可以在主菜单中保留副本。

## 8.2.2 菜单设计

### 1.菜单编辑器

使用 Visual Basic 提供的"菜单编辑器"对话框,可以建立一个新菜单或修改一个已经存在的菜单。在设计阶段,如果当前窗口为活动窗口,可以通过以下四种方法打开"菜单编辑器"对话框:

方法一:执行【工具】|【菜单编辑器】命令。

方法二:使用热键【Ctrl+E】。

方法三:单击工具栏中的"菜单编辑器"按钮图标。

方法四:在要建立菜单的窗体上单击鼠标右键,在弹出菜单中执行【菜单编辑器】

命令。

"菜单编辑器"对话框如图 8-7 所示。它是用户菜单的设计窗口,由数据区、编辑区和菜单项显示区三部分组成。

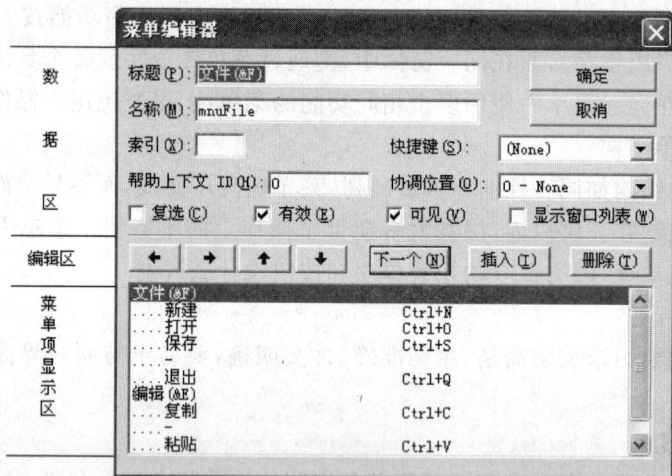

图 8-7　菜单编辑器

菜单也是控件,具有自己的属性和事件。菜单的基本属性可以在数据区设置。数据区位于菜单编辑器上部,分为若干栏,包括标题、名称、索引、快捷键、帮助上下文、协调位置、复选、有效、可见以及显示窗口列表。这些栏目对应了菜单控件的常用属性。另外数据区还包括"确定"和"取消"两个命令按钮。菜单的主要属性如下:

（1）标题（Caption 属性）

标题栏用来输入菜单名或命令名,它出现在菜单标题或子菜单项之中。标题应当唯一,但不同菜单中标题可以相同。如果在该栏中输入一个减号（"－"）,则在子菜单中加入一条分隔线。为了使用户能通过键盘访问菜单项,可以为菜单项设置访问键（热键）。设置访问键的方法是在一个字母前插入"&"符号。当程序运行时,该字母带有下划线（&符号不可见）,用户按下【Alt】键和该字母即可访问菜单或命令。

（2）名称（Name 属性）

名称栏用于输入菜单项的控件名。控件名是标识符,不会出现在菜单中,只能在程序代码中被访问。为了增加代码的可读性,提高程序的易维护性,设置 Name 属性时建议用前缀 mnu 来标识菜单对象。例如,顶层"文件"菜单可以命名为 mnuFile,子菜单中"新建"项可以命名为 mnuFileNew。

注意:分隔符也要输入名称,且不能重复命名。

（3）索引（Index 属性）

在建立控件数组时,可以在该栏内输入一个整型数,指定控件数组的下标。菜单控件数组中控件名称相同,使用时通过索引号区分。

（4）快捷键（Shortcut 属性）

该属性用来为菜单项指定快捷键,用户可以使用快捷键直接执行菜单命令。设置时可单击其右边的组合框,打开下拉列表进行选择。

（5）帮助上下文 ID（HelpContexID 属性）

用来指定对象默认帮助文件上下文标识符。

（6）协调位置

用来确定菜单或菜单项是否出现或在什么位置出现。

（7）复选（Checked 属性）

当选择该复选框时，在菜单项的左侧设置复选标记"√"。在程序运行时，要改变此命令的选定状态，可用下列语句：Object. Checked＝Not Object. Checked

（8）有效（Enabled 属性）

该复选框用来设置菜单项是否响应用户生成的事件，其默认值为 True。在应用程序运行过程中，并不是所有的菜单命令总是可用。例如，若剪贴板中没有内容，则应避免用户使用"粘贴"命令。为此，在程序代码中可以将该菜单项的 Enabled 属性设为 False，使它呈灰色，不响应用户产生的事件。

（9）可见（Visiable 属性）

该复选框用来设置菜单项是否可见，其默认值为 True。如果设置 Visible 属性为 False，则可隐藏该菜单项。程序中使用 Visiable 属性为菜单控制带来了极大的灵活性。当一个主菜单项控件不可见时，菜单栏上的其余主菜单项会左移以填补该空间。当一个菜单项不可见时，菜单中的其余菜单项会上移以填补空出的空间。所以，设置某个菜单项不可见也相当于产生使之无效的作用。因为如果这个菜单项不可见的话，那么用户无法使用鼠标单击该菜单项，也无法通过键盘使用热键或者快捷键去访问该菜单项。

（10）显示窗口列表（Window List 属性）

该复选框用于多文档应用程序。若某菜单项的"显示窗口列表"复选框有效，则该菜单项成为多文档窗体的"窗口"，在该"窗口"中将列出所有已打开子窗体的标题名称。

编辑区位于菜单编辑区的中间。编辑区中共有 7 个按钮，用于对输入的菜单进行简单的编辑。操作方法如下：

单击【←】和【→】，可以用来增加或减少内缩符号，改变菜单项的层次。

单击【↑】和【↓】，可以改变显示区中菜单项的位置。

单击【下一个】按钮，可以新建一个菜单项或进入下一个菜单项。

单击【插入】按钮，可以在菜单内插入新的菜单项。

单击【删除】按钮，可以在菜单内删除一个已建立的菜单项。

菜单项显示区位于菜单编辑器的下方区域，区域内主要显示已建立的菜单项标题及快捷键，并通过内缩符号表明菜单项的层次。

设计或修改菜单时，可以单击在显示区选中某一菜单项，使它成为"当前菜单项"。"当前菜单项"用条形光标显示。此时，数据区内同步显示当前菜单项的属性，用户可以修改其属性值，也可以使用操作区中的按钮变动该菜单项在菜单中的层次，或者对菜单项进行插入、删除操作。

## 2. 下拉式菜单

通过"菜单编辑器"建立一个下拉式菜单后，各个菜单项都是单独的控件对象。菜单的属性可以在设计时通过"菜单编辑器"或在属性窗口中设置，也可以在程序运行时通过代码设置。菜单没有方法,只有一个 Click 事件。应用程序运行后,用户使用鼠标或键盘选择某一菜单项时,将调用该控件的 Click 事件过程。下面通过一个应用实例介绍下拉式菜单的设计过程。

**例 8-5** 设计一个文本编辑器。要求通过下拉式菜单实现各功能操作,应用程序用户界面如图 8-8 所示。

设计步骤如下:

(1)建立控件

在窗体上建立一个文本框 Text1,并添加一个通用对话框控件 CommonDialog1。文本框的 MultiLine 属性设置为 True,ScrollBars 属性设置为 Vertical。

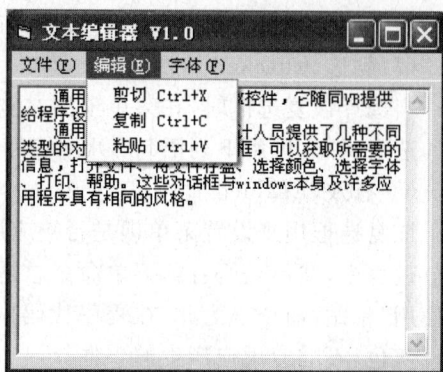

图 8-8 文本编辑器的下拉式菜单

(2)设计菜单

在设计模式下打开"菜单编辑器",按表 8-6 设计下拉式菜单。

表 8-6 菜单项属性设置

| 菜单项类型 | 标题(热键) | 名称 | 快捷键 |
|---|---|---|---|
| 主菜单项 1 | 文件(&F) | mnuFile | |
| 子菜单项 1(内缩) | 新建 | mnuFileNew | Ctrl＋N |
| 子菜单项 2(内缩) | 打开 | mnuFileOpen | Ctrl＋O |
| 子菜单项 3(内缩) | 保存 | mnuFileSave | Ctrl＋S |
| 分隔条 | — | mnuLine1 | |
| 子菜单项 4(内缩) | 退出 | mnuQuit | Ctrl＋Q |
| 主菜单项 2 | 编辑(&E) | mnuEdit | |
| 子菜单项 1(内缩) | 剪切 | mnuCut | Ctrl＋X |
| 子菜单项 2(内缩) | 复制 | mnuCopy | Ctrl＋C |
| 子菜单项 3(内缩) | 粘贴 | mnuPaste | Ctrl＋V |
| 主菜单项 3 | 字体(&F) | mnuFont | |

(3)编写程序代码

```
'单击"新建"文件菜单项
Private Sub mnuFileNew_Click()
    Text1. Text = ""
    CommonDialog1. FileName = "新文件"
End Sub
'单击"打开"文件菜单项,过程代码同例 8-2
Private Sub mnuFileOpen_Click()
    ...
```

```
    End Sub
'单击"保存"文件菜单项,过程代码同例 8-2
Private Sub mnuFileSave_Click()
    ...
    End Sub
'单击"退出"菜单项
Private Sub mnuQuit_Click()
        End
    End Sub
'单击"剪切"菜单项
Private Sub mnuCut_Click()
        Clipboard. Clear
        Clipboard. SetText Text1. SelText        '将 Text1 所选择文本存入剪切板
        Text1. SelText = ""                      '清除 Text1 所选择文本
    End Sub
'单击"复制"菜单项
Private Sub mnuCopy_Click()
        Clipboard. Clear
        Clipboard. SetText Text1. SelText        '将 Text1 所选择文本存入剪切板
    End Sub
'单击"粘贴"菜单项
Private Sub mnuPaste_Click()
        Text1. SelText = Clipboard. GetText      '将剪切板中文本复制到 Text1
    End Sub
'单击"字体"菜单项,过程代码同例 8-4
Private Sub mnuFont_Click()
    ...
    End Sub
```

(4)说明

"编辑"菜单中使用了剪贴板对象 Clipboard,它用于文本和图形的剪切、复制和粘贴操作。该对象有以下几个常用方法:

Clear 方法:在复制任何信息之前,应使用 Clear 方法清除剪贴板中的内容,语句格式为 Clipboard. Clear。

SetText 方法:该方法将文本复制到 Clipboard 上,替换先前存储的文本,语句格式为 Clipboard. SetText data [, format]。

GetText:该方法:该方法返回存储在 Clipboard 上的文本。

### 3. 弹出式菜单

在实际应用中,除了下拉式菜单外,Windows 还广泛使用弹出式菜单。弹出式菜单通常只有一组菜单项,它不需要在窗口顶部下拉打开,而是在对象上通过单击鼠标右键打开。它可以出现在窗体的任意位置,因而使用非常方便,并具有较大的灵活性。

建立弹出式菜单分两步进行,首先在设计阶段用菜单编辑器建立菜单,然后在程序中用 PopupMenu 方法弹出菜单。

使用菜单编辑器建立菜单的方法前面已作了详细介绍。与建立下拉式菜单的唯一区别是，建立弹出式菜单时应将主菜单项的"可见"属性设置为 False，而子菜单项则不需要设为 False。

PopupMenu 方法的语句格式如下：

Object. PopupMenu menuname, flags, x, y, boldcommand

其中：

(1)对象 Object：指窗体名，当省略对象时，弹出式菜单只能在当前窗体显示，如果需要弹出式菜单在其他窗体显示，必须加窗体名。

(2)菜单名 menuname：要显示的弹出式菜单名。该菜单必须含有至少一个子菜单。

(3)Flags：该参数是一个数值或符号常量，指定弹出式菜单的位置及行数，其取值分为两组，一组指定菜单位置，另一组定义特殊菜单行为。

Flags 的值见表 8-7 及表 8-8。

**表 8-7** 指定菜单位置

| 位置常数 | 值 | 说明 |
| --- | --- | --- |
| vbPopupMenuLeftAlign | 0 | X 坐标指定菜单左边位置 |
| vbPopupMenuCenterAlign | 4 | X 坐标指定菜单中间位置 |
| vbPopupMenuRightAlign | 8 | X 坐标指定菜单右边位置 |

**表 8-8** 指定菜单行为

| 行为常数 | 值 | 说明 |
| --- | --- | --- |
| vbPopupMenuLeftButton | 0 | 通过单击鼠标左键选择菜单命令 |
| vbPopupMenuRightButton | 2 | 不论使用鼠标右键还是左键，均能选择菜单命令 |

(4)X、Y：这两个参数用来指定弹出式菜单显示位置的横坐标和纵坐标，如果省略，则弹出式菜单在鼠标光标的当前位置显示。

(5)BoldCommand：该参数指定弹出式菜单中以粗体字出现的菜单控件的名称。在弹出式菜单中只能有一个菜单控件被加粗。

PopupMenu 方法有 6 个参数，除了菜单名 menuname 外，其余参数均是可选项。

最后需要说明的是，程序运行时每次只能显示一个弹出式菜单。当一个菜单控件正在活动的任何时刻，调用 PopupMenu 方法均不会被理会。

例 8-6 将例 8-5 中"编辑"菜单该为弹出式菜单，应用程序运行界面如图 8-9 所示。

设计步骤如下：

(1)打开"菜单编辑器"，将"编辑"主菜单项的"可见"属性设置为 False，其余菜单项的内容不变。

(2)在程序中添加窗体的鼠标键按下事件过

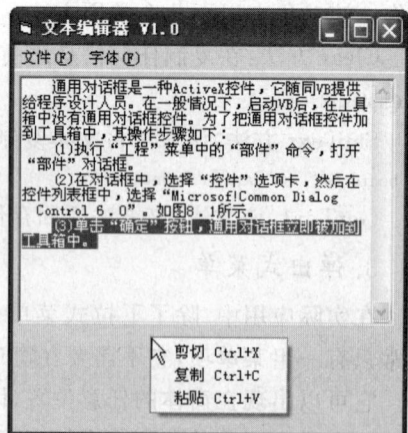

图 8-9 文本编辑器的弹出式菜单

程代码：

```
Private Sub Form_MouseDown(Button As Integer，Shift As Integer，X As Single，Y As Single)
    If Button = 2 Then          '鼠标右击窗体
        PopupMenu mnuEdit       '显示弹出菜单
    End If
End Sub
```

完成上述步骤后，运行程序，可以发现"编辑"主菜单项已不在下拉菜单中。在文本编辑过程中，用户可以使用鼠标右击窗体，弹出"编辑"菜单并执行子菜单命令，实现相应的操作功能。

# 8.3  工具栏和状态栏

## 8.3.1  工具栏

在 Windows 应用程序中，工具栏为用户提供了对于常用菜单命令的快速访问。制作工具栏的方法很多，用户可以利用标准控件通过编写程序手工制作工具栏，也可以利用应用程序向导创建工具栏。当然，最常用的方法是使用工具栏控件建立工具栏。

创建工具栏要用到 ToolBar 和 ImageList 控件。这两个控件是 ActiveX 控件，属于 Microsoft Windows Common Controls 6.0 部件。控件使用前必须将该部件添加到工具箱内，操作方法与通用对话框相同。添加操作完成后，工具箱内的控件如图 8-10 所示。

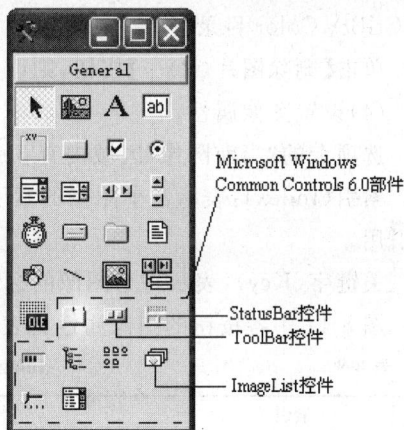

图 8-10  添加了 Microsoft Windows Common Controls 6.0 部件的工具箱

创建工具栏步骤如下：

（1）在 ImageList 控件中添加所需的图像。

（2）在 ToolBar 控件中添加按钮。

（3）设置 ToolBar 控件的"属性页"。

（4）在 ButtonClick 事件中用 Select Case 语句对各按钮进行相应的编程。

下面结合实例详细介绍设计过程。

### 1. 在 ImageList 控件中添加图像

ImageList 是图像容器控件。它是 ListImage 对象的集合，该集合中的每个对象都可以通过其索引或关键字被引用。ImageList 控件不能独立使用，专门用于为其他控件提供图像。

在 ImageList 控件中添加图像的方法如下：

（1）双击工具箱上 ImageList 图标，在窗体内添加该控件，默认控件名为 ImageList1。

（2）单击鼠标右键，在弹出菜单中执行【属性】命令，打开"属性页"对话框。然后在对话框中选择"图像"选项卡，如图 8-11 所示。

图 8-11  ImageList 的"图像"选项卡

(3)加载按钮图片

选项卡的"图像(M)"区域用于装载或删除图片。操作方法如下：

单击【插入图片(P)…】按钮，打开"选定图片"对话框，用户可以选择工具栏按钮所需的图片。在 ToolBar 中可以引用扩展名为. ico、. bmp、. gif、. jpg 等图像文件。图 8-11 中共加载了 6 个图片，均来源于 Microsoft Visual Studio\ Common\ Graphics\ Bitmaps\ OffCtlBr\ Color 目录。

单击【删除图片(R)…】按钮，则可以删除已加载的图片。

(4)设置图像属性

选项卡的"当前图像"区域内有 3 个栏目，用于设置每个图像的属性。其中：

索引(Index)：表示每个图像的索引号，从 1 开始编号，索引号将在 ToolBar 的按钮中被引用。

关键字(Key)：表示每个图像的标识名，关键字也将在 ToolBar 的按钮中被引用。

图 8-11 中各按钮的图像属性见表 8-9。

表 8-9                                   ImageList 控件属性设置

| 索引 | 关键字 | 图像名(Bmp) |
|------|--------|-------------|
| 1 | INew | NEW |
| 2 | IOpen | OPEN |
| 3 | ISave | SAVE |
| 4 | ICut | CUT |
| 5 | ICopy | COPY |
| 6 | IPaste | PASTE |

## 2. 在 ToolBar 控件中添加按钮

在 ToolBar 控件中添加按钮的方法如下：

(1)双击工具箱上 ToolBar 图标，在窗体内添加控件，默认控件名为 ToolBar1，初始形状为一个空白的工具栏。

(2)单击鼠标右键，在弹出菜单中执行【属性】命令，打开"属性页"对话框。然后在"通用"选项卡中，单击并打开"图像列表"组合框，选择 ImageList1，如图 8-12 所示。

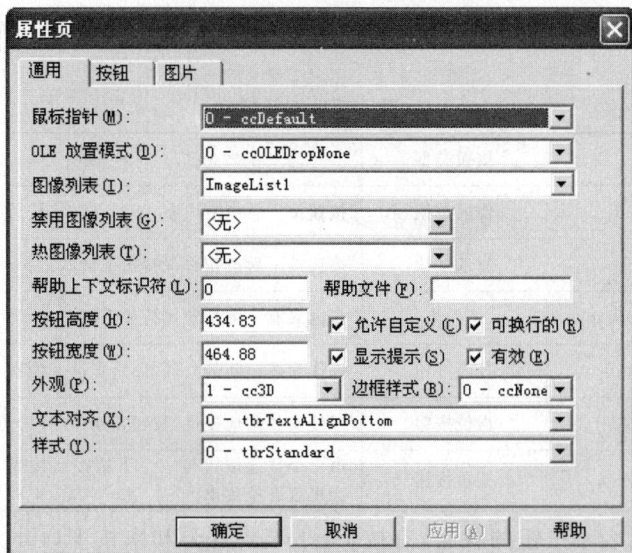

图 8-12　ToolBar 的"通用"选项卡

（3）单击并打开"按钮"选项卡，如图 8-13 所示。然后向空白工具栏内添加 7 个工具按钮（其中有一个按钮是分隔按钮）。操作时单击【插入按钮（N）】按钮，可以在工具栏内插入一个按钮；单击【删除按钮（R）】按钮，则在工具栏内删除一个已存在的按钮。

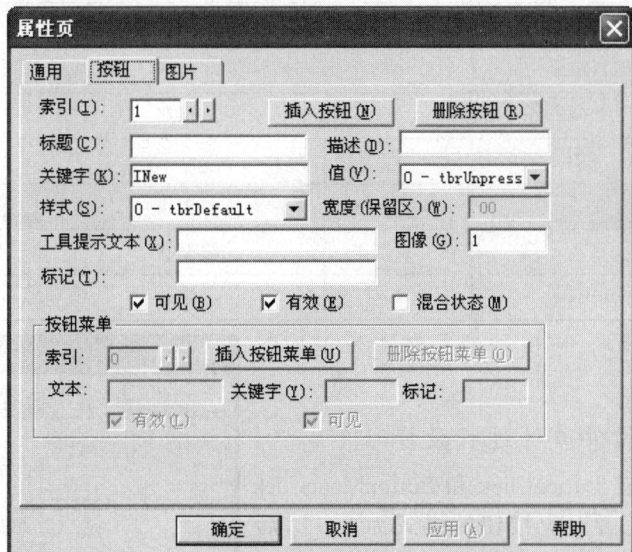

图 8-13　ToolBar 的"按钮"选项卡

（4）设置控件属性，为工具栏连接图像。

"按钮"选项卡中主要属性如下：

索引（Index）：表示每个按钮的索引号，从 1 开始编号，索引号将在 ButtonClick 事件中被引用。

关键字（Key）：表示每个图像的标识名，关键字也将在 ButtonClick 事件中被引用。

图像(Image):其值可以是 Key 或 Index,但必须与 ImageList 控件中的图像相对应。

样式(Style):它指定按钮的外观,在其组合框的下拉列表中,共提供了 6 种按钮样式,详见表 8-10。

表 8-10　　　　　　　　　　　　　ToolBar 控件按钮样式

| 值 | 常数 | 按钮类型 | 说明 |
|---|---|---|---|
| 0 | tbrDefault | 普通按钮 | 按钮按下后恢复原态,如"新建"等按钮 |
| 1 | tbrCheck | 复选按钮 | 按钮按下后按钮都保持按下的状态 |
| 2 | tbrButtonGroup | 按钮组 | 组内只有一个按钮保持按下状态 |
| 3 | tbrSeparator | 分隔按钮 | 仅作为按钮间的分隔,固定宽度 8 像素 |
| 4 | tbrPlaceholder | 占位按钮 | 以便安放其他控件,按钮宽度(Width)可设置 |
| 5 | tbrDropDown | 菜单按钮 | 由一个普通按钮与一个下拉按钮构成,当单击下拉按钮时会出现下拉菜单。 |

值(Value):它表示按钮的状态,有按下(tbrPressed)和未按下(tbrUnpressed)两种,仅在样式为 1 和 2 时有效。

参考图 8-11,对应表 8-9,设置各按钮的属性,见表 8-11。

表 8-11　　　　　　　　　　　ToolBar 控件各按钮属性设置

| 索引 | 关键字 | 样式 | 工具提示文本 | 图像(Image) |
|---|---|---|---|---|
| 1 | TNew | 0 | 新建 | 1 |
| 2 | TOpen | 0 | 打开 | 2 |
| 3 | TSave | 0 | 保存 | 3 |
| 4 | SP1 | 3 | | |
| 5 | TCut | 0 | 剪切 | 4 |
| 6 | TCopy | 0 | 复制 | 5 |
| 7 | TPaste | 0 | 粘贴 | 6 |

上述步骤完成后,所设计的工具栏效果如图 8-14所示。

**3. ToolBar 控件事件过程设计**

ToolBar 控件有 ButtonClick 和 ButtonMenuClick 两个常用事件。前者对应按钮的样式为 0～2,后者对应样式为 5 的菜单按钮。

由于工具栏内各按钮共用一个事件,因此必须在事件过程中识别用户单击的是哪一个工具按钮。在程序代码中,一般使用索引 Index 或者关键字

图 8-14　工具栏效果图

Key 作为识别条件,编写多路分支程序,执行各按钮对应的事件处理程序。考虑到程序的可读性和可维护性,建议代码中使用 Key 为识别条件。现举例说明 ToolBar 控件的事件过程设计。

例 8-7  为例 8-5 的应用程序添加一个工具栏,各工具按钮功能与下拉式菜单命令相对应。

设计步骤如下:

(1)在例 8-5 应用程序窗体中建立 ImageList 控件,添加 6 个图像,参照表 8-9 设置属性。

(2)在窗体中建立 ToolBar 控件,添加 7 个按钮,参照表 8-11 设置属性。

(3)在例 8-5 的程序代码中添加 ButtonClick 事件过程代码:

```
Private Sub Toolbar1_ButtonClick(ByVal Button As MSComctlLib. Button)
    Select Case Button. Key
        Case "TNew"
            Call mnuFileNew_Click          '单击【新建】按钮,调用例 8-5 中新建文件过程
        Case "TOpen"
            Call mnuFileOpen_Click          '单击【打开】按钮,调用例 8-5 中打开文件过程
        Case "TSave"
            Call mnuFileSave_Click          '单击【保存】按钮,调用例 8-5 中保存文件过程
        Case "TCut"
            Call mnuCut_Click              '单击【剪切】按钮,调用例 8-5 中剪切过程
        Case "TCopy"
            Call mnuCopy_Click             '单击【复制】按钮,调用例 8-5 中复制过程
        Case "TPaste"
            Call mnuPaste_Click            '单击【粘贴】按钮,调用例 8-5 中粘贴过程
    End Select
End Sub
```

(4)运行应用程序,界面如图 8-15 所示。

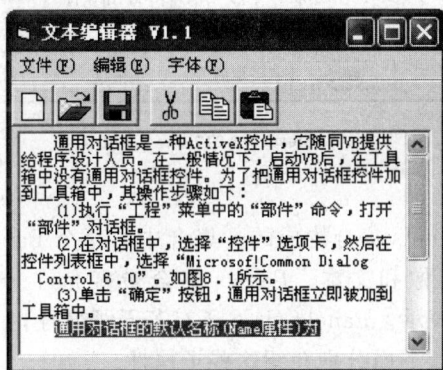

图 8-15  带菜单和工具栏的文本编辑器

## 8.3.2  状态栏

状态栏是 Windows 风格应用程序的一个组成部分。它通常位于窗体下方,也可以放置在应用程序的顶部、底部或侧面。状态栏由若干个窗格组成,用于显示系统日期、软件版本、光标的当前位置、键盘状态等信息。在 Visual Basic 中,创建状态栏要用到 StatusBar 控件。StatusBar 控件也是 ActiveX 控件,当用户在工具箱内添加了 Microsoft Windows Common Controls 6.0 部件后,该控件也随之出现在工具箱内,如图 8-10 所示。

**1. 建立状态栏**

在窗体内建立状态栏的基本步骤如下：

（1）双击工具箱内 StatusBar 控件图标，则在当前窗体底部自动建立了一个空白的状态栏，默认控件名称为 StatusBar1。

（2）用鼠标右键单击对象，在弹出菜单中执行【属性】命令，打开"属性页"对话框。状态栏的属性页由通用、窗格、字体、图片四个选项卡组成。状态栏的属性主要集中在"窗格"选项卡中。

（3）在"属性页"对话框中选择"窗格"选项卡，如图 8-16 所示。

（4）使用【插入窗格（N）】命令按钮，可以向状态栏中添加窗格。使用【删除窗格（R）】命令按钮则可以删除一个不需要的窗格。

（5）为每个窗格设置属性。

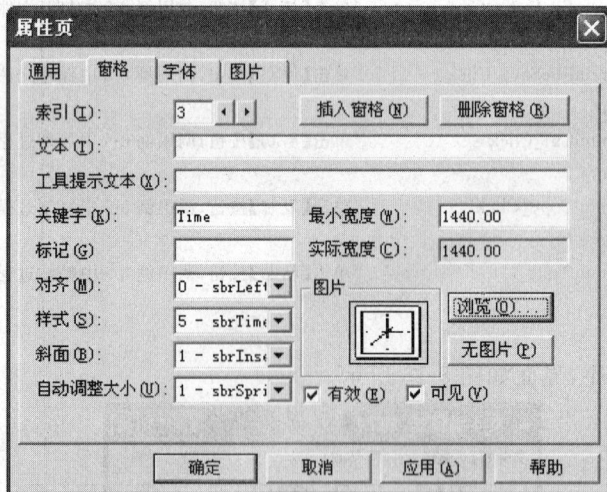

图 8-16　StatusBar 的"窗格"选项卡

**2. 设置状态栏属性**

StatusBar 控件是由 Panels 集合构成的。集合中的每个 Panel 对象对应于状态栏的一个窗格，用于显示一个图像和文本。Panels 集合最多允许 16 个 Panel 对象，第 i 个 Panel 对象可用 Panels（i）表示。Panels（i）下还有若干子属性，如 Text、Key、MinWidth、Alignment、Style、Bevel 等。下面分别介绍这些子属性。

（1）索引（Index）：该属性是窗格的索引号，其值在新建窗格时由系统自动设置。用户可单击索引右边的箭头按钮选择窗格。

（2）文本（Text）：用于设置窗格显示的内容。

（3）工具提示文本：当通用选项卡中的"显示提示"复选框有效时，鼠标移到状态栏窗格上显示提示内容。

（4）关键字（Key）：用于标识窗格。

（5）最小宽度（MinWidth）：指当前窗格的最小宽度，用户可根据实际情况设置最小宽度值，调整各窗格的宽度。

（6）对齐（Alignment）：用户可打开下拉列表选择对齐方式。参数 0-sbrLeft、

1-sbrCenter、2-sbrRight 分别表示窗格中的文本左对齐、居中、右对齐。

(7)样式(Style)：该属性值决定了状态栏窗格的显示方式，详见表 8-12。

表 8-12             Style 的取值与含义

| 常数 | 值 | 说明 |
|---|---|---|
| sbrText | 0 | 文本和位图(默认值) |
| sbrCaps | 1 | 当 Caps Lock 键激活时，显示粗体字母 CAPS，反之则呈灰色 |
| sbrNum | 2 | 当 Num Lock 键激活时，显示粗体字母 NUM，反之则呈灰色 |
| sbrIns | 3 | 当 Insert 键激活时，显示粗体字母 INS，反之则呈灰色 |
| sbrScrl | 4 | 当 Scroll Lock 键激活时，显示粗体字母 SCRL，反之则呈灰色 |
| sbrTime | 5 | 以系统格式显示当前时间 |
| sbrDate | 6 | 以系统格式显示当前日期 |

(8)斜面(Bevel)：参数 0-sbrNoBevel、1-sbrInset、2-sbrRaised 分别表示窗格无凹凸、凹下、凸起三种状态。

3.应用

在 StatusBar 控件的"属性页"对话框中设置各窗格属性后，用户可以在应用程序中动态修改状态栏的属性，如添加窗格、删除窗格、修改窗格的显示内容等。状态栏常用的事件过程有 Click、DblClick、PanelClick、PanelDblClick，但通常不在这些事件过程中编写代码。

**例 8-8** 在例 8-7 的应用程序添加状态栏，共有 3 个窗格，窗格 1 显示当前打开的文件名，窗格 2 显示工具栏的操作状态，窗格 3 显示系统时间。

设计步骤如下：

(1)在例 8-7 应用程序窗体中建立 StatusBar1 控件。

(2)在状态栏中添加 3 个窗格，参照表 8-13 设置属性。

表 8-13             各窗格的属性值及含义

| 索引 Index | 样式 Style | 文本 Text | 图片 | 有效 Enabled |
|---|---|---|---|---|
| 1 | 0-sbrText | 文件名 | | True |
| 2 | 0-sbrText | 工具按钮状态 | | True |
| 3 | 5-sbrTime | | CLOCK05.ICO | True |

(3)在例 8-7 的工具栏按钮单击事件代码中添加两行语句：

```
Private Sub Toolbar1_ButtonClick (ByVal Button As MSComctlLib. Button)
    Select Case Button. Key
    Case "TNew"
        Call mnuFileNew_Click      '单击【新建】按钮
        ...
    End Select
StatusBar1. Panels(1). Text = CommonDialog1. FileName
StatusBar1. Panels(2). Text = Button. Key
End Sub
```

(4)运行应用程序，用户界面如图 8-17 所示。

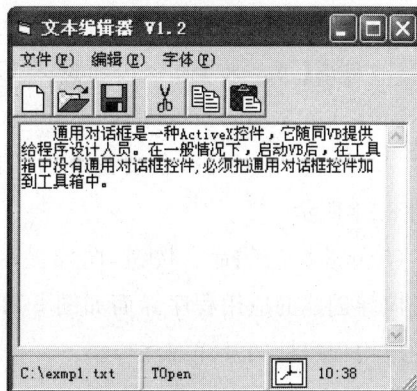

图 8-17 带状态栏的文本编辑器

# 8.4 应用程序向导

向导是一种软件辅助设计工具,它用交互方式引导用户逐步实现一个目标。为了提高应用程序的开发效率,Visual Basic 6.0 为用户提供了"VB 应用程序向导"。它是一个很有效的应用程序设计器,使用也非常方便。通过应用程序向导,用户可以快速建立一个标准 Windows 应用程序的框架,其中包括窗体、菜单、工具栏、多文档、状态栏、对话框等界面元素。设计过程在对话中完成,设计完成后形成应用程序的界面和框架。下面结合实例介绍该向导的使用方法。

**例 8-9** 使用"VB 应用程序向导"建立一个具有菜单、工具栏和状态栏的应用程序。

操作步骤如下:

(1)在"新建工程"对话框中选中"VB 应用程序向导",然后单击【打开】命令按钮,进入向导工作界面,如图 8-18 所示。

(2)单击【下一步】命令按钮进入"界面类型"对话框。选择"单文档界面",工程名为默认值"工程 1"。如图 8-19 所示。

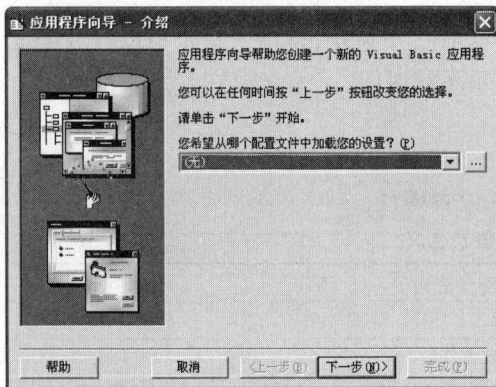

图 8-18　VB 应用程序向导-介绍　　　　图 8-19　VB 应用程序向导-界面类型

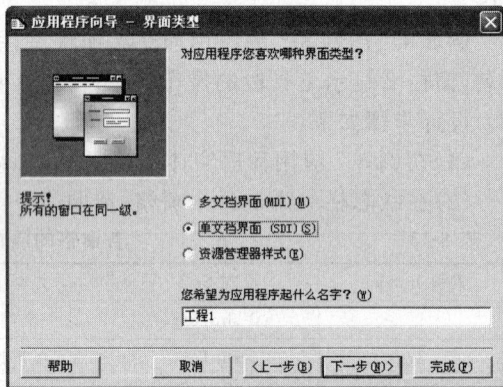

(3)单击【下一步】命令按钮进入"菜单"对话框。参照例 8-5 设置菜单。如图 8-20 所示。

(4)单击【下一步】命令按钮进入"自定义工具栏"对话框。参照例 8-7 设置工具栏。如图 8-21 所示。

(5)单击【完成】命令按钮,向导提示"已创建应用程序",单击【确定】按钮退出向导。通过向导创建的应用程序界面如图 8-22 所示。在代码窗口中还可以使用向导为用户建立的应用程序框架及详细注释。

(6)保存工程。

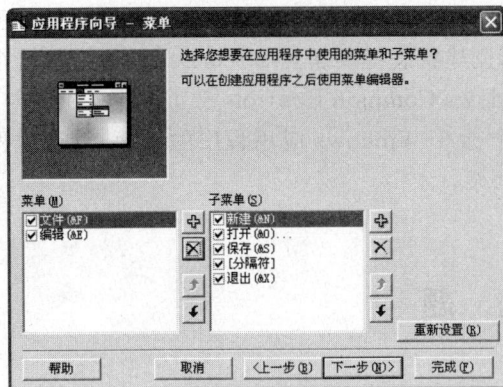

图 8-20 VB 应用程序向导-菜单

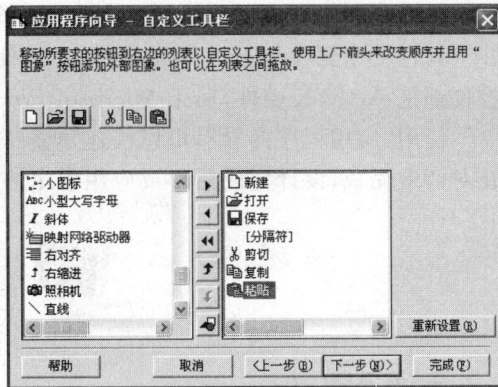

图 8-21 VB 应用程序向导-自定义工具栏

图 8-22 通过向导创建的应用程序界面

## 本章小结

对话框是应用程序与用户进行交互的重要工具。对话框分为预定义对话框、自定义对话框和通用对话框有三种类型。通用对话框是一种 ActiveX 控件,它包括一组标准的操作对话框。用户可以通过设置控件的 Action 属性值,或者用控件的 Show 方法打开通用对话框。

通用对话框除了基本属性外,各类对话框还有自己的特殊属性。

文件对话框被用于获取文件的相关信息,包括"打开"和"保存"文件两种形式。"颜色"对话框用于设置颜色;"字体"对话框用于设置字体;"打印"对话框则用于设置打印参数。在窗体中建立对话框,仅为用户提供一个人机交互的界面,要真正实现各类功能,必须通过编写程序来完成。

菜单是应用程序一个重要的组成部分,分为下拉式和弹出式两种形式。通过 Visual Basic 提供的"菜单编辑器"对话框,可以建立一个新菜单或修改一个已经存在的菜单。菜单是控件,它有自己的属性和事件,但没有方法。

工具栏为用户提供了对于常用菜单命令的快速访问。状态栏用于显示状态信息。创建工具栏要用到 ToolBar 和 ImageList 控件,创建状态栏要用到 StatusBar 控件。这几个控件都是 ActiveX 控件,属于 Microsoft Windows Common Controls 6.0 部件。

使用"应用程序向导",可以快速建立一个标准 Windows 应用程序的界面,设计过程在对话中完成,设计完成后形成应用程序的框架。

# 习 题

## 一、填空题

1.窗体中建立通用对话框后,要在程序运行时中打开一个颜色对话框,可以在代码中使用语句(　　)。

2.下拉式菜单是一种典型的窗口式菜单,它用(　　)的形式显示每个菜单的标题文字。当用户单击(　　)时,则打开相应的(　　)。子菜单可以包括(　　)、(　　)以及(　　)。

3.在菜单编辑器中建立一个菜单,其主菜单项的名称为 mnuEdit,Visible 属性为 False,程序运行后,如果用鼠标右键单击窗体,则弹出与 mnuEdit 相应的菜单。以下是实现上述功能的程序,请填空。

```
Private Sub Form (    ) (Button As Integer, Shift As Integer, X As Single, Y As Single)
    If Button=2 Then
        (    )mnuEdit
    End If
End Sub
```

4.创建工具栏要用(　　)和(　　)控件。这两个控件是(　　)控件

## 二、选择题

1.刚建立一个新的标准 EXE 工程后,不在工具箱中出现的控件是(　　)。

A.单选按钮　　　　　B.图片框　　　　　C.通用对话框　　　　　D.文本框

2.在窗体上建立一个名称为 CommandDialog1 的通用对话框和一个名称为 Command1 的命令按钮。然后编写如下事件过程:

```
Private Sub Command1_Click()
    CommonDialog1. FileName =""
    CommonDialog1. Filter="All file| * . * |( * .Doc)| * .Doc|( * .Txt)| * .Txt"
    CommonDialog1. FilterIndex=2
    CommonDialog1. DialogTitle="VBTest"
    CommonDialog1. Action=1
End Sub
```

对于这个程序,以下叙述中错误的是(　　)。

A.该对话框被设置为"打开"对话框

B.在该对话框中指定的默认文件名为空

C.该对话框的标题为 VBTest

D.在该对话框中指定的默认文件类型为文本文件( * .Txt)

3. 窗体中通用对话框的名称为 CommonDialog1, 命令按钮的名称为 Command1, 则单击命令按钮后, 能使打开的对话框的标题为"New Title"的事件过程是(    )。

    A. Private Sub Command1_Click()

        CommonDialog1. DialogTitle = "New Title"

        CommonDialog1. ShowPrinter

     End Sub

    B. Private Sub Command1_Click()

        CommonDialog1. DialogTitle = "New Title"

        CommonDialog1. ShowFont

     End Sub

    C. Private Sub Command1_Click()

        CommonDialog1. DialogTitle = "New Title"

        CommonDialog1. ShowOpen

     End Sub

    D. Private Sub Command1_Click()

        CommonDialog1. DialogTitle = "New Title"

        CommonDialog1. ShowColor

     End Sub

4. 如果要在菜单中添加一个分隔线, 则应将其 Caption 属性设置为(    )。

  A. =               B. *               C. &               D. —

5. 下列不能打开菜单编辑器的操作是(    )。

  A. 按 Ctrl+E               B. 单击工具栏中的"菜单编辑器"按钮

  C. 执行【工具】【菜单编辑器】命令      D. 按 Shift + Alt + M

6. 假定有一个菜单项, 名为 MenuItem, 为了在运行时使该菜单项无效(变灰), 应使用的语句为(    )。

  A. MenuItem. Enabled=False       B. MenuItem. Enabled=True

  C. MenuItem. Visible=True        D. MenuItem. Visible=False

7. 以下叙述中错误的是(    )。

  A. 下拉式菜单和弹出式菜单都用菜单编辑器建立

  B. 在多窗体程序中, 每个窗体都可以建立自己的菜单系统

  C. 除分隔线外, 所有菜单项都能接收 Click 事件

  D. 如果把一个菜单项的 Enabled 属性设置为 False, 则该菜单项不可见

8. 设菜单中有一个菜单项为"Open"。若要为该菜单命令设计访问键, 即按下 Alt 及字母 O 时, 能够执行"Open"命令, 则在菜单编辑器中设置"Open"命令的方式是(    )。

  A. 把 Caption 属性设置为 &Open      B. 把 Caption 属性设置为 O&pen

  C. 把 Name 属性设置为 &Open       D. 把 Name 属性设置为 O&pen

**三、简答题**

1. 简述下拉式菜单和弹出式菜单的区别。

2. 菜单的热键和快捷键有什么区别? 如何建立? 能否使用汉字作为热键?

**四、操作题**

1. 在窗体上放置通用对话框、命令按钮和图形框。要求单击命令按钮弹出"打开"文

件对话框,文件类型为图像文件(. BMP),初始目录为当前工作目录。当选定一个文件后,将它显示在图形框内。

2. 设计如图 8-23 所示的带有字体下拉菜单的文本编辑器。

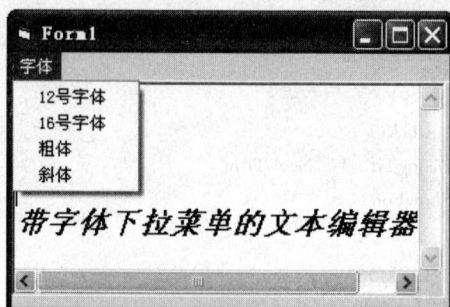

图 8-23 带有下拉菜单的"文本编辑器"

# 第 9 章  数据库应用

## 教学目标

了解数据库理论的基本概念，掌握关系模型及关系数据库的基本结构。掌握 SQL 语言基本语句及其在数据库查询中的应用。熟练使用可视化数据库管理器建立、维护 Access 数据库。掌握通过 Data 控件和 ADO 数据控件访问 VB 内部数据库的方法。掌握 DBGrid、DBCombo 等数据绑定控件以及 MSFlexGrid 等数据网格控件的使用方法。掌握使用数据窗体向导构成数据访问窗体的方法。

## 教学要求

| 知识要点 | 能力要求 |
| --- | --- |
| 数据库基础 | 了解数据库的相关概念，了解数据模型及数据库的体系结构，了解数据库系统的组成；掌握关系模型的基本概念；掌握关系数据库的基本结构 |
| SQL 语言 | 掌握 SQL 语言基础，包括 SQL 语言的数据定义、查询、操纵功能语句，重点是 SQL 查询语句的用法 |
| 可视化数据管理器 | 能够熟练使用可视化数据管理器创建数据库，建立基本表，输入记录数据，建立查询 |
| 数据控件 | 掌握使用 Data 控件访问数据库的方法；掌握 Data 控件的属性、事件和方法；掌握 RecordSet 的属性和方法 |
| ADO 数据控件 | 了解 ADO 对象模型；掌握使用 ADO 数据控件访问数据库的方法 |
| 数据绑定控件和数据网格控件 | 掌握 DBGrid、DBCombo 等数据绑定控件的使用方法，掌握 MSFlexGrid 等数据网格控件的使用方法 |
| 数据窗体向导 | 掌握使用数据窗体向导构成数据访问窗体的方法 |

# 9.1 数据库基础

## 9.1.1 数据库理论

### 1. 数据管理技术的发展

数据管理技术是指对数据的分类、组织、编码、存储、检索和维护的技术。数据管理技术的发展经历了如下几个阶段。

(1)人工管理阶段

20世纪50年代中期前是人工管理阶段,这一阶段的特点是:数据不保存;数据无专门软件进行管理;数据不共享;数据不具有独立性。

(2)文件管理阶段

20世纪60~70年代,随着计算机大量地被用于数据处理工作,批量的数据存储、检索和维护成为紧迫的需求。这一时期,出现了简单的数据文件管理系统(文件系统)。

在文件管理阶段,用户对数据文件的存取都通过文件系统来进行。程序员在编写程序的时候,可以把精力集中在数据处理的算法上,而不必考虑数据的存放形式,也不必关心记录在存储器上的地址和内、外存交换数据的过程。用户存取数据只需通过应用程序与文件管理系统之间的接口来进行。

(3)数据库管理阶段

从20世纪60年代后期开始,随着计算机管理的数据量急剧增长,用户对数据共享的需求日益增强,文件系统的数据管理方法已无法适应需求。为了实现计算机对数据的统一管理,达到数据共享的目的,数据库技术得到了快速发展。

该阶段的特点是:

① 数据结构化:这是数据库的主要特征之一,是数据库和文件系统的根本区别。

② 数据共享性高、冗余度小、易于扩充:由于数据库中的数据面向整个系统,是有结构的数据,它不仅可以被多个应用共享,而且容易增加新的应用以适应多种需求。

③ 数据独立性高:数据独立性包括数据的物理独立性和数据的逻辑独立性。数据的物理独立性是指用户的应用程序与存储在磁盘上的数据库中的数据是相互独立的。数据的逻辑独立性是指用户的应用程序与数据库的逻辑结构是相互独立的。

④ 统一的数据管理和控制:数据库是系统中用户的共享资源,因此数据库管理系统必须提供数据的安全保护、数据的完整性控制、数据库恢复、并发控制、事务支持等功能。

### 2. 数据模型

模型是指明事物本质的方法,是对事物、现象和过程等客观系统的简化描述,是理解系统的思维工具。

要把现实世界中客观存在的事物及其联系最终反映到计算机的数据世界,要经历三个领域的演变,这三个领域分别是:现实世界、信息世界和计算机世界。现实世界是指实际存在的客观事物及其联系,信息世界是指这些事物及其联系在人的头脑中形成的概念,而计算机世界则是信息世界的数据化。三个世界间的演变,都需要相应的模型。因此,可以把模型分为两种类型:概念模型和数据模型。

把现实世界转化为信息世界的模型称为概念模型。概念模型也称为信息模型,它是面向用户的。概念模型使用简单的概念、清晰的表达方式来直观表达应用对象及其语义关联,便于用户理解。概念模型不依赖于具体的计算机系统,具有很好的适应性。

建立概念模型的过程称为数据建模。数据建模是根据用户的数据视图建立系统模型的过程,它是开发有效的数据库应用系统的重要组成部分。如果设计的模型不能正确地反映用户的数据视图,那么所开发出的数据库是不完整、难以使用甚至是无效的。目前最常用的数据建模工具是实体一联系模型(Entity Relationship Model,简称 E-R 模型)。

把信息世界转化为计算机世界使用的模型称为数据模型。数据模型是面向计算机的,因此它通常需要有严格的形式化定义并加上一些限制和约定。在数据库中,数据模型通常由数据结构、数据操作和完整性约束三部分组成,称为数据模型的三要素。这三者精确地描述了数据库系统的静态特性、动态特性和完整性约束条件。数据结构是被研究对象数据类型的集合,包括对事物本身的描述以及对关系的描述。数据操作是指数据库中各种对象的实例数据允许执行的操作的集合,包括操作及有关的操作规则。完整性约束条件是完整性规则的集合,完整性规则用来保证数据系统的数据与现实系统的状态一致。

目前常用的数据结构有层次、网状、关系和对象几种。在数据库系统中,通常按数据结构的类型来命名数据模型,例如层次数据结构就命名为层次模型,网状数据结构就命名为网状模型。一般将层次模型和网状模型统称为非关系模型,而具有关系结构的数据模型称为关系模型,本章主要介绍关系模型。

下面归纳关系数据库的设计过程:

(1)首先需要建立概念模型,一般借助 E-R 图进行数据建模,然后把整个 E-R 图中的每个实体和有关的联系,按一定的规则转化为关系。在此基础上,对每个关系再进行规范化,最后形成各个数据表,从而完成数据库的逻辑设计。

(2)在关系数据库管理系统的支持下,创建数据库、建立数据表及表间联系,完成数据库的物理设计。

(3)输入数据进行测试,修改并完善数据库结构。

### 3.数据库系统的体系结构

尽管数据库系统在规模和类型上有很大的区别,但它们都有着基本相同的体系结构。比较著名的体系结构是 SPARC 结构。SPARC 结构对数据库的组织从内到外分三个层次描述,分别称为内模式、模式和外模式。数据库系统的三级模式结构如图 9-1 所示。

(1)模式

模式也称为逻辑模式或概念模式,是数据库中全体数据的逻辑结构和特征的描述,是所有用户的公共数据视图。

模式是数据库系统模式结构的中间层,它的基础是数据模型。一个数据库只有一个模式。

数据库管理系统提供模式数据定义语言来描述逻辑模式,定义模式时不仅要定义数据的逻辑结构,而且要定义数据之间的联系,同时还要定义与数据有关的安全性、完整性要求。

(2)外模式

外模式也称为子模式或用户模式,它是数据库用户能够看见和使用的局部的逻辑结构和特征的描述,是数据库用户的数据视图,是与某一应用有关的数据的逻辑表示。

一个数据库可以有多个外模式,而同一个外模式可以被某一用户的多个应用程序所使用,但一个应用程序只能使用一个外模式。

(3)内模式

内模式也称为物理模式或存储模式,一个数据库只有一个内模式。内模式是数据物理结构或存储方式的描述。

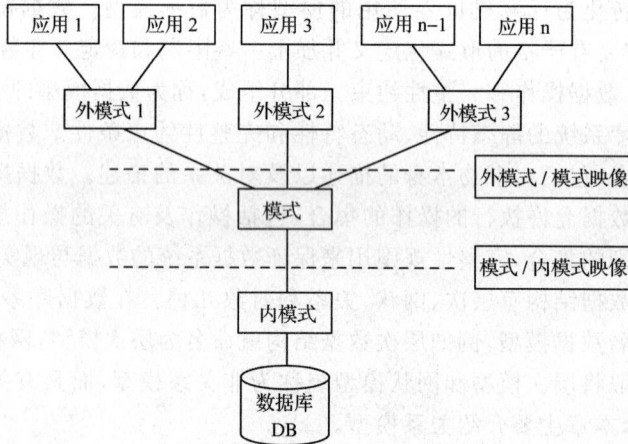

图 9-1　数据库系统的三级模式结构

数据库系统的三级模式结构是对数据的三个抽象级别。为了能够在内部实现这 3 个层次之间的联系和转换,数据库管理系统在这三级模式之间提供了两层映像,即外模式/模式映像和模式/内模式映像。

(1)外模式/模式映像

它定义了外模式与模式之间的对应关系。一个模式可以有多个外模式,对每个外模式,数据库系统都有一个外模式/模式映像。外模式/模式映像保证了数据的逻辑独立性。

(2)模式/内模式映像

数据库中只有一个模式,也只有一个内模式,因此,模式/内模式映像是唯一的,它定义了数据库全局逻辑结构和存储结构之间的对应关系。模式/内模式映像保证了数据的物理独立性。

4.数据库系统的组成

(1)数据库(DB)

数据库是存放在计算机存储设备上的、有组织、结构化、可共享的数据的集合。数据库中的数据按一定的数据模型组织、描述和存储。数据库具有数据的共享性、数据的独立性、数据的完整性和数据冗余少等特点。

（2）数据库管理系统（DBMS）

数据库管理系统是管理和维护数据库的软件系统，用户通过 DBMS 存取数据库信息。在数据库系统中，数据是多个用户和应用程序的共享资源，已经从应用程序中完全独立出来，由 DBMS 来统一管理。数据库管理系统具有数据定义、数据存取、数据库运行管理以及数据库的建立、维护和数据库通信等功能。

（3）数据库系统（DBS）

数据库系统是指在计算机系统中引入数据库后的系统构成，一般由数据库、操作系统、数据库管理系统、应用程序、数据库管理员（DBA）和用户五部分组成。

（4）数据库应用系统

数据库应用系统是指系统开发人员利用数据库系统资源开发出来的、面向某一类实际应用的应用软件系统。例如，以数据库为基础的工资管理系统、图书管理系统、生产管理系统等等。无论是面向内部业务和管理的管理信息系统，还是面向外部，提供信息服务的开放式信息系统，从实现技术角度而言，都是以数据库为基础和核心的计算机应用系统。

## 9.1.2　关系数据库

关系数据库 RDB（Relational Database）是目前应用最为广泛的一种数据库。关系数据库的理论基础是关系模型。

1. 关系模型

关系模型是结构模型，它由三部分构成：关系数据结构、关系操作集合和关系的完整性约束。

在关系模型中，现实世界的实体以及实体间的各种联系均用关系来表示。在用户看来，关系模型中数据的逻辑结构是一张二维表。表中的一行称为关系的一个元组，表中的一列称为关系的一个属性。表中的一行（关系的一个元组）存储事物的一个实例。例如，学生表的一行表示具体的一名学生的信息。表中的一列（关系的一个属性）包含该属性的所有数据。

在此基础上，可以给关系作如下定义：关系是一个行与列交叉的二维表，每一个交叉点都必须是单值的（不能有重复组）；每一列（属性）的所有数据都是同一类型的，每一列都有唯一的列名。列在表中的顺序无关紧要；表中任意两行（元组）不能相同，行在表中的顺序也无关紧要。

2. 关系数据库的基本结构

关系型数据库一般可以分为两类：一类是本地数据库，如 Access、FoxPro 等；另一类就是客户/服务器数据库，如 Microsoft SQL Server、Oracle、Sybase 等。

关系数据库的基本结构表述如下：

（1）数据库（DataBase）

一个关系数据库可以由多个数据表组成，各个数据表之间一般应存在某种关系。

（2）数据表（Table）

数据表是一组相关联的数据按行和列排列形成的二维表格，也称为基本表，简称为表。每个数据表必须有一个表名。在概念模型中，一张数据表对应于一个实体集。在关系模型中，一张数据表对应于一个关系。

（3）字段（Field）

数据表中的每一列称为一个字段。数据表是由其包含的所有字段构成的，每个字段用来描述它包含的数据。在创建数据表时，必须为每个字段命名，同时还要定义字段的数据类型、最大长度等属性。

（4）记录（Record）

数据表中的每一行称为一条记录。记录是字段值的集合，是数据库用户的主要访问对象。如果要访问记录的某个字段，必须首先定位记录。一般而言，在一个数据表中不应该存在两条完全相同的记录。

（5）关键字（Keyword）

如果数据表中某个字段值或若干个字段值的集合能唯一确定一条记录，则称该字段或字段的集合为该数据表的关键字。在一个数据表中，关键字可能存在多个，但需选定其中一个作为主关键字。对于数据表中的每条记录来说，主关键字的值必须唯一。

（6）索引（Index）

为了提高访问数据库的速度，大多数数据库都使用索引。索引是指按数据表中某个关键字段或表达式建立记录的逻辑顺序。它是由一系列记录号组成的一个列表，目的是提供对数据的快速访问。索引不改变表中记录的物理顺序。

（7）视图（View）

视图看上去和表一样，具有一组命名的字段和数据项，但它其实是一个虚拟的表，并不实际存在数据库中。视图是由查询数据库表产生的，它限制了用户能看到和修改的数据。由此可见，视图可以用来控制用户对数据的访问，并能简化数据的显示，即通过视图只显示那些需要的数据信息。

下面举例说明关系数据库的结构。

**例 9-1**　关系数据库 stsc 包含 3 张数据表。学生表 student 存放学生的基本信息，包括学号、姓名、性别及院系 4 个字段。课程表 course 存放课程信息，有课程编号、课程名称和学分 3 个字段。成绩表 score 存放学生各课程考试成绩，有学号、课程编号和成绩 3 个字段。为了便于以后分析，在 3 张数据表中添加了一部分模拟数据，详见表 9-1～表 9-3。

表 9-1　　　　　　　　　　　　　　　**student 表**（共 8 条记录）

| 学号 | 姓名 | 性别 | 院系 |
|---|---|---|---|
| 03035001 | 胡丹 | 女 | 中文 |
| 03035002 | 樊丽萍 | 女 | 中文 |
| 03036001 | 沈云如 | 男 | 金融 |
| 03036002 | 李华 | 男 | 金融 |

（续表）

| 学号 | 姓名 | 性别 | 院系 |
|------|------|------|------|
| 03036003 | 许小晴 | 女 | 金融 |
| 03037001 | 刘志强 | 男 | 建筑 |
| 03037002 | 钱国铭 | 男 | 建筑 |
| 03037003 | 张文倩 | 女 | 建筑 |

表 9-2　　　　　　　　course 表（共 10 条记录）

| 课程编号 | 课程名称 | 学分 |
|------|------|------|
| 101 | 大学英语 | 6 |
| 102 | 德语 | 5 |
| 103 | 日语 | 5 |
| 201 | 计算机基础 | 5 |
| 202 | 程序设计 | 6 |
| 301 | 高等数学 | 6 |
| 302 | 普通物理 | 5 |
| 303 | 无机化学 | 4 |
| 304 | 有机化学 | 4 |
| 305 | 电工学 | 6 |

表 9-3　　　　　　　　score 表记录（共 32 条记录）

| 学号 | 课程编号 | 成绩 | 学号 | 课程编号 | 成绩 | 学号 | 课程编号 | 成绩 | 学号 | 课程编号 | 成绩 |
|------|------|------|------|------|------|------|------|------|------|------|------|
| 03035001 | 101 | 90 | 03036001 | 101 | 89 | 03036003 | 102 | 90 | 03037002 | 101 | 79 |
| 03035001 | 201 | 95 | 03036001 | 201 | 80 | 03036003 | 201 | 65 | 03037002 | 201 | 77 |
| 03035001 | 301 | 92 | 03036001 | 301 | 70 | 03036003 | 301 | 67 | 03037002 | 301 | 56 |
| 03035001 | 302 | 91 | 03036001 | 303 | 89 | 03036003 | 303 | 78 | 03037002 | 305 | 62 |
| 03035002 | 101 | 90 | 03036002 | 101 | 77 | 03037001 | 101 | 88 | 03037003 | 103 | 76 |
| 03035002 | 201 | 95 | 03036002 | 201 | 89 | 03037001 | 201 | 90 | 03037003 | 201 | 66 |
| 03035002 | 301 | 85 | 03036002 | 301 | 90 | 03037001 | 301 | 89 | 03037003 | 301 | 58 |
| 03035002 | 302 | 80 | 03036002 | 303 | 79 | 03037001 | 305 | 85 | 03037003 | 305 | 55 |

以学生表 student 为例，对照关系模型的定义以及数据表实例，可以看出：

(1)学生表共有 4 列，分别为学号、姓名、性别及院系。表中每一列表示一个字段，列名就是字段名。根据关系的定义，列在表中的顺序无关紧要，每一列中所有数据都是同一类型的，允许有相同的值。例如，表中的性别字段有 4 个值均为"男"。

(2)学生表 student 共有 8 条记录，每一条记录都是上述 4 个字段值的集合，代表了一个学生的基本信息。例如，第一条记录{03035001,胡丹,女,中文}表示学生胡丹的基本信息。根据关系的定义，表中记录的顺序无关紧要，但任意两条记录不能相同。

（3）为了保证表内记录的唯一性，必须指定主关键字。在学生表中，除了学号外，姓名、性别、院系三个字段都有可能产生相同的值，因此，将学号作为主关键字是合理的选择。同样，课程表 course 中应选择课程编号作为主关键字，而成绩表 score 中，学号与课程编号的组合能唯一确定一名学生某一门课程的成绩记录，因此，取这两个字段的组合作为关键字。

# 9.2  SQL 语言

SQL 语言的全称是结构化查询语言（Structured Query Language）。它是一种介于关系代数和关系演算之间的语言。SQL 语言集数据定义、查询、操纵和控制于一体，功能十分强大，被广泛地应用于各种数据处理领域。随着关系数据库的流行，SQL 语言现已成为关系数据库的标准语言和数据库领域中的一个主流语言，为数据库的维护和数据库应用程序的设计带来了极大的方便。Visual Basic 语言以及许多其他的程序设计语言，例如 Visual Foxpro、SQL Server 等都支持 SQL 语言。

SQL 语言支持两种不同的使用方式。一种是联机交互方式，即用户能在终端直接输入 SQL 命令对数据库进行操作。另一种是嵌入方式，即将 SQL 语句嵌入到其他高级语言中，这种方式通常在程序代码中使用。

SQL 语言的语句从功能角度可以分为四类：数据定义语句（Data Description Language，DDL）、数据查询语句（Data Query Language，DQL）、数据操纵语句（Data Manipulation Language，DML）和数据控制语句（Data Control Language，DCL）。各类语句及功能见表 9-4。本节主要介绍前面三类语句，重点是数据查询。

**表 9-4**　　　　　　　　　　　　　　SQL 语言的语句及功能

| 语句类别 | 命令 | 功能 |
|---|---|---|
| 数据定义 DDL | CREATE | 创建表 |
|  | DROP | 删除表 |
|  | ALTER | 修改表结构 |
| 数据查询 DQL | SELECT | 查询数据表中满足条件的记录 |
| 数据操纵 DML | INSERT | 向表中插入记录 |
|  | UPDATE | 修改表中记录 |
|  | DELETE | 删除表中符合条件的记录 |
| 数据控制 DCL | GRANT | 给用户授权 |
|  | REVOKE | 收回用户的权限 |

## 9.2.1  SQL 数据定义功能

关系数据库的基本对象是表、视图和索引，因此 SQL 的数据定义功能包括定义数据库、表、视图和索引。由于视图是基于表的虚表，索引是依附于表的，所以数据定义的主要对象是数据表。

### 1. 创建基本表

创建基本表实际上就是定义表的结构,使用的语句是 CREATE TABLE,其语法格式如下:

CREATE TABLE ＜表名＞（ 字段名 1 数据类型说明[[NOT NULL][索引 1]，[字段名 2 数据类型说明 [NOT NULL][索引 2]，……，][,CONSTRAINT 复合字段索引][,……]]）

功能:建立一个由＜表名＞指定的表结构。该基本表由若干个字段组成,如果字段名后面有[NOT NULL]可选项,表示该字段不允许空值。"数据类型说明"用来指定每个字段的数据类型及长度,部分类型参见表 9-5。"索引"用来说明该字段是否被指定为索引字段。

**表 9-5　　　　　　　　　　　　　字段数据类型**

| 数据类型 | 长度(字节) | 说明 |
|---|---|---|
| BIT | 1 位 | 位:表示 Yes/No,True/False |
| BINARY | 1 | 二进制 |
| BYTE | 1 | 字节:数的范围为 0~255 |
| CHAR(N) | N | 字符型:长度为 N,每个字符占一个字节 |
| INTEGER | 2 | 整型:数的范围为－32768~32767 |
| SHORT | 2 | 短整型:数的范围为－32768~32767 |
| LONG | 4 | 长整型:数的范围为－2147483648~2147483647 |
| CURRENCY | 8 | 货币型 |
| DATETIME | 8 | 日期时间型 |
| SINGLE | 4 | 单精度型 |
| DOUBLE | 8 | 双精度型 |

**例 9-2**　用 CREATE TABLE 语句建立例 9-1 数据库 stsc 中的学生表 student、课程表 course 和成绩表 score。

SQL 语句如下:

CREATE TABLE student（学号 CHAR(8) NOT NULL,姓名 CHAR (8),性别 CHAR (2),院系 CHAR (20)）

CREATE TABLE course（课程编号 CHAR(3) NOT NULL,课程名称 CHAR (20),学分 SINGLE ）

CREATE TABLE score（学号 CHAR(8),课程编号 CHAR(3),成绩 SINGLE ）

### 2. 修改表结构

基本表建立后,可以根据需要增加或删除字段。修改表结构命令以 ALTER TABLE 开头,后面根据不同的操作使用不同的命令动词。

(1)增加字段

格式:ALTER TABLE ＜表名＞ ADD COLUMN 字段名 字段类型 [长度][NOT NULL]

功能：对指定的表增加一个字段。

**例 9-3** 为学生 student 表增加一个出生日期字段。

SQL 语句如下：

ALTER TABLE student ADD COLUMN 出生日期 DATETIME

**（2）删除字段**

格式：ALTER TABLE <表名> DROP COLUMN 字段名

功能：在指定的表中删除指定字段。

**例 9-4** 删除学生 student 表中的出生日期字段。

SQL 语句如下：

ALTER TABLE student DROP COLUMN 出生日期

### 3.删除基本表

DROP TABLE 语句用于删除数据库内的一张基本表。

格式：DROP TABLE <表名>

功能：删除指定的表。

## 9.2.2 SQL 数据查询功能

数据查询是数据库的核心操作。数据查询是指根据用户的需要，从数据库中提取所需的数据。SQL 提供了 SELECT 语句实现查询，该语句具有灵活的使用方式和丰富的功能，既可以完成相对简单的单表查询，又可以完成复杂的多表连接查询和嵌套查询。

### 1.SQL 查询语句

一般格式：

SELECT［ALL｜DISTINCT｜TOP N｜TOP N PERCENT］

 ＊｜列名1或表达式1［AS 列标题1］［,列名2或表达式2［AS 列标题2］…］

FROM 表名1［［IN 数据库名1］别名1［,表名2［IN 数据库名2］别名2］…］

［WHERE（条件表达式）］

［GROUP BY 列名1［,列名2］…］

［HAVING 条件］

［ORDER BY 列名1［ASC｜DESC］［,列名2［ASC｜DESC］…］］

功能：

根据 WHERE 子句的条件表达式，从 FROM 子句指定的基本表中，找出满足条件的记录；再按 SELECT 子句中的目标表达式，选出记录中的属性值，形成查询结果。如果有 GROUP BY 子句，则将结果按分组列名的值进行分组，取属性列值相等的记录为一个组。如果 GROUP BY 子句还带有 HAVING 短语，则只有满足指定条件的组才能输出。如果有 ORDER BY 子句，则查询结果还要按排序字段的值进行升序或降序排列。

为了便于理解，现将 SELECT 语句分解成几部分加以说明：

（1）［ALL｜DISTINCT｜TOP N｜TOP N PERCENT］

语句中这部分选项指定查询结果的输出范围，选项中各参数用分隔符"｜"隔开，表示用户只能选择其中的一个参数。

ALL：表示查询结果中包含值相同的记录。

DISTINCT：表示若有相同的记录，查询结果中只包含第一条记录。

TOP N：表示输出查询结果的前 N 条记录。

TOP N PERCENT：表示输出查询结果的前百分之 N 条记录。

(2) * ｜列名 1 或表达式 1［AS 列标题 1］［,列名 2 或表达式 2［AS 列标题 2］…］

语句中的这部分内容是查询的目标表达式。它指定查询结果所包含的选定项，可以是列名或表达式。AS 后面的"列标题"用来定义该列的标题。若选"＊"则表示输出项是FROM 子句所指定基本表中的全部字段。

(3)FROM 表名 1［IN 数据库名 1］别名 1［,表名 2［IN 数据库名 2］别名 2］…］

FROM 子句用于指定查询操作从哪些基本表中获取数据。每个表可以取一个"别名"，这样就可以用"别名"来引用表中的字段。

(4)［WHERE 条件表达式］

WHERE 子句用来指定查询条件或多表间的连接条件。

(5)［GROUP BY 列名 1［,列名 2］…］

GROUP BY 子句用来指定分组的列，以便进行统计。

(6)［HAVING 条件］

当指定分组后，该子句有效，查询结果中包含满足条件的分组信息。

(7)［ORDER BY 列名 1［ASC ｜ DESC］［,列名 2［ASC ｜ DESC］…］］

ORDER BY 子句用于对查询结果中指定的列进行排序。参数 ASC 是默认值，表示升序；参数 DESC 表示降序。

下面以表 9-1～表 9-3 中的记录为模拟数据，举例说明 SELECT 语句的应用。

### 2.简单查询

简单查询是基于单表的查询，由 SELECT 和 FROM 短语构成无条件查询或者由SELECT、FROM 和 WHERE 短语构成有条件查询。

(1)选择表中的若干列

**例 9-5**　查询学生表 student 中所有院系。

SELECT 院系 FROM student

该结果中有重复值，若要去掉重复值只需加上 DISTINCT 短语：

SELECT DISTINCT 院系 FROM student

**例 9-6**　查询全体学生的详细记录。

SELECT ＊ FROM student

其中的"＊"表示要查询所有的列。

**例 9-7**　查询全体学生情况，并将查询结果按学号降序排序。

SELECT ＊ FROM student ORDER BY 学号 DESC

(2)用 WHERE 子句选择满足条件的记录

常见的查询条件如表 9-6 所示。

表 9-6　　　　　　　　　　　常用的查询条件

| 查询条件 | 所用符号或关键字 | 说明 |
|---|---|---|
| 比较 | =,>,<,>=,<=,! =,! >,! <,<> | 将指定字段的值与表达式比较,查出满足条件的记录 |
| 确定范围 | 字段名[NOT] BETWEEN 下限 AND 上限 | 表示字段值在(或不在)指定的下限到上限区间 |
| 确定集合 | 字段名[NOT] IN(值集合) | 表示字段属于(或不属于)值集合 |
| 字符匹配 | 字段名[NOT] LIKE | 表示查询字符型字段值与字符串匹配的记录。字符串可用通配符"_"(代表一个字符)或"%"(代表任意多个字符) |
| 多项条件 | AND,OR,NOT | 连接多个比较条件 |

**例 9-8**　查询输出学生表中院系为"建筑"的全体学生名单。

SELECT student.姓名 FROM student WHERE (student.院系 ＝ '建筑')

**例 9-9**　查找所有"李"姓学生的姓名和院系。

SELECT student.姓名 student.院系 FROM student WHERE (student.姓名 Like '李%')

### 3. 连接查询

若查询涉及两个或两个以上的表,就要用到连接查询。由于 SQL 的高度非过程化,用户只需要在 FROM 子句中指出要用到的表名,在 WHERE 中指出连接条件,连接过程将由系统自动完成。

连接条件的一般格式为:

[<表名1>.]<列名1> <比较运算符>[<表名2>.]<列名2>

此外,连接条件还可以用下面的形式:

[<表名1>.]<列名1> BETWEEN [<表名2>.]<列名2> AND [<表名3>.]<列名3>

连接条件中的列名称为连接字段,条件中的各连接字段必须是可比的。

当连接运算符为"＝"时,称为等值连接。使用其他运算符称为非等值连接。

**例 9-10**　查询考试课程编号为"101"的学生学号、姓名和成绩。

学生的姓名在 student 表中,学生课程及成绩信息在 score 成绩表中,所以本查询实际上同时提取 student 和 score 两个表中的数据。这两个表之间的联系是通过两个表中都有"学号"字段实现的。要查询学生及其选修课程的情况,就必须将这两个表中学号相同的记录连接起来。这是一个等值连接。SQL 语句为:

SELECT student.学号,姓名,成绩 FROM student, score WHERE student.学号＝score.学号 AND 课程编号＝'101'

⚠ **注意**: student 表与 score 表中均包含学号字段,访问时要加前缀。

### 4. 嵌套查询

在 SQL 语言中,一个 SELECT...FROM...WHERE 语句称为一个查询块。将一个查询块嵌套在另一个查询块的 WHERE 子句或 HANVIG 短语中的查询称为嵌套查询。嵌套查询使用户可以用多个简单查询构造复杂的查询,从而增强 SQL 语言的查询能力。

**例 9-11**　用嵌套查询实现例 9-10 的功能要求。

SQL 语句如下：

SELECT 学号,姓名,成绩 FROM student WHERE 学号 IN（SELECT 学号 FROM score WHERE 课程编号='101'）

在本例中,下层查询块 SELECT 学号 FROM score WHERE 课程编号='101'是嵌套在查询块 SELECT 学号,姓名,成绩 FROM student WHERE 学号 IN 中的。上层查询块又称为"外层查询"或"父查询",下层查询块称为"内层查询"或"子查询"。一个子查询还可以嵌套其他子查询。

### 5.计算查询

SQL 提供了称为库函数的常用统计函数,这些库函数增强了查询功能,进一步方便了用户。这些库函数及其功能如下：

COUNT(<字段名>)：　　　对指定字段进行计数

SUM(<字段名>)：　　　求指定字段值的总和(该字段必须为数值)

AVG(<字段名>)：　　　求指定字段值的平均值(该字段必须为数值)

MAX(<字段名>)：　　　求指定字段中的最大值

MIN(<字段名>)：　　　求指定字段中的最小值

以上函数不可以嵌套使用。在使用库函数查询时,常用 AS 来指定列名。

**例 9-12**　查询课程表中的课程总数。

SELECT COUNT( * )AS 课程总数 FROM course

在 course 表中课程编号的值唯一,所以统计课程总数就是统计表中的记录数。

**例 9-13**　查询成绩表中学号为'03035002'学生 4 门课程考试成绩总分。

SELECT SUM(成绩)AS 成绩总分 FROM score WHERE (学号 = '03035002')

**例 9-14**　查询成绩表中学号为 '03035002'学生考试成绩的平均分数。

SELECT AVG(成绩)AS 平均成绩 FROM score WHERE (学号 = '03035002')

### 6.查询结果输出

在 SELECT 语句中常使用 TOP n ［ PERCENT ］短语来显示满足条件的前几条记录。不带 PERCENT 参数时,n 是 1～32767 之间的整数,说明显示前 n 条记录;使用 PERCENT 参数时,n 是 0.01～99.99 之间的实数,说明显示查询结果中前百分之多少的记录。

TOP 短语要与 ORDER BY 短语同时使用才有效。

**例 9-15**　查询输出成绩表中成绩前 5 名的学生

SELECT TOP 5 score. * FROM score ORDER BY score.成绩 DESC

## 9.2.3　SQL 数据操纵功能

SQL 的数据操纵功能是指对已经存在的数据表进行记录的插入、删除和修改操作。SQL 的数据操作包括三个语句：INSERT(插入记录)、DELETE(删除记录)和 UPDATE(修改记录)。

1. 插入数据

向表中插入记录使用 INSERT 语句，格式如下：

INSERT INTO ＜表名＞［（字段名1［,字段名2…］）］VALUES（表达式1［,表达式2…］）

功能：在基本表中添加一条包含指定字段值的记录。

**例 9-16** 给成绩表添加一条考试成绩记录。

INSERT INTO score（学号,课程编号,成绩）VALUES（"03037005","101",88）

说明：

命令中的各表达式与字段名之间相互对应，因此两者的数据类型应相同。

若插入命令中表的每一个字段都有具体的值，那么字段名列表可以省略。若只给出部分字段的值，那么必须在命令中列出对应的字段名。

如上列的命令可改为：

INSERT INTO score VALUES（"03037005","101",88）

2. 删除数据

命令格式：

DELETE FROM ＜表名＞［WHERE ＜条件＞］

功能：从指定的表中对满足条件的那些记录作删除标记。

说明：

如果省略条件子句，表示删除表中所有记录，但是该表的结构仍然存在。

**例 9-17** 从成绩表中删除学号为'03037005'学生的所有成绩记录。

DELETE FROM score WHERE 学号＝'03037005'。

3. 修改数据

修改数据是指修改指定表中满足条件的记录。

命令格式：

UPDATE ＜表名＞

SET ＜字段名1＞＝＜表达式1＞［,＜字段名2＞＝＜表达式2＞］…

［WHERE ＜条件＞］

功能：按 SET 子句中的表达式修改记录的相应的字段值。如果省略条件，表示表中所有记录都要修改，否则仅修改满足条件的部分记录。

**例 9-18** 将学生表中学号为"03036003"的学生姓名改为"王平"。

UPDATE student SET 姓名＝"王平" WHERE 学号＝'03036003'

**例 9-19** 将成绩表中所有学生的各门课程考试成绩减去5分。

UPDATE score SET 成绩＝成绩－5

# 9.3 可视化数据管理器

## 9.3.1 可视化数据管理器简介

可视化数据管理器（Visual Data Manager）是一个非常实用的工具。它具有可视化的

操作界面,能快速地建立数据库、数据表和数据查询,还可以自动生成数据窗体。可视化数据管理器随 Visual Basic 安装一起建立,实际上是一个独立的可单独运行的应用程序。在 Visual Basic 开发环境中,执行【外接程序】|【可视化数据管理器】菜单命令可以启动可视化数据管理器,工作窗口如图 9-2 所示。

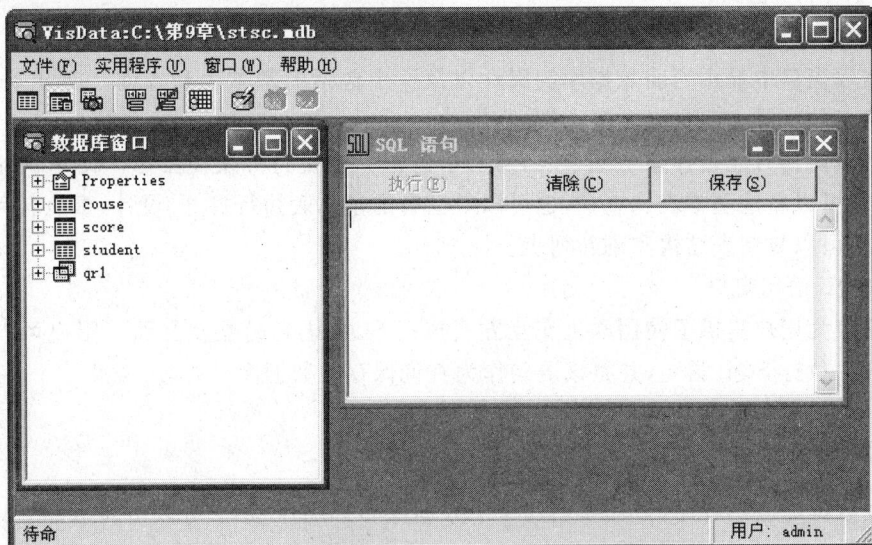

图 9-2　可视化数据管理器

可视化数据管理器由菜单栏、工具栏、主窗口和状态栏四部分组成。

1. 菜单栏

菜单栏中,有“文件”、“实用程序”、“窗口”和“帮助”四个菜单。其中,“文件”菜单中提供了数据库的新建、打开和退出等命令。“窗口”菜单提供窗口平铺和层叠等命令。“实用程序”菜单中提供了“查询生成器”和“数据窗体设计器”两个工具软件。在“查询生成器”对话框中,用户可以快速生成一个 SQL 查询。在“数据窗体设计器”窗口中,用户可以非常方便地建立一个数据窗体的界面和应用程序框架。

2. 工具栏

工具栏提供了三组共 9 个按钮。

(1)类型群组按钮

使用这组按钮可以设置记录集的访问方式,共有表类型、动态集类型和快照类型记录集三种方式,相关内容将在数据控件中详细介绍。

(2)数据群组按钮

工具栏的数据群组按钮用于指定数据表的显示方式。共有三种方式:使用 Data 控件、不使用 Data 控件和使用 DBGrid 控件。前两种显示方式有点相似,第三种方式使用了 DBGrid 数据网格控件,以二维表格形式显示一张数据表,非常直观。

(3)事务方式群组按钮

该组 3 个按钮用于进行事务处理。

### 3. 主窗口

进入可视化数据管理,如果没有新建或打开的数据库,主窗口是空的。一旦用户新建一个数据库或者打开一个已存在的数据库文件,则主窗口中显示图 9-2 所示的数据库和 SQL 语句两个子窗口。

(1)数据库窗口

数据库窗口中显示当前数据库的属性以及库中包括的基本表和查询。展开基本表,可以观察表的字段、索引、属性等详细内容。

数据表操作时先选择某个基本表,然后单击鼠标右键打开快捷菜单。使用快捷菜单命令,用户可以新建基本表和查询,也可以对已有的基本表执行打开、设计、重命名和删除等操作,还可以复制表结构和刷新列表。

(2)SQL 语句窗口

该窗口为用户提供了使用联机交互方式执行 SQL 语句的操作界面。用户可以在窗口中输入并执行 SQL 语句,并将该语句作为查询保存在数据库中。

## 9.3.2 创建数据库

开发数据库应用程序,首先要创建一个数据库。Visual Basic 可以访问诸如 dBASE、FoxPro、Paradox、Microsoft Excel、Lotus1-2-3 等多种格式的数据库,这些不同类型的数据库一般都可以通过相应的数据库管理系统来建立。例如,用户可以使用 Microsoft Access 建立后缀为.mdb 的 Access 数据库;也可以使用 Visual FoxPro 建立 FoxPro 数据库或 FoxBase 自由表。但在 Visual Basic 设计环境下,创建一个 VB 所支持的数据库,最简单的方法还是使用可视化数据库管理器。

通过可视化数据库管理器,用户可以建立多种类型的关系数据库。考虑到 Access 数据库是 Visual Basic 默认的内联数据库,所以下面结合建立例 9-1 的 stsc 数据库实例过程,介绍建立数据库的方法和步骤。

Access 数据库使用大型数据库的数据组织方法,数据库中包含多个数据表,数据保存在数据表中。每个数据表不是以文件的形式保存在磁盘上,而是包含在数据库文件中。通常,将一个管理系统软件所涉及的数据表都放在一个数据库中。在数据库中不仅仅存放数据,而且还包含数据表之间的关系、视图、查询等内容。

### 1. 创建数据库

创建 stsc 数据库的操作过程如下:

(1)在 Visual Basic 设计环境下,打开可视化数据管理器。

(2)执行【文件】|【新建】|【Microsoft Access】|【Version 7.0 MDB】菜单命令,打开"创建 Microsoft Access 数据库"对话框。在对话框中输入文件名并设置路径,如图 9-3 所示。

(3)单击【保存】命令按钮,则系统在指定的工作目录内生成了一个名为 stsc.mdb 的 Access 数据库,同时进入可视化数据管理器工作界面,如图 9-4 所示。主窗口内的"数据库窗口"显示出该数据库的属性。需要说明的是,stsc.mdb 数据库虽然已建立,但库中现在还没有任何数据表。

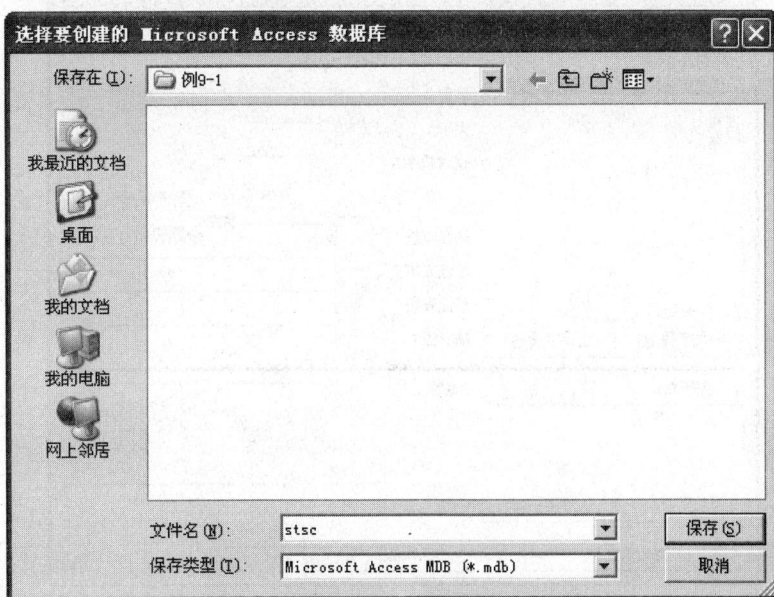

图 9-3　创建 Microsoft Access 数据库对话框

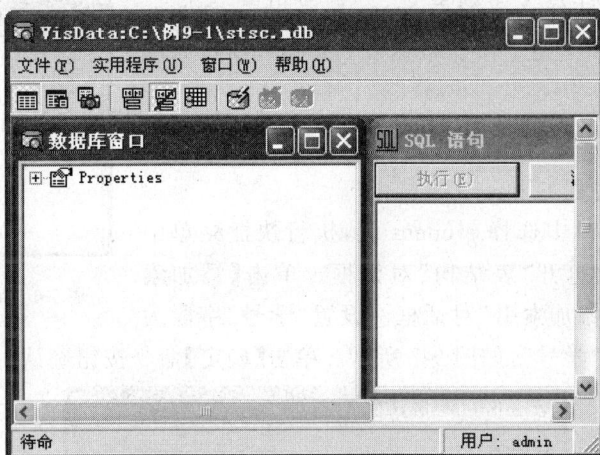

图 9-4　可视化数据管理器工作界面

### 2.添加数据表

建立数据库之后,就可以向数据库中添加数据表了。操作过程如下:

(1)在数据库窗口中单击鼠标右键弹出快捷菜单,执行【新建表】命令,打开"表结构"对话框。该对话框用于创建、查看和修改数据表的结构。

(2)在对话框的"表名称"栏目内输入数据表名称,例如学生表名为 student。然后单击【添加字段】命令按钮,打开"添加字段"对话框,输入字段的名称、类型、大小等属性,单击【确定】按钮确认。重复这一过程,直至表内添加了所有字段。添加字段过程结束后,"字段列表"栏目内显示当前数据表的结构,如图 9-5 所示。最后单击【生成表】命令按钮,返回数据库窗口。

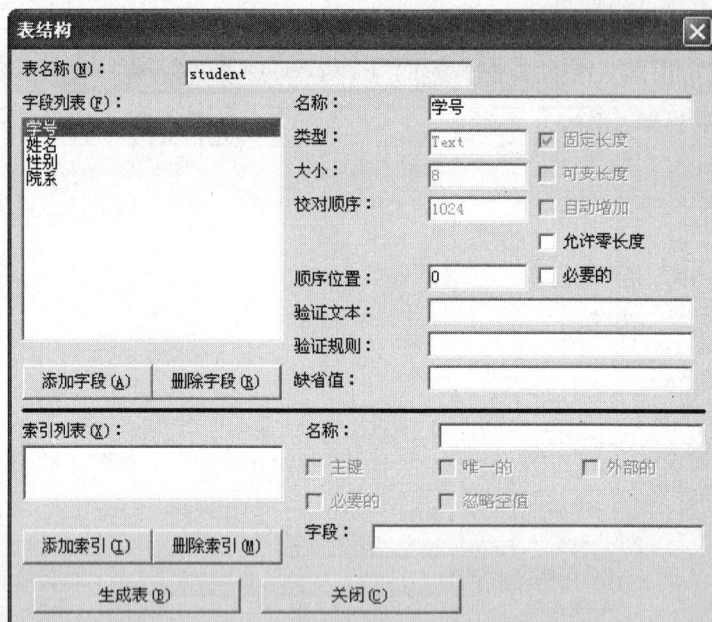

图 9-5 "表结构"对话框

(3)用同样的方法建立成绩表 score 和课程表 course。至此，stsc 数据库内共建立了 3 张数据表。数据库窗口如图 9-6 所示。

图 9-6 stsc 数据库中的表

### 3. 添加索引

添加索引操作过程如下：

(1)在数据库窗口中选择 student 表，执行快捷菜单中的【设计】命令，再次打开"表结构"对话框。单击【添加索引】命令按钮，打开"添加索引"对话框。设置"学号"字段为主索引，索引名称为"学号"，如图 9-7 所示。单击【确定】命令按钮确认。

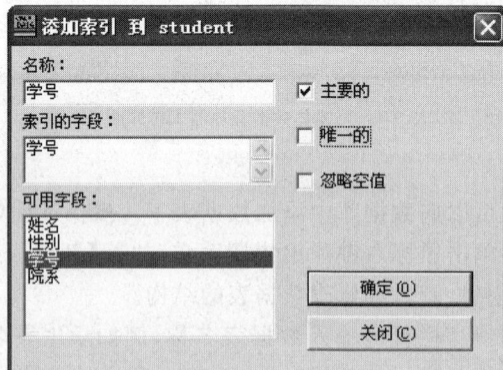

图 9-7 "添加索引"对话框

(2)关闭"添加索引"对话框，回到"表结构"对话框。student 表结构如图 9-8 所示。

(3)用同样的方法为课程表和成绩表建立索引。课程表 course 的"课程编号"字段为

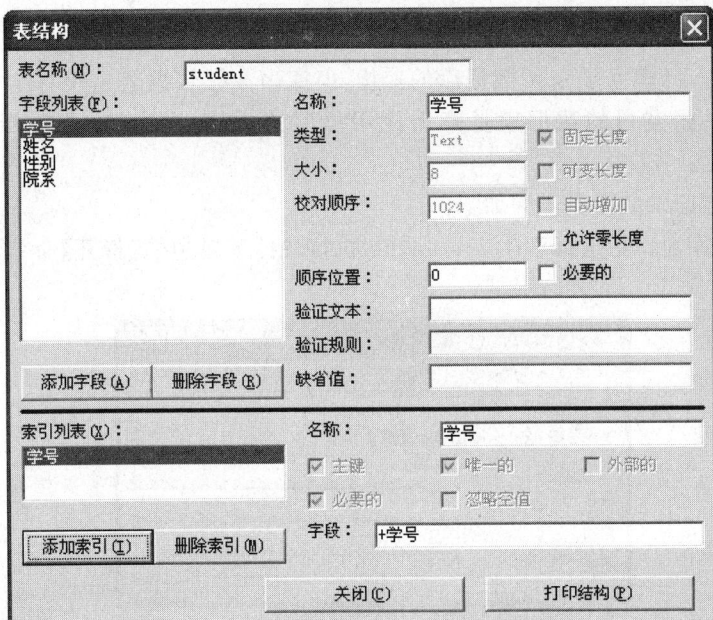

图 9-8　添加索引后的表结构

主索引字段,成绩表 score 的"学号"和"课程编号"字段均为普通索引,索引名均与字段名相同。

(4)返回数据库窗口,展开 stsc 数据库的结构,如图 9-9 所示。

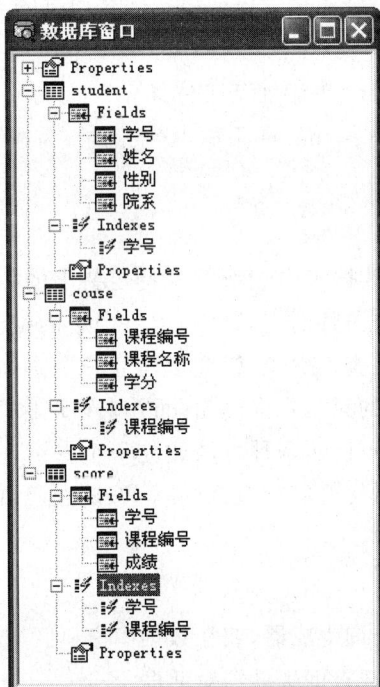

图 9-9　stsc 数据库结构

**4. 输入数据**

到目前为止,已建立了 stsc 数据库的架构,但库内 3 张数据表是仅有结构的空表,表内没有记录。一张空白的数据表是毫无使用价值的,因此,接下来的首要任务是输入数据。

向表中添加记录的操作步骤如下:

(1)在数据库窗口中选择学生表 student,执行快捷菜单中的【打开】命令,打开图 9-10 所示的表窗口。

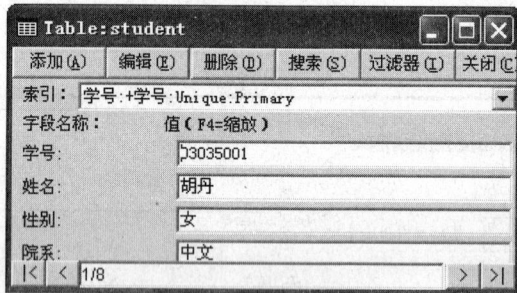

图 9-10 student 表窗口

表窗口上方的命令按钮用于对数据表进行编辑操作。用户可以选择记录的添加、编辑和删除等操作。窗口中间是数据区,显示当前记录的各个字段名称和字段内容。窗口底部则显示数据表的当前记录号和记录总数,用户可以搜索某个记录为当前记录。

(2)单击【添加】命令按钮,输入各字段的值。一条记录输入结束后单击【更新】命令按钮确认。

(3)重复步骤(2),为 student 表添加 8 条记录。

(4)重复上述过程,为课程表 course 添加 10 条记录,为成绩表 score 添加 32 条记录。

## 9.3.3 建立查询

查询(query)是指从相关数据表中选取符合特定要求的数据。当用户需要在已有的一个或多个基本表中查找符合条件的记录并构成一个新的记录集,就要用到查询。如果在应用程序中经常要用到某个查询操作,就应该建立一个查询,并将它保存在数据库中。必须指出的是,数据库中保存的只是查询语句,而并未物理保存这些被查询的记录数据。

在可视化数据管理器中,可以用两种方法建立一个查询。第一种方法是使用查询生成器,第二种方法是在 SQL 语句窗口中直接输入 SQL 查询语句。下面结合实例分别介绍这两种方法。

**1. 使用查询生成器**

选择实用程序菜单下的查询生成器,或在数据库窗口区域单击鼠标右键,然后在弹出的菜单中选择新查询,即可打开查询生成器对话框。

**例 9-20** 建立一个名为 qr1 的查询,用于查询并输出建筑系学生的基本信息以及各门课程的成绩。使用数据网格形式显示查询结果。

分析:该查询涉及学生及成绩两个基本表,应该使用连接查询,连接关键字是两个表的学号字段。操作步骤如下:

(1)打开查询生成器。

(2)在查询生成器中同时选择学生表 student 和成绩表 score,单击【设置表间联接】命令按钮,打开"联接表"对话框,如图 9-11 所示。在该对话框中首先选择被联接的表对,然后选择联接的字段,单击【给查询添加联接】命令按钮后关闭对话框。

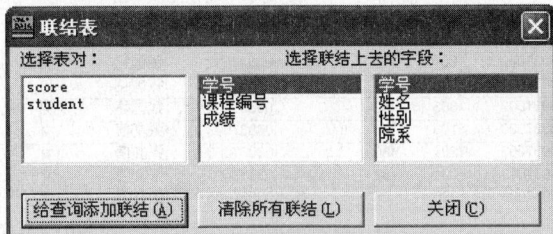

图 9-11 "联接表"对话框

(3)在查询生成器中选择输出的字段,设置查询条件,如图 9-12 所示。

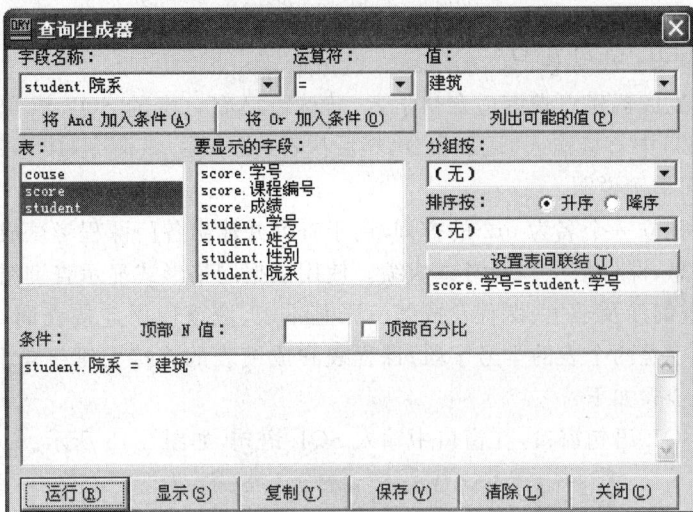

图 9-12 查询生成器

(4)单击查询生成器中的【显示】命令按钮,可以显示查询生成器自动生成的 SQL 命令,如图 9-13 所示。

Select score.*,student.* From score,student Where (student.院系 = '建筑') And score.学号=student.学号

图 9-13 查询生成器建立的 SQL 命令

(5)单击工具栏上的 DBGrid 控件图标,选择数据网格输出形式。

(6)单击查询生成器中的【运行】命令按钮,弹出"这是 SQL 传递查询吗?"对话框,选择默认选项"否",确认查询。这时,系统自动从两张基本表中提取满足条件的记录信息,并以二维表格形式输出查询结果,如图 9-14 所示。

(7)单击查询生成器中的【保存】命令按钮,在弹出的对话框中输入查询名 qr1 后确认。

图 9-14 例 9-20 查询输出

**2.使用 SQL 语句窗口**

使用查询生成器建立查询适合初学者,若读者已有一定的 SQL 语言基础,则可以在"SQL 语句"窗口中直接输入 SQL 命令,然后执行(或清除)该命令,或将其保存为数据库中的查询,下面举例说明。

**例 9-21** 建立一个名为 qr2 的查询,用于查询并输出各门课程考试成绩 90 分以上的学生的基本信息、课程信息以及考试成绩。使用数据网格形式显示查询结果。

**分析:**该查询涉及学生、课程及成绩三张基本表,应该使用连接查询。学生表和成绩表的连接关键字是两个表的学号字段;课程表和成绩表的连接关键字是两个表的课程编号字段。操作步骤如下:

(1)打开 SQL 语句窗口,在窗口中输入 SQL 语句,如图 9-15 所示。

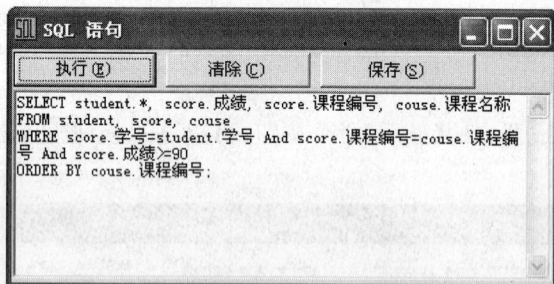

图 9-15 输入 SQL 语句

(2)单击【执行】命令按钮,系统弹出"这是 SQL 传递查询吗?"对话框,单击【否】命令按钮确认查询,查询结果如图 9-16 所示。

(3)单击窗口中的【保存】命令按钮,在弹出的对话框中输入查询名 qr2 后确认。

| 学号 | 姓名 | 性别 | 院系 | 成绩 | 课程编号 | 课程名称 |
|------|------|------|------|------|----------|----------|
| 03035002 | 樊丽萍 | 女 | 中文 | 90 | 101 | 大学英语 |
| 03035001 | 胡丹 | 女 | 中文 | 98 | 101 | 大学英语 |
| 03036003 | 许小晴 | 女 | 金融 | 90 | 102 | 德语 |
| 03037001 | 刘志强 | 男 | 建筑 | 90 | 201 | 计算机基础 |
| 03035002 | 樊丽萍 | 女 | 中文 | 95 | 201 | 计算机基础 |
| 03035001 | 胡丹 | 女 | 中文 | 95 | 201 | 计算机基础 |
| 03036002 | 李华 | 男 | 金融 | 90 | 301 | 高等数学 |
| 03035001 | 胡丹 | 女 | 中文 | 92 | 301 | 高等数学 |
| 03035001 | 胡丹 | 女 | 中文 | 91 | 302 | 普通物理 |

图 9-16　例 9-21 查询输出

# 9.4　数据控件

Visual Basic 可以访问的数据库有三种类型。第一类是 Visual Basic 数据库,其格式与 Access 相同,数据库文件类型为 mdb。第二类是外部数据库,如 dBase、FoxBase、FoxPro 等数据库,还可以是 Excel、Lotos1-2-3 等电子表格,甚至是文本文件数据库。第三类是客户/服务器数据库,如 Microsoft SQL Server、Oracle、Sybase 等数据库。

Visual Basic 提供了多种访问数据库信息的方式,主要包括数据控件(Data Control)、数据访问对象(Data Access Object,即 DAO)、远程数据对象(Remote Data Object,即 RDO)以及 ActiveX 数据对象(ActiveX Data Object,即 ADO)。

数据控件(Data Control)是 Visual Basic 提供的标准控件。Data 控件使用 Microsoft 的 Jet 数据库引擎来实现数据访问。Jet 数据库引擎被包括在一组动态链接库(DLL)文件中,运行时,这些文件被链接到 Visual Basic 应用程序中,从而使用户可以直接访问 Microsoft Access 以及其他标准的数据库。

## 9.4.1　数据控件的属性、事件和方法

### 1. 数据控件的基本属性

和其他控件一样,Data 控件具有外观、位置、行为等基本属性。为了实现对数据库的访问,Data 控件提供了数据类属性,这些属性决定了它所要访问的数据资源。

(1)Connect 属性

该属性定义所要连接的数据库的类型,默认值为 Access 数据库。

(2)DatabaseName 属性

该属性设置 Data 控件的数据源,即 Data 控件具体使用的数据库文件名,包括路径。如果连接的是单表数据库,则 DatabaseName 属性应设置为数据库文件所在的子目录名,而具体文件名放在 RecordSource 属性中。

（3）DefaultType 属性

该属性指定所使用的是 Jet 还是 ODBC，默认值为使用 Jet 数据库引擎。

（4）RecordSource 属性

该属性用于设置 Data 控件访问的数据库中的基本表，也可以是满足某一 SQL 查询条件的记录集。属性值可以是一个表的名称或一条 SQL 语句。

说明：当程序运行时改变 RecordSource 属性值后，必须用 Refresh 方法使改变生效，以重建 Recordset 对象。

（5）RecordsetType 属性

该属性指定或返回 Data 控件创建的记录集的类型。其取值说明见表 9-7。

表 9-7 　　　　　　　　　　　　　RecordsetType 属性取值说明

| 属性值 | 类型 | 说明 |
|---|---|---|
| 0 | Table | 表类型记录集，记录集允许修改、编辑 |
| 1 | Dynaset | 动态集类型记录集（默认值），记录集允许修改、编辑，访问速度快 |
| 2 | Snapshot | 快照类型记录集，记录集不允许修改、编辑，只适用于查询，访问速度快 |

（6）BOFAction 属性

该属性指定当 BOF 为 True 时，即内部纪录指针移过记录集开始位置时，Data 控件的行为，其取值说明见表 9-8。

表 9-8 　　　　　　　　　　　　　BOFAction 属性取值说明

| 常数 | 值 | 说明 |
|---|---|---|
| vbBOFActionMoveFirst | 0 | 将第一条记录作为当前记录（默认值） |
| vbBOFActionBOF | 1 | 纪录指针继续前移，在第一条记录上引发 Data 控件的 Validate 事件，紧跟着是非法纪录（BOF）上的 Reposition 事件，此时禁止 Data 控件上的 Move Previous 按钮 |

（7）EOFAction 属性

该属性指定当 EOF 为 True 时，即内部纪录指针移过记录集结束位置时，Data 控件的行为，其取值见表 9-9。

表 9-9 　　　　　　　　　　　　　EOFAction 属性取值说明

| 常数 | 值 | 说明 |
|---|---|---|
| vbEOFActionMoveLast | 0 | 将最后一条记录作为当前记录（默认值） |
| vbEOFActionEOF | 1 | 纪录指针继续后移，在最后第一条记录上引发 Data 控件的 Validate 事件，紧跟着是非法纪录（EOF）上的 Reposition 事件，此时禁止 Data 控件上的 Move Next 按钮 |
| vbEOFActionAddNew | 2 | 移过最后一条记录，将在当前记录上引发 Data 控件的 Validate 事件，紧跟着是自动 AddNew，接下来是在新记录上的 Reposition 事件 |

（8）Exclusive 属性（独占属性）

该属性设置单用户或多用户访问数据库。默认值为 False，表示允许多用户访问数据库。

（9）Options 属性

该属性决定记录集的特征。例如，在一个多用户环境中，可以设置 Options 属性来禁止其他用户所做的更改。

（10）ReadOnly 属性

该属性指定是否为只读属性，即不允许对表中的数据进行编辑修改。默认值为 False，表示数据可以被修改。

例 9-22 使用 Data 控件连接数据库 stsc. mdb，在窗体 Form1 内显示学生表 student 的基本信息，如图 9-17 所示。

分析：

Data 控件可以快速地连接一个数据库，但是，Data 控件不具有显示数据的功能。要显示数据库中的数据，必须使用和 Data 控件相绑定的数据绑定控件。

数据绑定控件是一种数据识别控件。在 Visual Basic 数据库应用程序设计中，数据绑定控件分为两大类。一类是可绑定到 Data 控件的内部控件，如文本框、组合框、复选框和 OLE 容器控件等标准控件；另一类是专门用于数据访问的外部控件，如 DBGrid 、DBList 和 DBCombo 等 ActiveX 控件。

图 9-17 使用 Data 控件显示学生表基本信息

本例无需编写程序代码，使用 4 个文本框作为数据绑定控件，分别绑定 Data1 从 student 基本表生成的动态记录集中的学号、姓名、性别和院系 4 个字段。运行时文本框所显示的内容为当前记录这些字段的值。用户通过单击 Data 控件的 4 个箭头，可以移动记录指针，遍历整个数据表。

设计步骤如下：

（1）在窗体中创建 1 个 Data 控件和 1 个框架控件，在框架内添加 4 个标签和 4 个文本框。

（2）设置 Data 控件的主要属性，如表 9-10 所示。表中未列出的属性取默认值。

表 9-10 Data 控件的主要属性设置

| 属　性 | 属性值 |
| --- | --- |
| Name | Data1 |
| Caption | 移动记录 |
| Connect | Access |
| DatabaseName | C:\例 9-22\stsc. mdb |
| DefaultType | Jet |
| RecordSource | student |
| RecordsetType | 1-Dynaset |

（3）设置文本框的数据类属性，目的是为了绑定 Data 控件，如表 9-11 所示。

表 9-11　　　　　　　　　　　　文本框控件的数据类属性设置

| 控件名 | 属性 | 属性值 |
|---|---|---|
| Text1 | DataSource | Data1 |
| | DataField | 学号 |
| Text2 | DataSource | Data1 |
| | DataField | 姓名 |
| Text3 | DataSource | Data1 |
| | DataField | 性别 |
| Text4 | DataSource | Data1 |
| | DataField | 院系 |

（4）参照图 9-17，设置框架 Frame1 及标签 Label1～Label4 的 Caption 属性。

### 2. 数据控件的常用事件

除了一些常用的鼠标事件外，Data 控件有以下几个与数据访问相关的事件。

（1）Reposition 事件

当用户单击 Data 控件上某个按钮移动记录，或者使用了某个 Move 方法（如 MoveNext），Find 方法（如 FindFirst），使得一条记录成为当前记录之后，均会引发 Reposition 事件。另外，当加载一个 Data 控件时，Recordset 对象的第一条记录成为当前记录，也会引发该事件。

（2）Validate 事件

该事件是在移动到一条不同的记录之前出现。此外，当修改或删除数据表中的记录前或者卸载含有数据控件的窗体时都会触发 Validate 事件。Validate 事件能检查被数据控件绑定的控件内的数据是否发生变化。其语法为：

```
Private Sub Data1_Validate(Action As Integer, Save As Integer)
    ...
End Sub
```

其中：

参数 Save 表示被绑定的控件内的数据是否改变。

参数 Action 表示引发该事件的操作，见表 9-12 所示。

表 9-12　　　　　　　　　　Validate 事件的 Action 参数取值说明

| 常数 | 值 | 说明 |
|---|---|---|
| vbDataActionCancel | 0 | 当 Sub 退出时取消操作 |
| vbDataActionMoveFirst | 1 | MoveFirst 方法 |
| vbDataActionMovePrevious | 2 | MovePrevious 方法 |
| vbDataActionMoveNext | 3 | MoveNext 方法 |
| vbDataActionMoveLast | 4 | MoveLast 方法 |
| vbDataActionAddNew | 5 | AddNew 方法 |

（续表）

| 常数 | 值 | 说明 |
| --- | --- | --- |
| vbDataActionUpdate | 6 | Update 操作(不是 UpdateRecord) |
| vbDataActionDelete | 7 | Delete 方法 |
| vbDataActionFind | 8 | Find 方法 |
| vbDataActionBookmark | 9 | Bookmark 属性已被设置 |
| vbDataActionClose | 10 | Close 的方法 |
| vbDataActionUnload | 11 | 卸载窗体 |

### 3. 数据控件的常用方法

（1）Refresh 方法

在 DatabaseName、ReadOnly、Exclusive、Connect 及 RecordSource 等属性值发生改变时，可使用该方法来打开或重新打开数据库，并重建 Recordset 记录集对象。

语法为：DataObject. Refresh

（2）UpdateControls 方法

该方法将数据从数据库中重新读到数据控件绑定的控件内。因此，可以使用 UpdateControls 方法终止用户修改绑定控件内的数据。

（3）UpdateRecord 方法

当用户修改了绑定控件内的数据后，数据控件需要移动记录集的指针才能保存修改过的数据。如果使用 UpdateRecord 方法，可强制数据控件将绑定控件内的数据写入数据库中，同时不再引发 Validate 事件。在程序代码中，可以使用该方法确认修改有效。

## 9.4.2　记录集的属性与方法

### 1. Recordset 对象

在 Visual Basic 中，数据控件起到了一个桥梁的作用。用户通过设置 Data 控件的数据类属性，可以将它连接到某个数据库，并能指定访问数据库中的基本表。但是，用户不能直接对表内数据进行操作。要浏览或操作记录，只能通过记录集（Recordset）对象。数据控件将数据库中的指定数据提取出来，放在一个记录集中。在默认状态下，Data 控件从一个或多个表中创建一个动态记录集。

Recordset 对象是 Data 控件所引用的所有记录的集合，数据库的编程主要是针对这个记录集对象来进行的。它有三种类型，分别是表类型、动态集类型和快照类型。表 9-7 中已对这三种类型记录集作过简单介绍，下面再对其中一些概念补充说明。

表（Table）类型的 Recordset 对象反映的是当前数据库内真实的数据表。当以这种方式访问数据库时，用户所进行的增加、删除、修改、查询等操作都将直接更新数据库中的数据。

动态集（DynaSet）类型的 Recordset 对象是一个可以更新的数据集，实际上它是对一个或几个表中的记录引用。动态集和产生动态集的基本表可以互相更新。如果动态集中的记录发生改变,同样的变化也将在基本表中得到反映。在多用户环境下,如果其他用户修改了基本表,这些修改也将反映到动态集中。因此,动态集类型是最灵活、功能最强的 Recordset 类型,但它的操作速度不及表类型。

快照(SnapShot)类型的 Recordset 对象是记录的一个静态集合副本,它所包含的数据是固定的。一个快照类型的记录集对象是只读的,它能显示数据库中一个或多个表的字段,但字段内容不能更改,仅适用于查询操作。

具体使用什么记录集,取决于需要完成的任务。例如,如果必须对数据进行排序或使用索引,可使用表类型的记录集。因为表类型的记录集对象做了索引,记录定位的速度较快;如果希望对查询选定的一系列记录进行更新,可使用动态集;如果只需对记录进行扫描,那么使用快照类型的记录集可能会快一些。

### 2. Recordset 对象的属性

Recordset 作为一个对象,它有以下基本属性。

(1)AbsolutePosition 属性

AbsolutePosition 是只读属性,它返回记录集中当前记录的指针位置。如果是第一条记录,属性值为 0。

(2)BOF 和 EOF 属性

这两个属性的值取决于指针在记录集中的位置。

如果记录指针位于第一条记录之前,则 BOF 的值为 True,否则 BOF 的值为 False。

如果记录指针位于最后一条记录之后,则 EOF 的值为 True,否则 EOF 的值为 False。

(3)Bookmark 属性

打开一个 Recordset 对象时,系统为当前记录生成一个称为书签的标识值,每个记录都有唯一的书签,Bookmark 属性返回记录集中当前记录的书签。

(4)Nomatch 属性

在记录集中查找记录时,如果未找到相匹配的记录,Nomatch 属性值为 True,反之该属性值为 False。

(5)RecordCount 属性

该属性是只读属性,它返回当前 Recordset 中的记录数。

### 3. Recordset 对象的方法

(1)Move 方法

使用 Recordset 的 Move 方法可以移动记录指针,改变当前记录。对应于 Data 控件上的 4 个箭头,它有如下 4 种形式:

MoveFirst:移动记录指针至第一条记录,对应于 Data 控件上的左双箭头。

MoveLast:移动记录指针至最后一条记录,对应于 Data 控件上的右双箭头。

MoveNext:移动记录指针至下一条记录,对应于 Data 控件上的右单箭头

MovePrevious:移动记录指针至下一条记录,对应于 Data 控件上的左单箭头

以上 4 种 Move 方法的语句格式为:

数据控件. Recordset. Move 方法

(2)Find 方法

使用 Find 方法可以在动态集类型或快照类型的记录集对象中查找与指定条件相符合的一条记录,并使之成为当前记录。

Find 方法有如下 4 种形式:

FindFirst:从记录集的开始查找满足指定条件的第一条记录。

FindLast:从记录集的尾部开始查找满足指定条件的第一条记录。

FindNext:从当前记录开始查找满足指定条件的下一条记录。

FindPrevious:从当前记录开始查找满足指定条件的上一条记录。

以上 4 种 Find 方法的语句格式为:

数据控件. Recordset. Find 方法 条件

其中,条件是一个指定字段与常量关系的字符串表达式。在构造表达式时,除了使用普通关系运算符外,还可以使用 Like 运算符。

如果条件中要用到变量,应该使用字符串连接符,即"&"符号,它的两侧必须加空格。例如:

strName="李华"
Data1. Recordset. FindFirst " 姓名 = '" & strName & "'"

说明:当 Visual Basic 使用这 4 种方法查找符合条件的记录时,如果找到该记录则停止查找,并将找到的记录作为当前记录。如果找不到符合条件的记录时,则 NoMatch 属性为 True。

**例 9-23 在**例 9-22 的基础上增加查询功能。窗体内增加一个框架 Frame2,框架内添加 1 个标签 Label5、1 个文本框 Text5 和 1 个命令按钮 Command1。应用程序运行时,用户在文本框内输入被查询学生的姓名,单击【确认】命令按钮后,由计算机自动查找符合条件的记录。如果查找成功则定位在该记录上并显示学生的基本信息,如图 9-18 所示。如果找不到符合条件的记录则弹出信息框显示"查无此人"。

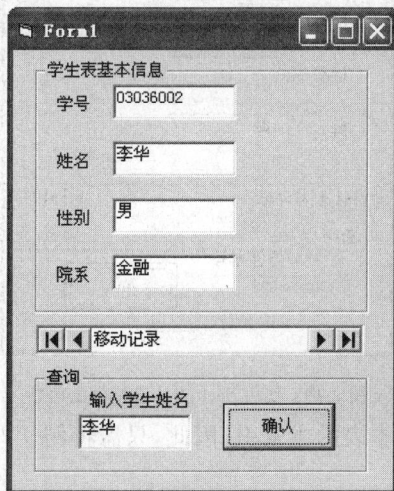

图 9-18　使用 Find 方法查询表中符合条件的记录

分析：

应用程序中 Data 控件连接 stsc 数据库的方法与例 9-22 相同。为了实现查询，增加了如下一段命令按钮单击事件的过程代码：

```
Private Sub Command1_Click()
    Dim strName As String
    strName = Text5.Text
    Data1.Recordset.FindFirst "姓名 = '" & strName & "'"
    If Data1.Recordset.NoMatch Then MsgBox "查无此人","提示"
End Sub
```

代码中使用了 Find 方法，并通过 Recordset 对象的 Nomatch 属性返回值判断是否找到满足条件的记录。

（3）Seek 方法

使用 Seek 方法也可以查找符合指定条件的记录，但记录集的类型必须为 Table，而且只能查找与指定索引规则相符的第 1 条记录，并使之成为当前记录。语句格式如下：

```
数据控件.Recordset.Seek comparison,key1,key2……
```

其中：

Comparison 是比较运算符，Seek 方法允许使用＝、＞、＞＝、＜、＜＝、＜＞等多种运算符。

说明：

（1）执行 Seek 方法之前，必须使用 Index 属性定义当前索引。

（2）Seek 方法总是从记录集的头部开始查找，找到后使其成为当前记录。

**例 9-24** 使用 Seek 方法通过学号查询学生的信息，用户界面如图 9-19 所示。

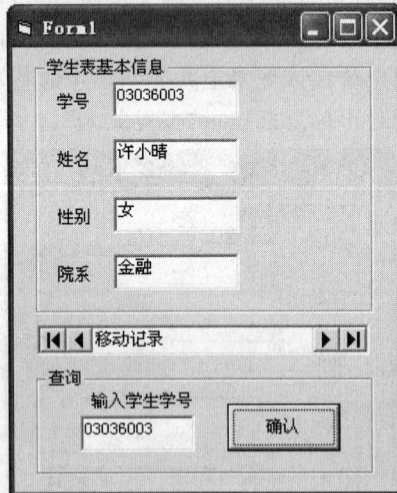

图 9-19　使用 Seek 方法查询学生信息

由于学号是 student 基本表的主索引，因此，只需将例 9-23 适当修改即可实现上述查询功能。程序代码如下：

```
Private Sub Command1_Click()
    Dim strNo As String
```

```
    strNo = Text5. Text            '将用户输入的学号放到变量 strNo
    Data1. RecordsetType = 0       '设置记录集类型为 Table
    Data1. RecordSource = "student"  '打开学生基本表
    Data1. Refresh
    Data1. Recordset. Index = "学号"  '打开名称为学号的索引
    Data1. Recordset. Seek "=", strNo  '使用 Seek 方法查询
End Sub
```

（4）Update 方法

使用 Update 方法可以将数据缓冲区的内容保存到记录集对象中，其格式为：

数据控件. Recordset. Update

（5）AddNew 方法

该方法用于在记录集中增加一条新记录。增加记录的操作步骤如下：

① 调用 AddNew 方法。

② 为新记录的每个字段赋值，语句格式为：

Recordset. Fields("字段名")＝值

③ 调用 Update 方法，确定所作的添加，将缓冲区内的数据写入数据库。

需要注意的是：如果使用 AddNew 方法增加了一条新记录，但未使用 Update 方法更新数据库，这时用户一旦移动记录指针或者关闭记录集，则先前输入的数据将全部丢失，且无任何警告。

（6）Delete 方法

该方法用于在记录集中删除一条记录。删除记录的操作步骤如下：

① 记录指针定位在将被删除的记录上，使之成为当前记录；

② 调用 Delete 方法；

③ 移动记录指针。

（7）Edit 方法

该方法将可更新记录复制到缓冲区中，以便进行编辑、修改操作。使用 Edit 方法前首先应该把需要编辑的记录设为当前记录，然后通过程序代码或在绑定控件中完成修改操作，最后使用 Update 方法保存修改。

（8）Close 方法

使用 Close 方法可以关闭记录集并释放分配给它的资源。其格式为：

数据控件. Recordset. Close

说明：下列情况下，数据库及其记录集自动关闭：

① 使用 Close 方法；

② 使用 Unload 语句卸载包含 Data 控件的窗体；

③ 执行 End 语句。

下面举例说明 AddNew、Edit 和 Delete 方法的应用。

**例 9-25** 应用程序访问数据库部分与例 9-22 相同，要求实现学生表记录的增加、修改和删除功能，运行时的用户界面如图 9-20 所示。当用户单击【增加】命令按钮，该按钮的标题改为"确认"，同时学生表自动增加 1 条空记录，新记录各字段值由用户通过文本框

输入,输入完毕后,单击【确认】按钮,更新数据表内容。当用户单击【修改】命令按钮,则可以在文本框内编辑修改当前记录,修改后也要通过确认才能更新数据表内容。当用户单击【删除】命令按钮,则从学生表中删除当前记录。

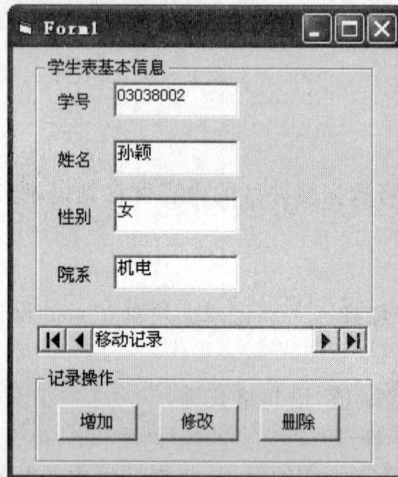

图 9-20  学生表记录的增加、修改和删除

## 增加、修改和删除三个命令按钮单击事件过程的程序代码如下:

```
Private Sub Command1_Click()
    If Command1. Caption = "增加" Then
        Command1. Caption = "确认"
        Data1. Recordset. AddNew                    '增加一条空记录
        Text1. SetFocus                            '用户在文本框内输入各字段值
    Else
        Command1. Caption = "增加"
        Data1. Recordset. Update                    '调用 Update 方法,更新数据
        Data1. Recordset. MoveLast
    End If
End Sub


Private Sub Command2_Click()
    If Command2. Caption = "修改" Then
        Command2. Caption = "确认"
        Data1. Recordset. Edit                      '调用 Edit 方法,修改记录内容
        Text1. SetFocus
    Else
        Command2. Caption = "修改"
        Data1. Recordset. Update                    '调用 Update 方法,更新数据
    End If
End Sub
Private Sub Command3_Click()
    On Error Resume Next '运行时发生错误,忽略错误,继续执行下一语句
    Data1. Recordset. Delete                        '删除当前记录
```

```
Data1. Recordset. MoveNext           '删除后指针移到下一记录
If Data1. Recordset. EOF Then         '若指针已指向文件结束
    Data1. Recordset. MoveLast        '指针停留在记录集的最后一条记录位置
End If
End Sub
```

## 9.4.3  数据绑定控件

数据绑定控件又称为数据约束控件,是一种数据识别控件。Visual Basic 中能够显示数据的控件基本上都提供了数据绑定,如文本框、标签等标准控件。此外,Visual Basic 还提供了专门的数据绑定控件,如 DBGrid 、DBList 和 DBCombo 等 ActiveX 控件。下面结合实例介绍几种较为常用的数据绑定控件。

### 1. DBList 和 DBCombo 控件

DBList 控件能绑定关系表格的某一列,即基本表的某个字段。它支持自动查找模式,不用附加代码就能在列表中定位数据项。DBList 控件和标准 ListBox 控件不同。ListBox 控件用 AddItem 方法添加列表框的数据项,而 DBList 控件通过绑定 Data 控件生成的 Recordset 对象,将记录集字段数据自动填加到列表项。

由于 DBList 不是标准控件,使用前必须将它添加到工具箱内。添加该控件的方法是执行【工程】|【部件】菜单命令,打开"部件"对话框,选中"Microsoft Data Bound List Controls 6.0"部件,然后单击【确定】命令按钮退出。这时,工具箱内增加了 DBList 和 DBCombo 两个控件,其图标如图 9-21 所示。

如同其他控件一样,DBList 控件有许多基本属性和常用的事件和方法。限于篇幅,下面简单介绍该控件与数据绑定及数据项搜索相关的几个属性。

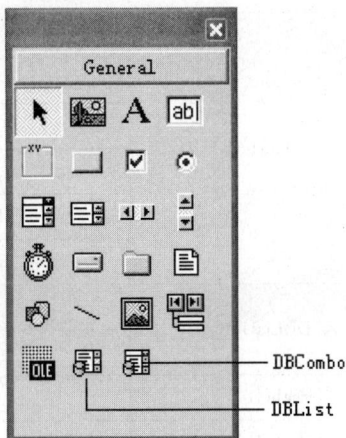

图 9-21  工具箱中 DBList 和 DBCombo 控件的图标

(1)Rowsource 属性

该属性指定列表项的数据源所使用的 Data 控件名。

(2)Listfield 属性

该属性指定列表框显示记录集 Rccordsct 的那一个字段。

(3)SelectedItem 属性

该属性只能在代码中使用,它返回 DBList 列表框中哪个数据项被选中。

(4)VisibleCount 属性

该属性也只能在代码中使用,它返回 DBList 列表框中显示的数据项数。

(5)Matchentry 属性

该属性用于指定在列表框中搜索数据项的模式。DBList 控件共有两种模式。当属性值为 0-dblBasicmatching 时,表示基本搜索模式(默认值);当属性值为 1-dblExtendmatching

时,表示扩展搜索模式。

在基本搜索模式下,用户可以键入列表项的第一个字母搜索数据。例如,用户键入中文"李"时,光标自动停留在第一个李姓学生的记录上。

在扩充搜索模式下,按用户在键盘上连续键入的字母序列进行搜索。

**例 9-26** 使用 DBList 控件绑定学生表中的姓名字段,当用户单击某一列表项(即某一学生姓名)时,右边文本框同步显示当前记录内容。窗体运行时的用户界面如图 9-22 所示。

实例中使用了 1 个 Data 控件,用于连接数据库。另外使用了 1 个 DBList 控件用来绑定学生表中的姓名字段,还用了 4 个标签和 4 个文本框控件,用于同步显示当前记录内容。各控件的主要属性设置见表 9-13。

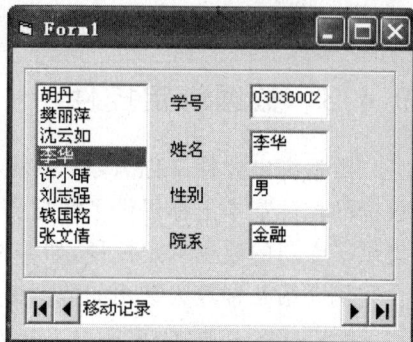

图 9-22  DBList 控件的应用

**表 9-13**                  **例 9-26 各控件主要属性设置**

| 控件名 | 属 性 | 属性值 |
|---|---|---|
| Data1 | Caption | 移动记录 |
|  | Connect | Access |
|  | DatabaseName | C:\例 9-26\stsc. mdb |
|  | DefaultType | Jet |
|  | RecordSource | student |
|  | RecordsetType | 1-Dynaset |
| DBList1 | Rowsource | Data1 |
|  | Listfield | 姓名 |
| Label1 | Caption | 学号 |
| Label2 | Caption | 姓名 |
| Label3 | Caption | 性别 |
| Label4 | Caption | 院系 |
| Text1 | DataSource | Data1 |
|  | DataField | 学号 |
| Text2 | DataSource | Data1 |
|  | DataField | 姓名 |
| Text3 | DataSource | Data1 |
|  | DataField | 性别 |
| Text4 | DataSource | Data1 |
|  | DataField | 院系 |

为了在文本框内同步显示列表框数据项所对应的记录,程序中添加了一段 DBList 单击事件过程代码:

```
Private Sub DBList1_Click()
    Data1. Recordset. Bookmark = DBList1. SelectedItem
End Sub
```

代码中使用了 Recordset 的 Bookmark 属性,该属性标识记录集中的一行。当用户单击 DBList1 某一数据项时,通过该语句将记录指针移动到 DBList1 所选中字段所属的记录书签,从而使得 Data 控件在记录集中重新定位。由于文本框 Text1~Text4 已设置为通过 Data 控件绑定数据库,因而它们显示的数据也随之而改变。

DBCombo 控件是带有下拉列表框的组合框,它能自动从与它绑定的 Data 控件字段中获取数据并显示,也可以有选择地更新其他 Data 控件中相关表的字段。DBCombo 的文本框部分能用来编辑选定的字段。DBCombo 控件的主要属性、事件和方法与 DBList 控件相同,这里不再重复叙述,仅通过实例介绍使用方法。

**例 9-27** 将例 9-26 窗体中的数据绑定控件 DBList 换成 DBCombo,其他控件不变。窗体运行界面如图 9-23 所示。

本例中各控件的属性设置与上例基本相同,DBCombo 单击事件过程代码如下:

```
Private Sub DBCombo1_Click(Area As Integer)
    Data1. Recordset. Bookmark = DBCombo1. SelectedItem
End Sub
```

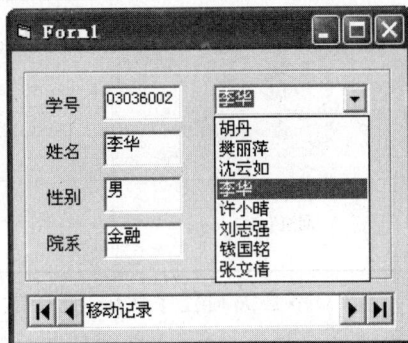

图 9-23 DBCombo 控件的应用

### 2. MSFlexGrid 控件

MSFlexGrid 控件以网格形式显示数据,所以也称为数据网格控件。它提供了高度灵活的网格排序、合并和格式设置功能,网格中可以包含字符串和图片。如果将它绑定到一个 Data 控件上,那么 MSFlexGrid 能以只读形式显示记录集的数据。

MSFlexGrid 是外部控件,使用前必须打开"部件"对话框,选中"Microsoft FlexGrid Control 6.0"部件,将它添加到工具箱内。

MSFlexGrid 控件有外观、位置、行为、杂项、字体等各类基本属性,控件绝大多数属性既可以在属性窗口中设置,也可以在程序代码中修改。此外,用户还可以用鼠标右击控件打开属性页进行设置。MSFlexGrid 控件与数据绑定相关的属性是 DataSource,该属性指定控件的数据源。

下面举例说明 MSFlexGrid 控件的使用方法。

**例 9-28** 用 MSFlexGrid 控件显示数据库 stsc 中的查询结果。要求查询成绩表中考试成绩在 75 分以上的记录,按学号分组,显示的字段为学号、姓名、性别、院系、成绩、课程编号以及课程名称。

(1)由于查询生成的动态记录集的数据来源于 stsc 数据库中的 3 张基本表，为此必须首先建立一个查询。在本例中，使用可视化数据管理器建立了一个名为 qr3 的查询，放在 stsc 数据库中。SQL 语句如下：

```
SELECT student. * , score. 成绩, score. 课程编号, couse. 课程名称
FROM student, score, couse
WHERE score. 学号=student. 学号 And score. 课程编号=couse. 课程编号 And score. 成绩>=75
ORDER BY student. 学号, couse. 课程编号;
```

(2)在窗体 Form1 内建立 1 个数据控件 Data1、1 个数据网格控件 MSFlexGrid1。这两个控件的主要属性设置见表 9-14，其余属性取默认值。

**表 9-14　　例 9-28 各控件主要属性设置**

| 控件名 | 属 性 | 属性值 |
|---|---|---|
| Data1 | Visible | False |
| | Connect | Access |
| | DatabaseName | C:\例 9-28\stsc. mdb |
| | DefaultType | Jet |
| | RecordSource | qr3 |
| | RecordsetType | 1-Dynaset |
| MSFlexGrid1 | DataSource | Data1 |
| | Cols | 7 |

(3)不必编写程序代码，直接运行窗体。MSFlexGrid 控件以二维表格形式显示查询生成的记录集，并自动将记录集中各字段值填充到数据网格中，如图 9-24 所示。

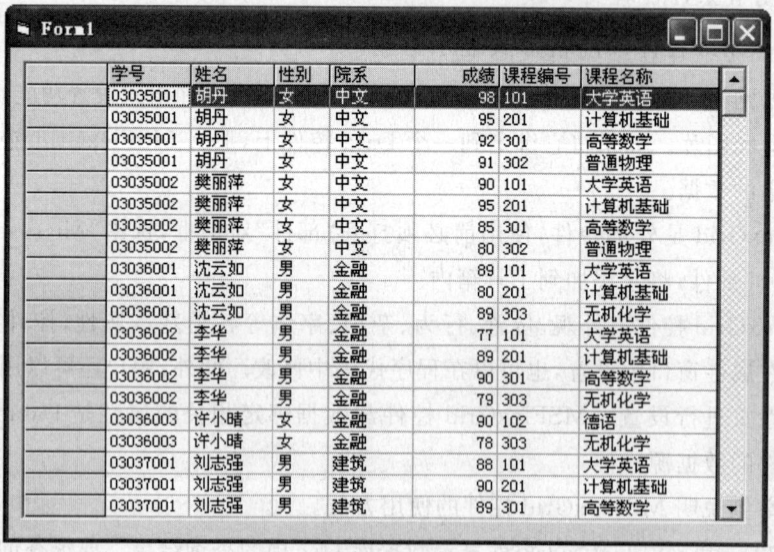


| 学号 | 姓名 | 性别 | 院系 | 成绩 | 课程编号 | 课程名称 |
|---|---|---|---|---|---|---|
| 03035001 | 胡丹 | 女 | 中文 | 98 | 101 | 大学英语 |
| 03035001 | 胡丹 | 女 | 中文 | 95 | 201 | 计算机基础 |
| 03035001 | 胡丹 | 女 | 中文 | 92 | 301 | 高等数学 |
| 03035001 | 胡丹 | 女 | 中文 | 91 | 302 | 普通物理 |
| 03035002 | 樊丽萍 | 女 | 中文 | 90 | 101 | 大学英语 |
| 03035002 | 樊丽萍 | 女 | 中文 | 95 | 201 | 计算机基础 |
| 03035002 | 樊丽萍 | 女 | 中文 | 85 | 301 | 高等数学 |
| 03035002 | 樊丽萍 | 女 | 中文 | 80 | 302 | 普通物理 |
| 03036001 | 沈云如 | 男 | 金融 | 89 | 101 | 大学英语 |
| 03036001 | 沈云如 | 男 | 金融 | 80 | 201 | 计算机基础 |
| 03036001 | 沈云如 | 男 | 金融 | 89 | 303 | 无机化学 |
| 03036002 | 李华 | 男 | 金融 | 77 | 101 | 大学英语 |
| 03036002 | 李华 | 男 | 金融 | 89 | 201 | 计算机基础 |
| 03036002 | 李华 | 男 | 金融 | 90 | 301 | 高等数学 |
| 03036002 | 李华 | 男 | 金融 | 79 | 303 | 无机化学 |
| 03036003 | 许小晴 | 女 | 金融 | 90 | 102 | 德语 |
| 03036003 | 许小晴 | 女 | 金融 | 78 | 303 | 无机化学 |
| 03037001 | 刘志强 | 男 | 建筑 | 88 | 101 | 大学英语 |
| 03037001 | 刘志强 | 男 | 建筑 | 90 | 201 | 计算机基础 |
| 03037001 | 刘志强 | 男 | 建筑 | 89 | 301 | 高等数学 |

图 9-24　MSFlexGrid 控件的应用

# 9.5　ADO 数据控件

## 9.5.1　ADO 对象模型

　　ADO 是基于 OLE DB(动态连接与嵌入数据库)的数据访问接口,是数据访问对象 DAO、远程数据对象 RDO 和开放式数据库互连 ODBC 三种方式的扩展。OLE DB 是一种技术标准,它对各种的数据存储(Data Store)都提供一种相同的访问接口,使用户能以同样的方法访问各种数据,而不用考虑数据的具体存储地址、格式或类型。

　　ADO 对象模型定义了一个可编程的分层对象集合,主要由三个对象成员以及几个集合对象组成。ADO 对象模型的三个对象成员分别是 Connection 对象、Command 对象和 RecordSet 对象。ADO 对象模型的集合对象有 Errors、Parameters 和 Fields。这些对象的主要分工见表 9-15,对象间的关系如图 9-25 所示。

表 9-15　　　　　　　　　　　　　　　ADO 对象描述

| 对象名 | 描述 |
| --- | --- |
| Connection | 连接数据源 |
| Command | 从数据源获取所需数据的命令 |
| RecordSet | 由获得的一组记录构成的记录集 |
| Error | 在访问数据时,由数据源返回的错误信息 |
| Parameter | 与命令对象有关的参数 |
| Field | 包含了记录集中某个字段的信息 |

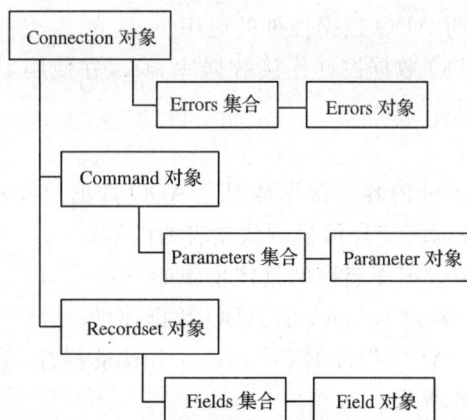

图 9-25　ADO 对象模型

## 9.5.2　ADO 数据控件

　　与 Data 控件类似,ADO 数据控件提供了数据提供者与数据绑定控件之间的连接。数据提供者可以是任何符合 OLE DB 规格的源。数据绑定控件可以是任何具有

Datasource 属性的控件。

ADO 数据控件是 ActiveX 控件,使用前应执行【工程】|【部件】菜单命令,打开"部件"对话框,选中"Microsoft ADO Data Control 6.0(OLEDB)"部件,将它添加到工具箱内。

### 1. ADO 数据控件的基本属性

ADO 数据控件有以下几个基本属性:

(1)ConnectionString 属性

该属性用来与数据库建立连接,它包括 4 个参数,具体说明见表 9-16。

**表 9-16** ConnectionString 属性参数

| 参数 | 说明 |
| --- | --- |
| Provide | 指定数据源的名称 |
| FileName | 指定数据源所对应的文件名 |
| RemoteProvide | 在远程数据服务器打开一个客户端时所用的数据源名称 |
| RemoteServer | 在远程数据服务器打开一个主机端时所用的数据源名称 |

(2)RecordSource 属性

该属性指定具体可访问的数据,可以是数据库中基本表的表名、一个存储查询或一个 SQL 查询字符串。

(3)ConnectionTimeout 属性

该属性用于设置数据连接的超时时间,若在指定时间内连接不成功则显示超时信息。

(4)MaxRecords 属性

该属性定义从一个查询中最多能返回的记录数。

### 2. ADO 数据控件应用实例

下面结合具体实例说明 ADO 数据控件的应用。

**例 9-29** 要求使用 ADO 数据控件连接数据库 stsc,并使用 DataGrid 数据网格控件显示基本表 student 的信息。

说明:

本实例的设计包含两部分内容。首先是创建 ADO 数据控件并建立与 stsc 数据库的连接,其次是使用相应的数据绑定控件显示数据表的内容。

建立 ADO 数据控件与数据库连接的具体步骤如下:

(1)在窗体上创建一个名为 Adodc1 的 ADO 数据控件。

(2)在属性窗口中选中 ADO 控件的 ConnectionString 属性,单击右边的【…】按钮,打开属性页对话框,如图 9-26 所示。

(3)属性页对话框中允许通过三种不同的方式连接数据源,选择"使用连接字符串"方式,并单击【生成】按钮,打开"数据链接属性"对话框。

(4)在"数据链接属性"对话框中,单击【…】按钮,在打开的"选择 Access 数据库"对话框内浏览并选择 stsc 数据库,如图 9-27 所示。

(5)单击【测试连接】,若弹出的消息框显示"测试连接成功",表示 ADO 数据控件已经与数据库 stsc 连接成功,退出"数据链接属性"对话框。

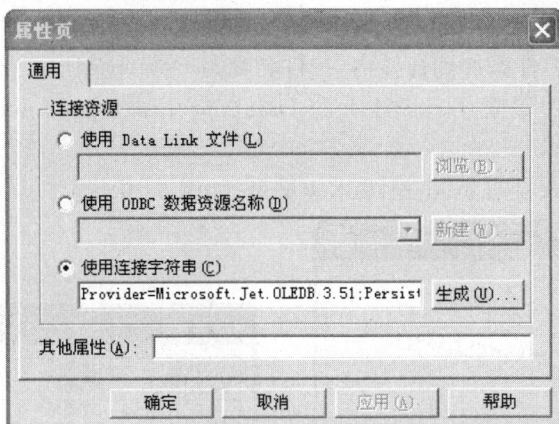

图 9-26　ConnectionString 属性页

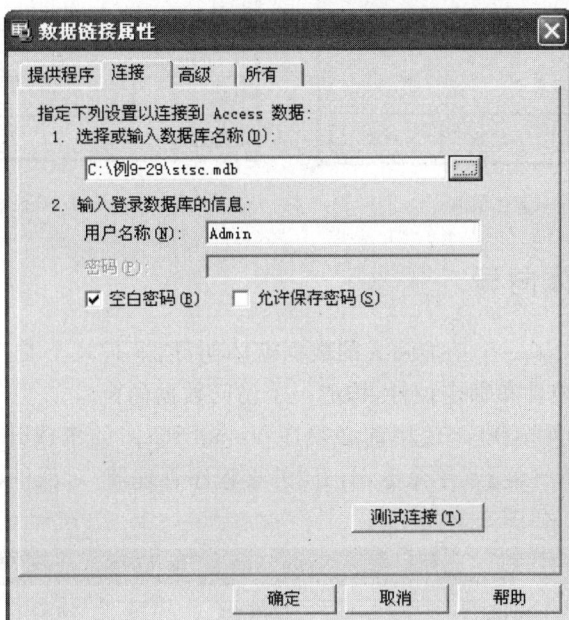

图 9-27　"数据链接属性"对话框

（6）单击属性页中的【确定】按钮，完成 ConnectionString 属性设置。

（7）在属性窗口中选中 ADO 控件的 RecordSource 属性，单击右边的【…】按钮，弹出属性页对话框的记录源选项卡。在"命令类型"中选择 2-adCmdTable，在"表或存储过程名称"中选择基本表 student，如图 9-28 所示。

上述步骤完成后，ADO 控件已与数据库建立了连接。接下来的工作是选择合适的数据绑定控件，显示数据库中基本表的内容。

能够与 ADO 数据控件控件绑定的 ActiveX 控件有许多，例如 Microsoft DataList Controls 6.0（OLEDB）部件中的 DataList 和 DataCombo 控件，还有 Microsoft DataGrid Control 6.0（OLEDB）部件中的 DataGrid 控件，本例选用数据网格控件 DataGrid。

设计步骤如下：

（1）首先打开"部件"对话框，将 DataGrid 控件加入工具箱。

（2）将 DataGrid 控件添加到窗体内，控件名称为 DataGrid1。

（3）在属性窗口中设置 DataGrid1 的 DataSource 属性为 Adodc1，其余属性取默认值。

（4）直接运行窗体，显示 student 基本表记录，如图 9-29 所示。

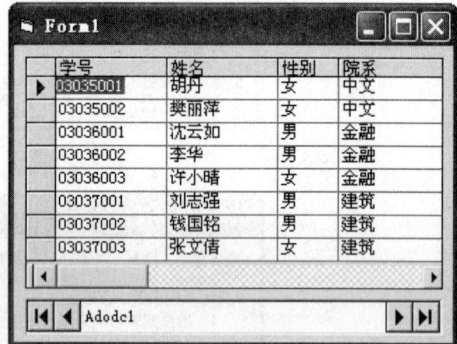

图 9-28 记录源选项卡　　　　　　图 9-29 用 DataGrid 控件显示基本表信息

## 9.5.3 数据窗体向导

Visual Basic 提供了一个功能强大的数据窗体向导，通过几个交互过程，便能创建前面介绍的 ADO 数据控件和绑定控件，构成一个访问数据的窗口。

数据窗体向导是外接程序，使用前必须在 Visual Basic 的集成开发环境下，执行【外接程序】|【外接程序管理器】菜单命令，打开"外接程序管理器"对话框，将数据窗体向导加载到集成开发环境中，如图 9-30 所示。

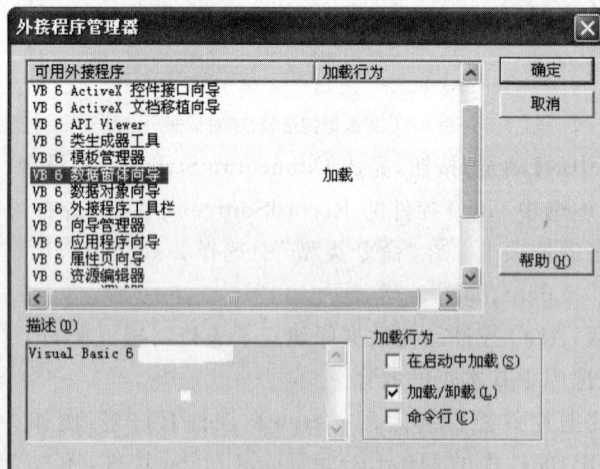

图 9-30 加载数据窗体向导

下面结合实例介绍使用向导生成数据窗体的方法和步骤。

**例 9-30** 　使用数据窗体向导生成数据窗体,用数据网格控件显示 stsc 数据库中课程表的全部记录。

具体步骤如下:

(1)打开"数据窗体向导"窗口,进入"数据窗体向导－介绍"对话框。在该对话框中,用户可以利用先前建立的数据窗体配置文件创建外观相似的数据访问窗体。若选择"无",将不使用现有的配置文件。

(2)单击【下一步】按钮,进入"数据窗体向导－数据库类型"对话框。在该对话框中,可以选择任何版本的 Access 数据库或任何 ODBC 兼容的用于远程访问的数据库。本例选择 Access 数据库。

(3)单击【下一步】按钮,进入"数据窗体向导－数据库"对话框。在该对话框内选择具体的数据库文件。本例为 stsc. mdb,如图 9-31 所示。

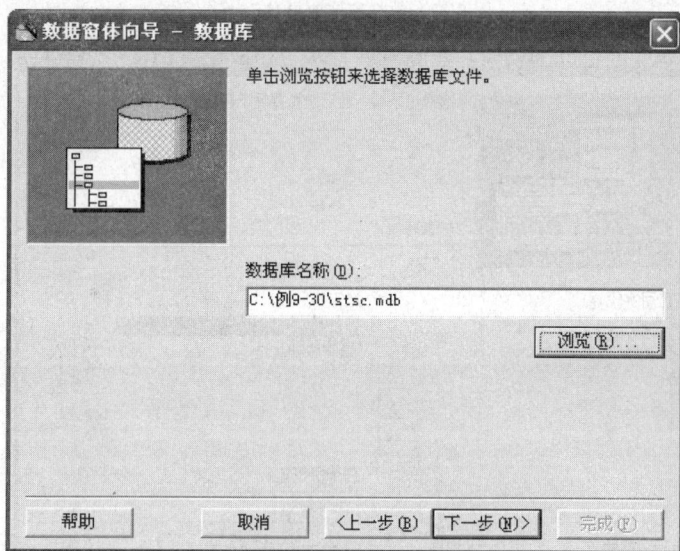

图 9-31　数据窗体向导－数据库

(4)单击【下一步】按钮,进入"数据窗体向导－Form"对话框,如图 9-32 所示。在该对话框内设置数据窗体的工作特征。首先在文本框内输入要创建窗体的名称,本例为frmCourse。然后在"窗体布局"列表框内选择数据显示形式。基本表内的记录可以逐条显示,也可以使用数据网格以二维表格形式显示,本例采用数据网格形式。接下来在"绑定类型"中选择 ADO 数据控件。

(5)单击【下一步】按钮,进入"数据窗体向导－记录源"对话框。首先单击"记录源"组合框按钮打开下拉列表,选择需要显示的基本表,本例为课程表 course。然后从"可用字段"列表项中将需要显示的字段移入"选定字段"列表框,如图 9-33 所示。

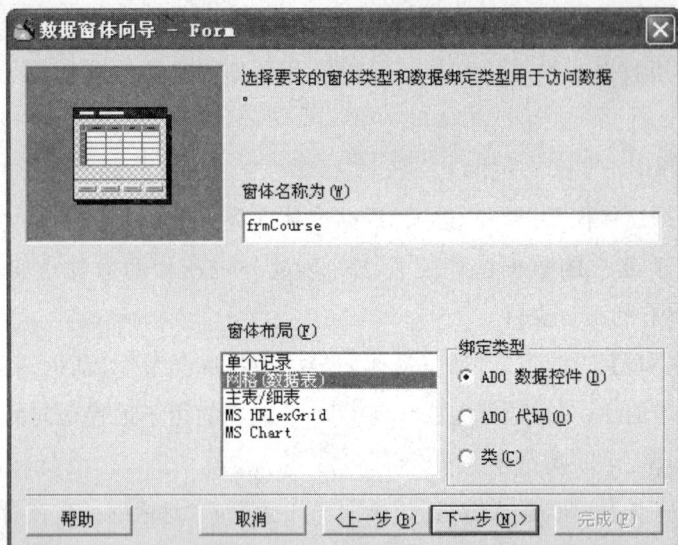

图 9-32　数据窗体向导—Form

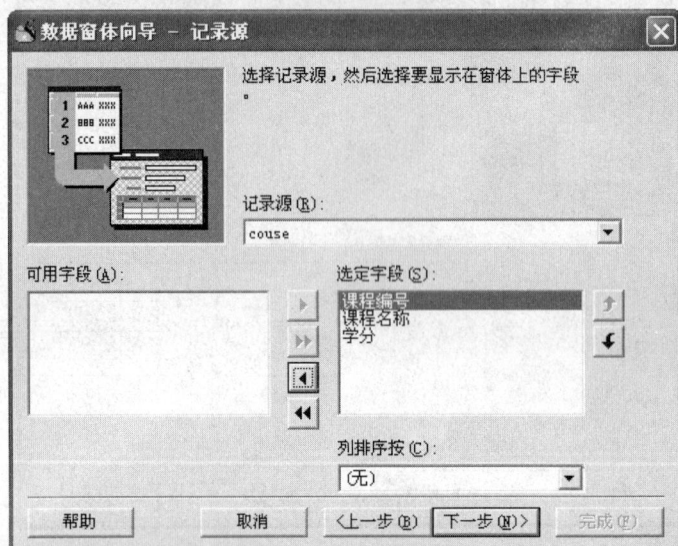

图 9-33　数据窗体向导—记录源

（6）单击【下一步】按钮，进入"数据窗体向导—控件选择"对话框，如图 9-34 所示。在"可用控件"栏内，向导列出了允许加入数据窗体的命令按钮控件，用户可以根据需要进行选择。若单击【全选】命令按钮，则所生成的数据窗体中将包含"添加"、"更新"、"删除"、"刷新"和"关闭"操作命令按钮，并显示 ADO 数据控件。

（7）单击【完成】按钮，Visual Basic 在当前工程内自动创建了一个名为 frmCourse 的窗体。直接运行该窗体，其工作界面如图 9-35 所示。

如果打开该窗体的代码窗口，可以看到窗体的程序代码及注释。用户可以不做任何修改直接使用这些程序。

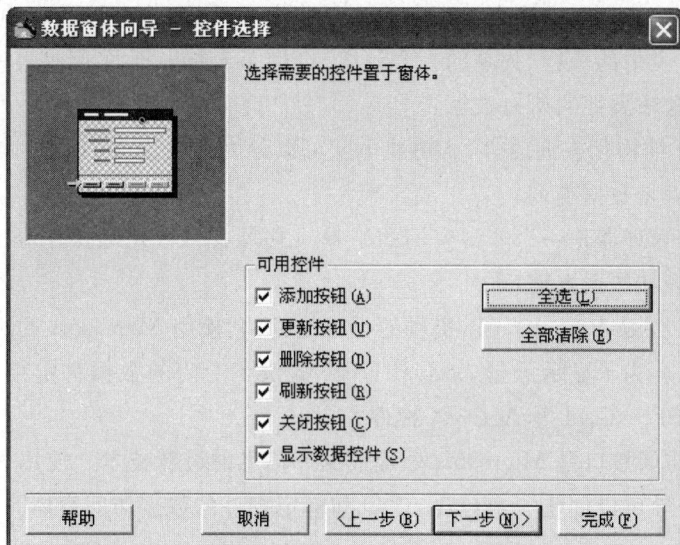

图 9-34　数据窗体向导—控件选择

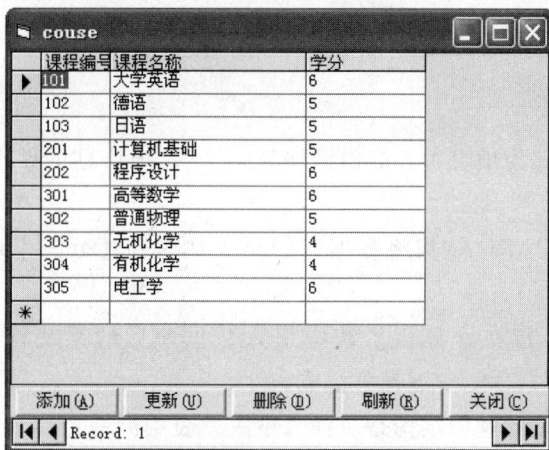

图 9-35　数据窗体 frmCourse 运行界面

## 本章小结

　　把信息世界转化为计算机世界使用的模型称为数据模型。在数据库中,数据模型通常由数据结构、数据操作和完整性约束三部分组成,是数据模型的三要素。

　　数据库系统是指在计算机系统中引入数据库后的系统构成,一般由数据库、操作系统、数据库管理系统、应用程序、数据库管理员和用户五部分组成。

　　关系数据库是目前应用最为广泛的一种数据库。关系数据库的理论基础是关系模型。本章主要介绍 Access 本地关系数据库。

　　在关系模型中,现实世界的实体以及实体间的各种联系均用关系来表示。关系模型中数据的逻辑结构是一张二维表。表中的一行称为关系的一个元组,表中的一列称为关系的一个属性。表中的一行(关系的一个元组)存储事物的一个实例。表中的一列(关系的一个属性)包含该属性的所有数据。

SQL 语言是结构化查询语言,从功能角度可以分为数据定义、查询、操纵和控制四类语句,本章的重点是数据查询。

可视化数据管理器是一个非常实用的工具。它具有可视化的操作界面,能快速地建立数据库、数据表和数据查询。

Data 数据控件是 Visual Basic 提供的标准控件,它使用 Microsoft 的 Jet 数据库引擎来实现数据访问。为了显示数据,Visual Basic 提供了专门的数据绑定控件,如 DBList、DBCombo 和 MSFlexGrid 等 ActiveX 控件。

ADO 数据访问接口是 Microsoft 处理数据库信息的最新技术。使用 Visual Basic 提供的数据窗体向导可以创建一个包含 ADO 和绑定控件的数据访问窗体。

# 习　题

## 一、填空题

1. 把现实世界转化为信息世界的模型称为(　　　),把信息世界转化为计算机世界使用的模型称为(　　　)。

2. 数据库系统 SPARC 结构将数据库的组织从内到外分三个层次描述,分别称为(　　　)、(　　　)和(　　　)。

3. 数据库系统是指在计算机系统中引入数据库后的系统构成,一般由(　　　)、(　　　)、(　　　)、(　　　)、(　　　)五部分组成。

4. 关系模型中数据的逻辑结构是一张二维表。表中的一行称为关系的一个(　　　),表中的一列称为关系的一个(　　　)。

5. 查询输出学生表 student 全体学生的详细记录,SQL 语句为(　　　)。

6. Recordset 对象有三种类型,分别是(　　　)、(　　　)和(　　　)。

7. DBList 控件能绑定基本表的(　　　)。

8. ADO 对象模型的三个对象成员分别是(　　　)、(　　　)和(　　　)。ADO 对象模型的集合对象有(　　　)、(　　　)和(　　　)。

## 二、选择题

1. 使用实体—联系模型(E-R 模型)工具建立的模型是(　　　)。

A. 层次模型　　　　B. 网状模型　　　　C. 概念模型　　　　D. 数据模型

2. 以下哪 4 项是 Data 控件的属性(　　　)。

A. RecordSet　　　　B. DataField　　　　C. RecordSource　　　　D. DataSource

E. RecordSettype　　　　F. Connect　　　　G. DatabaseName

3. 关于 RecordSet，以下叙述错误的是(　　)。

A. RecordSet 实际上是对应一个数据库表的对象类

B. RecordSet 的数据可以从一个数据库的多张基本表中获取

C. SQL 查询语句的结果就放在 RecordSet 中

D. RecordSet 就是物理数据库

4. Seek 方法可以在(　　)记录集中查找数据。

A. Table 类型　　　　　　　　　　B. Snapshot 类型

C. Dynaset 类型　　　　　　　　　D. 以上三者

5. 下列(　　)组关键字是 Select 语句中不可缺少的。

A. Select、From　　　　　　　　　B. Select、Where

C. From、Order By　　　　　　　　D. Select、All

6. 使用 Delete 方法删除当前记录后，指针定位于(　　)。

A. 被删除的记录上　　　　　　　　B. 被删除记录的上一条记录

C. 被删除记录的下一条记录　　　　D. 记录集的第一条记录

7. 数据绑定控件 DBList 和 DBCombo 中的列表数据可以通过下列(　　)属性从数据库中获得。

A. DataSource 和 DataField　　　　B. RowSource 和 ListField

C. BoundColumn 和 BoundText　　　D. DataSource 和 ListField

8. 使用 ADO 数据控件的 ConnectionString 属性与数据源建立连接，在属性页对话框中可以有(　　)种不同的连接方式。

A. 1　　　　　　　B. 2　　　　　　　C. 3　　　　　　　D. 4

**三、简答题**

1. 什么是关系数据库？

2. 记录、字段、表与数据库之间的关系是什么？

3. Visual Basic 中记录集有几种类型？有何区别？

4. 举例说明 Recordset 对象的 Bookmark 属性及其用法。

5. Recordset 对象的 Find 方法和 Seek 方法有何区别？用法上有什么不同？

6. 如何设置 DBList 控件的属性，使它绑定 Access 数据库中的一张基本表？

7. 举例说明如何设置 ADO 数据控件的主要属性，使它连接到一个 Access 数据库？

8. 简述使用数据窗体向导建立一个含 ADO 及数据网格控件窗体的过程及主要步骤。

**四、操作题**

1. 在 Visual Bisic 设计环境下，使用可视化数据管理器，在当前目录下新建一个 Access 数据库。数据库文件名为职工.mdb。该数据库包含两张数据表，职工信息表存放职工的基本信息，包括职工号、姓名、性别及部门 4 个字段。职工工资表存放职工的工资信息，有职工号、基本工资、岗位津贴、扣除、实发工资 5 个字段(实发工资＝基本工资＋

岗位津贴－扣除）。两张数据表的结构分别见表 9-17 和表 9-18。

**表 9-17** 　　　　　　　　　　　　　　**职工信息表结构**

| 字段名 | 类型 | 大小 |
|--------|------|------|
| 职工号 | Text | 6 |
| 姓名 | Text | 6 |
| 性别 | Text | 2 |
| 部门 | Text | 10 |

**表 9-18** 　　　　　　　　　　　　　　**职工工资表结构**

| 字段名 | 类型 | 大小 |
|--------|------|------|
| 职工号 | Text | 6 |
| 基本工资 | Currency | 8 |
| 岗位津贴 | Currency | 8 |
| 扣除 | Currency | 8 |
| 实发工资 | Currency | 8 |

2. 设置"职工号"字段为主索引，索引名称为"职工号"。

3. 在 2 张数据表中各添加 10 条记录作为模拟数据。

4. 使用查询生成器建立一个名为 qr1 的查询，用于查询并输出所有职工的基本信息以及工资信息，用数据网格形式显示查询结果。

5. 打开 SQL 语句窗口，在窗口中输入 SQL 语句，查询并输出某个部门职工的基本信息以及工资信息，并将其保存为 qr2。

6. 参照本章例 9-25，建立访问职工数据库的应用程序。要求使用 Data 控件，用 Recordset 的 AddNew、Edit 和 Delete 方法实现职工信息表记录的增加、修改和删除功能。

# 第 10 章 数据文件

## 教学目标

当应用程序处理的数据不是数据库记录格式时,使用数据文件就显得非常重要。针对不同的数据结构和功能要求,Visual Basic 为文件系统提供了处理三种类型数据文件的语句和方法。这三种类型文件是顺序文件、随机文件和二进制文件。为了实现应用程序运行时对文件的管理,Visual Basic 还提供了用于文件系统的三个标准控件。掌握文件系统语句、控件及应用,对于设计一个完整的应用程序具有十分重要的意义。

## 教学要求

| 知识要点 | 能力要求 |
|---|---|
| 文件的概念、种类和结构 | 掌握文件的基本结构和文件指针的概念 |
| 顺序文件 | 掌握顺序文件的结构;掌握顺序文件的打开、关闭及读写操作方法 |
| 随机文件 | 掌握随机文件的结构;掌握随机文件的打开、关闭及读写操作方法 |
| 二进制文件 | 掌握二进制文件的打开、关闭及读写操作方法 |
| 文件系统控件 | 掌握文件系统控件的基本属性和常用事件;能使用驱动器列表框、目录列表框和文件列表框控件建立文件浏览界面 |

# 10.1  文件概述

文件是程序设计中的一个重要的概念。通常情况下,计算机处理的大量数据都是以文件形式存放的,操作系统也是以文件为单位进行数据管理的。如果想访问存放在外部介质上的数据,必须先按文件名找到指定的文件,然后再从该文件中读取数据。同样的道理,如果要保存数据,也必须先建立一个文件,然后以文件的形式输出数据。

## 10.1.1  文件结构

文件一般是指在逻辑上具有完整意义的数据或字符序列的集合。

每个文件都有一个文件名,作为该文件的标识符。文件名包括基本名和扩展名。在Windows 环境下,文件基本名以字母开头,不超过 255 个字符。文件扩展名是可选的,最多不超过 3 个字符。

文件通常存储在外部介质上,通过路径(Path)指明它在磁盘上的位置。路径由盘符、目录(也称文件夹)和文件名组成。

为了有效地存取数据,数据必须以某种特定的方式存放,这种特定的方式称为文件结构。文件结构有两种形式,一种是逻辑结构,另一种是物理结构。

文件的逻辑结构是从用户角度看到的文件面貌,也就是它的记录结构。文件由若干个相关的记录构成,每个记录都有编号,称为逻辑记录号。一条记录是一些相关信息的集合,通常由若干个数据项组成。数据项由若干个字节或字符组成。

文件的物理结构是指一个逻辑文件在外存储器上的存放形式。外存储器是以物理段或物理块为单位来存放文件记录的,称为物理记录。由于物理记录的大小随外存设备的不同而不一样,而各个文件的逻辑记录长度是不同的,因而逻辑记录与物理记录之间不可能有固定的对应关系。有时一个物理记录可以存放多个逻辑记录,而有时一个逻辑记录可能要占用几个物理记录。文件存储空间的管理是由操作系统完成的,不在本书的讨论范围。

Visual Basic 的文件结构如下:

(1)文件(File):由记录组成,一个文件含有一个以上的记录。

(2)记录(Record):由一组相关的字段组成。

(3)字段(Field):字段也称域,由若干字符组成,用来表示一个数据项。

(4)字符(Character):是构成文件的基本单位。

字符一般为西文字符,可以是数字、字母、特殊符号或单一字节。文件存放时,一个西文字符占一个字节。如果是汉字的话,存放一个汉字要占两个字节。也就是说,一个汉字字符相当于两个西文字符。一般把用一个字节存放的西文字符称为"半角"字符,而把汉字和用两个字节存放的字符称为"全角"字符。需要说明的是,Visual Basic 支持双字节字符,当计算字符串长度时,一个西文字符和一个汉字都作为一个字符计算,但它们所占的存储空间是不一样的。

## 10.1.2　文件分类

根据不同的分类标准,文件可以分为不同的类型。

### 1. 程序文件和数据文件

根据文件数据性质,文件可以分为程序文件和数据文件。

(1)程序文件(Program File)

这类文件存放的是可以由计算机执行的程序,包括源文件和可执行文件。在 Visual Basic 中,以 .exe、.frm、.vbp、.bas 为扩展名的文件都是程序文件。

(2)数据文件(Data File)

数据文件用来存放普通数据,这类文件必须通过程序来存取和管理。本章讨论的文件均指数据文件。

### 2. 顺序文件和随机文件

根据文件的结构和存取方式,文件可以分为顺序文件和随机文件。

(1)顺序文件(Sequential File)

顺序文件以 ASCII 码存储所有数据,所以它也是普通的文本文件。顺序文件的结构比较简单,文件中的记录一个接一个地存放,一行就是一条记录。记录之间以"换行"字符为分隔符号,记录中的字段之间通常以逗号为分隔符号。每条记录长度可以不同,记录中字段长度可以不同,记录的字段个数也可以不同。

在顺序文件中,只知道第一个记录的存放位置,其他记录的位置无从知道。因此,读取数据时要按照先后顺序逐个读取,并且不能同时进行读、写两种操作。例如,用户需要访问第 50 条记录,必须先读取前 49 条记录。

这种类型的文件组织结构比较简单,占空间少,使用时编写程序较为方便,但维护困难,适用于有一定规律且不经常修改的数据。

(2)随机文件(Random Access File)

随机文件又称为直接存取文件,简称随机文件或直接文件。随机文件每个记录的长度是固定的,记录中的每个字段的长度也是固定的。随机文件中的每个记录都有其唯一的一个记录号,所以在读取数据时,只要知道记录号,便可以直接读取记录;在写入数据时只要指定记录号,就可以把数据直接存入指定位置。

随机文件可以同时进行读、写操作,所以能快速地查找和修改每个记录,不必为修改某个记录而像顺序文件那样,对整个文件进行读、写操作。其优点是数据容易修改,存取较为方便灵活,文件读写速度快,主要缺点是占空间较大,数据组织复杂。

### 3. 文本文件和二进制文件

根据数据的编码方式,文件可以分为 ASCII 文件和二进制文件。

(1)ASCII 文件

ASCII 文件又称为文本文件。在这类文件中,数据以 ASCII 码形式保存。前面提到的顺序文件就是 ASCII 文件。

（2）二进制文件（Binary File）

二进制文件是最原始的文件类型。在这类文件中，数据用二进制编码值表示，以字节为单位存放，没有任何结构，故所占的存储空间较小。二进制文件被一次打开后，可以既读又写，所以存取速度较快。

# 10.2　文件的读写

在 Visual Basic 中，数据文件的操作按下述步骤进行：

（1）打开（或建立）文件

文件必须先打开或建立后才能使用。如果一个文件已经存在，则打开该文件；如果文件不存在，则建立该文件。打开文件的实质是在内存中准备一个缓冲区，供读写文件使用。

文件被打开后，系统自动生成一个隐含的文件指针，文件的读或写就从这个指针所指的位置开始。

（2）访问文件

访问文件是指对文件进行的读写操作。在文件处理中，"读"操作是指将文件中的数据从外存读入到内存文件缓冲区中，应用程序从缓冲区获得数据。"写"操作是指应用程序将数据放在缓冲区中，系统再把缓冲区中的数据写入外存的数据文件中。这里的外存指的是外存储器，通常是指磁盘。

（3）关闭文件

打开的文件读写操作完成后，必须关闭，否则会造成数据丢失。关闭文件会把文件缓冲区中的数据全部写入磁盘，释放掉该文件缓冲区占用的内存空间。

## 10.2.1　顺序文件

### 1.打开顺序文件

在对顺序文件进行操作之前，必须用 Open 语句打开要操作的文件。Open 语句的一般格式如下：

　Open 文件名 For 打开方式 As［＃］文件号

其中：

（1）文件名

文件名可以是字符串常量，也可以是字符串变量，文件名中可以包含盘符和目录。

（2）打开方式

顺序文件的打开方式可以是以下三种方式之一：

Input：表示从打开的文件中读取数据。以这种方式打开文件时，文件指针指向文件的开头，但文件必须存在，否则会产生错误。

Output：表示向打开的文件中写入数据。以这种方式打开文件时，文件指针也指向文件的开头，新的数据将从头开始写入，文件中原有的数据将被覆盖。如果文件不存在，则创建一个新文件。

Append：表示向打开的文件中添加数据。以这种方式打开文件时，文件指针指向文件的末尾，文件中原有的数据将被保留，新的数据将从文件末尾开始添加。如果文件不存在，则创建一个新文件。

（3）文件号

文件号是介于 1～511 之间的整数，它可以是数字，也可以省略不用。

文件一旦被成功打开，系统就将该文件与文件号相关联。此后，程序中就用文件号代表这个文件，直到文件被关闭后，此文件号才允许被其他文件使用。

下面是使用 Open 语句打开顺序文件的实例：

Open "c:\例 10-1\exampl. txt" For Output As #1

该语句在 c:\例 10-1 目录下创建名为 exampl. txt 的文本文件，分配文件号为 1。

Open App. Path + "\test. dat" For Output As #2

该语句在当前应用程序所在目录下创建名为 test. dat 的文本文件，分配文件号为 2。

Open App. Path + "\test. dat" For Input As #3

该语句从文本文件中读取数据。

Open App. Path + "\test. dat" For Append As #4

该语句则向文本文件中添加数据。

### 2. 关闭顺序文件

文件的读写操作结束后，应将文件关闭，这可以通过 Close 语句实现。其格式为：

Close[[#]文件号][,[#]文件号]……

说明：

Close 语句用来关闭文件，它是在打开文件之后进行的操作。语句中的"文件号"是指 Open 语句中使用的文件号。"文件号"是可选的，如果指定了文件号，则把指定的文件关闭；如果不指定文件号，则把所有打开的文件全部关闭。

Close 语句虽然简单，但绝不是可有可无的。这是因为磁盘文件与内存之间的信息交换是通过缓冲区进行的。在使用 Close 语句关闭一个数据文件时，系统首先把文件缓冲区中的所有数据写到文件中，然后释放与该文件相关联的文件号，以供其他 Open 语句使用。当打开的文件或设备正在输出时，执行 Close 语句后，不会使输出信息的操作中断。如果不使用 Close 语句关闭文件，则可能使某些需要写入的数据不能从内存（缓冲区）送入文件中。

除了用 Close 语句外，程序结束时系统将自动关闭所有打开的数据文件。

### 3. 顺序文件的写操作

创建一个新的顺序文件或向一个已存在的顺序文件中添加数据，都是通过写操作实现的。Visual Basic 用 Print # 语句或 Write # 语句向顺序文件写入数据。

（1）Print # 语句

Print # 语句的功能是将数据写入文件中。它与 Print 方法的功能类似，只不过 Print 方法所"写"的对象是窗体、打印机或图片框，而 Print # 语句所"写"的对象是文件。Print # 语句格式如下：

Print #文件号,[输出列表]

上述语句中输出列表的格式为:[Spc(n) | Tab(n)][表达式列表][;|,]。

输出列表中的分号和逗号分别对应紧凑格式和标准格式。输出列表中也可以包含 Spc(n) 和 Tab(n) 函数,用法与窗体的 Print 方法相同,读者可参考第 4 章窗体设计中的 4.1.3。若省略输出列表,将向文件中写入一个空行。

下面举例说明该语句的使用方法。

**例 10-1** 单击窗体内的命令按钮,用 Print # 语句将 5 名学生信息写入数据文件 student,程序代码如下:

```
Private Sub Command1_Click()
    Open App. Path + "\student" For Output As #1
    Print #1, "学号"; "姓名"; "性别"; "院系"
    Print #1, "03035001"; "胡丹"; "女"; "中文"
    Print #1, "03035002"; "樊丽萍"; "女"; "中文"
    Print #1, "03036001"; "沈云如"; "男"; "金融"
    Print #1, "03036002"; "李华"; "男"; "金融"
    Print #1, "03036003"; "许小晴"; "女"; "金融"
    Close #1
End Sub
```

执行上面的程序段后,在当前应用程序的工作目录内生成了一个名 student 的文本文件。若用记事本打开该文件,可以看到如下数据:

```
学号姓名性别院系
03035001 胡丹女中文
03035002 樊丽萍女中文
03036001 沈云如男金融
03036002 李华男金融
03036003 许小晴女金融
```

**注意**:上述文本文件中,记录是不等长的,记录中的各数据项也没有分隔。

**例 10-2** 单击窗体内的命令按钮,用 Print # 语句将 3 名学生信息添加到数据文件 student,程序代码如下:

```
Private Sub Command1_Click()
    Open App. Path + "\student" For Append As #1        '打开文件添加记录
    Print #1, "03037001"; "刘志强"; "男"; "建筑"
    Print #1, "03037002"; "钱国铭"; "男"; "建筑"
    Print #1, "03037003"; "张文倩"; "女"; "建筑"
    Close #1
End Sub
```

需要说明的是,上述方法只是为了说明 Print # 语句的用法,从功能上看并不合理。因为每调用一次该过程,文件中就添加 3 条相同的记录。较为常用的方法是用户先通过文本框输入数据,确认后再将数据添加到文件中去。

**例 10-3** 单击窗体内的命令按钮,用 Print # 语句将文本框的内容写入数据文件 student。

分析：

可以用以下两种方法将文本框的内容写入数据文件。

方法一：将整个文本框的内容一次性写入文件，程序代码如下：

```
Private Sub Command1_Click()
    Open App.Path + "\student" For Append As #1
    Print #1, Text1.Text
    Close #1
End Sub
```

方法二：将文本框的字符逐个写入文件，程序代码如下：

```
Private Sub Command2_Click()
    Dim i As Integer
    Open App.Path + "\student" For Append As #1
    For i = 1 To Len(Text1.Text)
        Print #1, Mid(Text1.Text, i, 1);
    Next i
    Close #1
End Sub
```

（2）Write # 语句

用 Write # 语句向文件写入数据时，能自动在各数据项之间插入逗号，并给各字符串加上双引号。这是 Write # 语句与 Print # 语句的不同之处。该语句的一般格式如下：

Write # 文件号,[输出列表]

上述语句中输出列表是指用","分隔的数值或字符串表达式。

下面举例说明 Write # 语句的使用方法。

**例 10-4** 将例 10-1 代码中的 Print # 语句改换成 Write # 语句，实现同样功能。程序代码如下：

```
Private Sub Command1_Click()
    Open App.Path + "\student" For Output As #1
    Write #1, "学号", "姓名", "性别", "院系"
    Write #1, "03035001", "胡丹", "女", "中文"
    Write #1, "03035002", "樊丽萍", "女", "中文"
    Write #1, "03036001", "沈云如", "男", "金融"
    Write #1, "03036002", "李华", "男", "金融"
    Write #1, "03036003", "许小晴", "女", "金融"
    Close #1
End Sub
```

执行上面的程序后，打开生成的 student 文本文件，可以看到输出数据的格式如下：

```
"学号","姓名","性别","院系"
"03035001","胡丹","女","中文"
"03035002","樊丽萍","女","中文"
"03036001","沈云如","男","金融"
"03036002","李华","男","金融"
"03036003","许小晴","女","金融"
```

与例 10-1 的输出对比，不难看出 Write # 语句与 Print # 语句之间的差异。

### 4.顺序文件的读操作

顺序文件的读操作分三步进行。首先用 Input 方式将要读的文件打开,然后读入文件中的数据,读完后再关闭文件。读顺序文件可以使用 Input ♯ 和 Line Input ♯ 语句来实现。此外,Visual Basic 还提供了 Input ＄ 函数用于读取文件中的字符串。

（1）Input ♯ 语句

Input ♯ 语句的格式如下:

　Input ♯ 文件号,变量列表

该语句从文件中读出数据,并将数据依次赋给指定的变量。语句中的变量列表由一个或多个变量组成,这些变量既可以是数值变量,也可以是字符串变量或数组元素。文件中数据项的类型应与 Input ♯ 语句中变量的类型相匹配。

用 Input♯语句把读出的数据赋给数值变量时,将忽略前导空格、回车或换行符,把遇到的第一个非空格、非回车和换行符作为数值的开始,遇到空格、回车或换行符则认为数值结束。对于字符串数据,同样忽略开头的空格、回车或换行符。如果需要把开头带有空格的字符串赋给变量,则必须把字符串放在双引号中。

为了正确读取文件中的数据项,写文件时应使用 Write ♯ 语句将各数据项分隔。

下面结合实例介绍顺序文件的读操作。

**例 10-5**　单击【读顺序文件】命令按钮,用 Input ♯ 语句将例 10-4 建立的学生数据文件 student 读入到内存一个二维字符数组,并在屏幕（窗体）上显示出来。

命令按钮单击事件过程的程序代码如下:

```
Private Sub Command1_Click()
    Dim i, j As Integer
    Dim stu(5, 3) As String * 8              '定义一个二维字符数组,每个元素最多存放 8 个字符
    Open App. Path + "\student" For Input As ♯1    '用读方式打开文件
    For i = 0 To 5                           '文本文件共有 6 条记录
        For j = 0 To 3                       '每条记录有 4 个数据项
            Input ♯1, stu(i, j)              '用 Input ♯语句将 1 个数据项读入数组
            Print stu(i, j),                 '在窗体上显示数组变量值
        Next j
        Print
    Next i
    Close ♯1
End Sub
```

程序运行结果如图 10-1 所示。

在本例中使用了一个定长二维字符数组 stu,为了保证数组元素能容纳记录中的每个数据项,定义字符串长度为 8（按学号字符串长度定义）。由于记录中其他数据项的长度均小于 8,显然浪费了一些内存空间。如果文件记录很少,问题还不大。如果文件中记录数量多或者记录中的数据

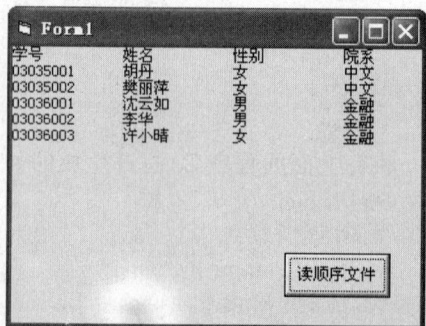

图 10-1　用 Input ♯ 语句读顺序文件

项多,则会因为内存开销过大而影响运行速度。为了合理使用系统资源,应该使用 Visual Basic 提供的自定义数据类型。

自定义数据类型也称为记录类型,它由若干个标准数据类型组成,类似于 C 语言中的结构类型。在 Visual Basic 中,使用自定义数据类型前必须先用 Type 语句定义,语句格式如下:

```
Type 自定义类型名
    元素名[(下标)] As 类型名
    …
    元素名[(下标)] As 类型名
End Type
```

其中:

元素名:表示自定义数据类型中的一个成员;

下标:表示是数组;

类型名:为标准类型。

自定义数据类型一般在标准模块(.bas)中定义,默认是 Public。若要在窗体模块中定义,必须加 Private。一旦作过定义,就可以在变量的声明中使用该数据类型,声明形式如下:

```
Dim 变量名 As 自定义类型名
```

下面的实例中使用了自定义数据类型,类型中各元素的类型与长度与文本文件中各数据项一致。程序中还声明了一个自定义类型的字符数组,用来存放从文件中读入的数据。

**例 10-6**　用 Input # 语句将 student 文件读到一个自定义数据类型的二维字符数组,并在屏幕上显示出来。

程序代码如下:

```
Private Type stuType              'stuType 是自定义数据类型
    No As String * 8             '学号元素名为 No,字符串类型,长度为 8
    Name As String * 3           '姓名元素名为 Name,字符串类型,长度为 3
    Sex As String * 1            '性别元素名为 Sex,字符串类型,长度为 1
    Dep As String * 2            '院系元素名为 Dep,字符串类型,长度为 2
End Type
'命令按钮单击事件过程
Private Sub Command1_Click()
    Dim i As Integer
    Dim stuAry(5) As stuType                    '声明一个名为 stuAry 的数组,类型为自定义类型
    Open App. Path + "\student" For Input As #1   '用读方式打开文件
    For i = 0 To 5 '文本文件共有 6 条记录
    '将文件中 1 条记录的 4 个数据项分别读入自定义类型数组的 4 个元素并显示
        Input #1, stuAry(i). No, stuAry(i). Name, stuAry(i). Sex, stuAry(i). Dep
        Print stuAry(i). No, stuAry(i). Name, stuAry(i). Sex, stuAry(i). Dep
        Print
    Next i
    Close #1
```

End Sub

（2）Line Input ♯语句

Line Input♯语句的功能是从打开的顺序文件中读出一行数据，并将数据赋给指定的字符串变量。语句的格式如下：

Line Input ♯文件号，字符串变量

在文件操作中，Line Input ♯是十分有用的语句，它可以读取顺序文件一行的全部内容，直至遇到回车符为止。因此，对于以 ASCII 码存放在磁盘上的各种计算机语言源程序代码，都可以用 Line Input ♯语句一行一行地读取。Line Input ♯语句也常被用于复制文件，用法见下例。

**例 10-7** 应用程序工作界面如图 10-2 所示。单击【读文本文件】命令按钮，用 Line Input ♯语句把当前目录内文本文件 examp1 的内容读入内存并显示在文本框中。单击【写文本文件】命令按钮，则将文本框中的内容存入名为 examp2 另一个文本文件。

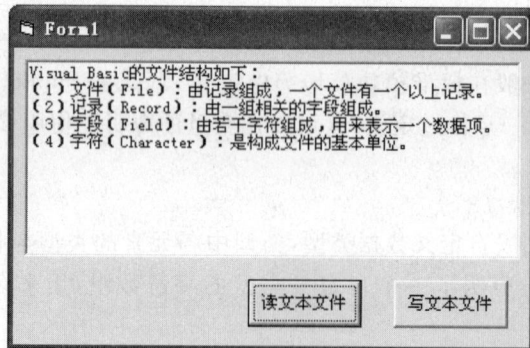

图 10-2 用 Line Input ♯语句复制文件

程序代码如下：

```
'读文本文件
Private Sub Command1_Click()
    Dim strL1, strAll As String
    Open App. Path + "\examp1. txt" For Input As ♯1'        '用读方式打开文件
    Do While Not EOF(1)                                      '文件未结束继续循环
        Line Input ♯1, strL1                                '读入文本文件一行
        strAll = strAll + strL1 + Chr(13) + Chr(10)
    Loop
    Close ♯1
    Text1. Text = strAll
End Sub
'写文本文件
Private Sub Command2_Click()
    Open App. Path + "\examp2. txt" For Output As ♯1        '用写方式打开文件
    Print ♯1, Text1. Text
    Close ♯1
End Sub
```

分析：

实例要求从当前工作目录中读取一个文本文件,但用户事先无法确定文件内有几条记录。如果在循环内用 Line Input ♯1 语句一次读取文件一行,则必须设定循环条件,明确何时结束读文件的循环。为此,程序代码中使用了 EOF( )函数。

EOF( )函数的功能是用来测试文件的结束状态,其格式为:

EOF(文件号)

读文件时,可以利用 EOF( )函数测试是否到达文件尾。对于顺序文件,如果已到文件末尾,则 EOF( )函数返回 True,否则返回 False。对于随机文件和二进制文件,如果读不到最后一个记录的全部数据,返回 True,否则返回 False。对于以 Output 方式打开的文件,EOF 函数总是返回 True。

EOF( )函数通常放在循环条件中,一般结构为:

```
Do While Not EOF( 文件号 )
    文件读写语句
Loop
```

(3)Input ＄ 函数

Input ＄ 函数用于从指定文件中读取 n 个字符的字符串,其格式如下:

```
Input ＄(n, ♯文件号)
```

例如,语句 ms＝ Input ＄(50,♯1)表示从 1 号文件中读取 50 个字符,并把它赋给字符型变量 ms。

**例 10-8** 编写程序,查找文件 exampl 中指定的字符串。要求单击窗体后,弹出输入对话框,用户在对话框中输入要查找的字符串,确认后实现上述查找功能。程序代码如下:

```
Private Sub Form_Click()
    Dim strL1, strL2 As String
    strL1 = InputBox＄("请输入要查找的字符串:")
    Open App. Path + "\exampl. txt" For Input As ♯1          '用读方式打开文件
    Do While Not EOF(1)
        strL2 = strL2 + Input＄(1, 1)                        '读入整个文件
    Loop
    Close ♯1
    If InStr(1, strL2, strL1) <> 0 Then                     '判要查找的字符串是否在文件中
        Print "找到字符串:"; strL1
    Else
        Print "未找到指定字符串!"
    End If
End Sub
```

分析:

首先由用户通过键盘输入被查找的字符串,输入结束后存放在字符串变量 strL1 中。接下来打开文件,用 Input ＄函数逐个读入字符,拼接后存放在字符串变量 strL2 中。读取文件结束后,strL2 中存放了整个文件的所有字符。最后用 InStr( )函数进行判断,如果 strL2 内包含了 strL1 中的字符串,表示查找成功。

## 10.2.2 随机文件

随机文件由固定长度的记录组成,一条记录包含一个或多个字段。随机文件中每个

记录都有一个记录号,只要指出记录号,就可以对该文件进行读写。例如,当记录号为 n 时,可以计算出该记录与文件首记录的相对地址为(n-1)×记录长度 。因此,用户可直接快速访问随机文件中的任意一条记录。

### 1.随机文件的打开与关闭

在对一个随机文件操作之前,也必须用 Open 语句打开文件。随机文件的打开方式必须是 Random 方式,同时要指明记录的长度。与顺序文件不同的是,随机文件打开后,可同时进行写入与读出操作。

Open 语句的一般格式:

　Open 文件名 For Random As ♯文件号[Len=记录长度]

说明:

(1)文件名、♯文件号的使用格式与顺序文件相同。

(2)关键字 Random 表示打开的是随机文件。

(3)Len 选项用于设置记录长度,即一条记录所占的字节数,默认值是 128 个字节。记录长度必须大于 0,而且应该与定义的记录结构长度一致。计算记录长度的方法是将记录结构中每个元素的长度相加,记录长度也可以用 Len 函数获得。

随机文件的关闭与顺序文件相同,也是使用 Close 语句。

### 2.随机文件的读写操作

由于随机文件的存取是按记录进行的,所以读写记录需要有一个交换数据的内存空间,而且这部分内存空间必须事先定义。通常的做法是:操作随机文件之前,首先定义一个用于保存数据项的记录类型,该记录类型为用户自定义数据类型,是随机文件中存储数据的基本结构。然后再将变量说明成该类型,这样就为这个变量申请了用于存放随机文件记录的内存空间。

(1)随机文件的写操作。

写随机文件使用 Put 语句,其一般格式为:

　Put ♯文件号,记录号,变量名

说明:

Put 语句把变量的内容写入文件中指定的记录位置。记录号是一个大于或等于 1 的整数。如果省略记录号,则表示在当前记录后插入一条记录。但省略记录号后,语句中的逗号不能省略。

例如,Put ♯1,6,mx1

表示将变量 mx1 的内容送到 1 号文件中的第 6 号记录中去。

(2)随机文件的读操作。

读随机文件使用 Get 语句,其一般格式为:

　Get ♯文件号,记录号,变量

说明:

Get 语句把文件中由记录号指定的记录内容读入到指定的变量中。

例如,Get ♯2,3,mx2

表示将 2 号文件中的第 3 条记录读出后存放到变量 mx2 中。

下面举例说明随机文件读写操作方法。

**例 10-9** 应用程序用户界面如图 10-3 所示。功能要求如下：

单击【输入记录】命令按钮，系统弹出输入对话框，用户根据提示通过键盘依次输入学生成绩记录，该记录包括学号、课程编号、成绩 3 个数据项。一条记录输入结束后用 Put 语句写入名为 examp3 的随机文件。若键入字符"n"则结束输入过程。用户单击【读取记录】命令按钮，则把当前目录内文本文件 examp3 的内容读入内存并显示窗体上。

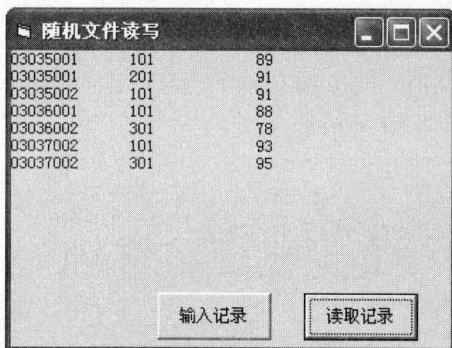

图 10-3  随机文件读写操作

设计过程如下：

（1）创建工程后，首先定义一个表述学生成绩的记录类型，代码如下：

```
Public Type StuSco                  'StuSco 是学生成绩记录类型
    stuNo As String * 8             '学号，字符串类型，长度为 8
    stuCourse As String * 3         '课程编号，字符串类型，长度为 3
    stuScore As Integer             '成绩，整型
End Type
```

然后执行【工程】|【添加模块】菜单命令，在当前工程内新建一个名为 Module1. bas 的模块文件，保存上述代码。

（2）在窗体内添加两个命令按钮控件，控件的 Caption 属性值分别设置为"输入记录"和"读取记录"。

（3）打开代码窗口，声明一个名为 stu 的窗体级变量，类型为 StuSco 记录类型：

```
Dim stu As StuSco
```

（4）编写两个命令按钮单击事件过程的程序代码：

```
'输入记录
Private Sub Command1_Click()
    Dim s1 As String
    Dim i As Integer
    Open App. Path + "\examp3" For Random As #1 Len = Len(stu)        '打开随机文件
    i = 0
    Do
        stu. stuNo = InputBox("学号:")
        stu. stuCourse = InputBox("课程编号:")
        stu. stuScore = InputBox("成绩:")
        i = i + 1
```

```
                Put #1, i, stu                              '将 stu 变量内容作为第 i 条记录写入随机文件
                s1 = InputBox("继续输入(Y/N)?")
           Loop Until UCase(s1) = "N"
           Close #1
       End Sub
       '读取记录
       Private Sub Command2_Click()
           Dim i As Integer
           Dim RecordNumber As Integer
           Open App.Path + "\examp3" For Random As #1 Len = Len(stu)    '打开随机文件
           RecordNumber = LOF(1) / Len(stu)                             '计算随机文件总记录数
           For i = 1 To RecordNumber
               Get #1, i, stu                                          '将第 i 条记录读入 stu 变量
               Print stu.stuNo, stu.stuCourse, stu.stuScore            '显示 stu 变量的内容
           Next i
           Close #1
       End Sub
```

分析:

要打开一个随机文件进行读写,首先要确定记录长度。记录长度可以通过手工计算得到。在本例中,根据所定义的记录类型,学号字段长度为 8,课程编号字段长度为 3,成绩字段是整型数,占 2 个字节。因此,1 条记录的总长度应该是 13 个字节。当记录含有的字段较多时,手工计算很不方便,也容易出错。实际上,记录类型变量的长度就是记录的长度,可以通过 Len 函数求出来,代码中打开随机文件的语句就采用了这种方法:

```
       Open App.Path + "/examp3" For Random As #1 Len = Len(stu)
```

需要说明的是,语句中出现了两个 Len 关键字,这两个 Len 的含义是不同的,等号左边的 Len 是 Open 语句中的子句关键字,等号右边的 Len 是一个函数名。

另外,要读一个随机文件,需要事先确定该文件的记录数。程序中定义了一个整型变量 RecordNumber 用来存放记录数,并通过赋值语句 RecordNumber =LOF(1) / Len(stu)获得文件的记录总数。语句中使用了 LOF( )函数,该函数返回文件的字节数。例如,LOF(1)返回 #1 文件的长度,如果返回值为 0,则表示该文件是一个空文件。

3. 随机文件中记录的添加、插入与删除

(1)添加记录

在随机文件中添加记录,实际上是在随机文件末尾再增加一条记录。其方法是,先求出文件中的记录总数,从而确定了最后一条记录的记录号,然后把要增加的记录写在它的后面。

**例 10-10** 为例 10-9 应用程序增加添加记录的功能。

在窗体中添加一个命令按钮控件 Command3,其单击事件过程代码如下:

```
       Private Sub Command3_Click()
           Dim RecNum1 As Integer
           Open App.Path + "\examp3" For Random As #1 Len = Len(stu)    '打开随机文件
           stu.stuNo = InputBox("学号:")
           stu.stuCourse = InputBox("课程编号:")
```

```
      stu. stuScore = InputBox("成绩:")
      RecNum1 = LOF(1) / Len(stu) + 1
      Put #1, RecNum1, stu '添加记录
      Close #1
 End Sub
```

（2）插入记录

在随机文件中插入一条记录的操作较为麻烦。因为用户指定的插入位置处已有记录存在，如果直接写入新记录，则会将原记录覆盖。正确的操作步骤如下：

① 由用户输入插入位置 x（记录号）；

② 求出随机文件的记录总数 N；

③ 移动记录，为新记录腾出空间，具体方法是：将记录 x～N 移动到 x+1～N+1；

④ 在 x 位置插入新记录。

**例 10-11**　为例 10-9 应用程序增加插入记录的功能。

在窗体中添加一个命令按钮控件 Command4，其单击事件过程代码如下：

```
 Private Sub Command4_Click()
     Dim RecNum, i, x As Integer
     x = InputBox("请输入插入记录位置:")
     stu1. stuNo = InputBox("学号:")
     stu1. stuCourse = InputBox("课程编号:")
     stu1. stuScore = InputBox("成绩:")
     Open App. Path + "\examp3" For Random As #1 Len = Len(stu)
     RecNum = LOF(1) / Len(stu)
     For i = RecNum To x Step -1          '移动记录,为插入记录腾出存储空间
         Get #1, i, stu                   '将第 i 条记录读入 stu 变量
         Put #1, i + 1, stu               '将 stu 变量内容写到第 i+1 条记录
     Next i
     Put #1, x, stu1                       '在 x 位置插入记录
     Close #1
 End Sub
```

（3）删除记录

删除随机文件中一个记录，通常的方法并不是真正删除记录，而是把下一个记录重写到要删除的记录位置上，然后将其后的记录依次前移，以填补被删除的记录空间。由此产生的问题是，移动过程结束后最后两条记录相同。也就是说，最后一条记录是多余的。解决这个问题可以有多种方案。

方案一是删除操作完成后，把原来的记录个数减 1。这样，当再向文件中增加记录时，多余的记录即被覆盖。

方案二是剔除被删除的记录后重新建立一个新的随机文件。方案二的具体操作步骤如下：

① 由用户输入要被删除的记录号；

② 将随机文件中除该记录外的所有记录读入一个临时数组；

③ 删除原随机文件；

④ 将数组内的记录依次写入一个新文件,文件名与原文件相同。

需要注意的是,上述方法也存在一些不足之处。在程序运行时,如果原随机文件已删除,而新文件尚未创建,这时若因系统或人为原因产生运行故障,会造成数据丢失。较为稳妥的方案是,在删除随机文件之前,先建立并保存一个文件副本。当然,副本中的数据必须随原文件同步刷新。

**例 10-12** 为例 10-9 应用程序增加删除记录的功能。

在窗体中添加一个命令按钮控件 Command5,其单击事件过程代码如下:

```
Private Sub Command5_Click()
    Dim stuArry() As StuSco
    Dim RecNum, i, x As Integer
    x = InputBox("请输入被删除的记录号:")
    Open App.Path + "\examp3" For Random As #1 Len = Len(stu)
    RecNum = LOF(1) / Len(stu)
    ReDim stuArry(RecNum - 1) As StuSco
    For i = 1 To x - 1                    '将记录1-x读入数组
        Get #1, i, stuArry(i)
    Next i
    For i = x + 1 To RecNum               '跳过记录x,将其余的记录再读入数组
        Get #1, i, stuArry(i - 1)
    Next i
    Close #1
    Kill App.Path + "\examp3"             '删除原随机文件
    Open App.Path + "\examp3" For Random As #1 Len = Len(stu)
    For i = 1 To UBound(stuArry)
        Put #1, i, stuArry(i)             '用数组内的记录重新建立一个新的同名随机文件
    Next i
    Close #1
End Sub
```

### 4.随机文件应用实例

将例 10-9~例 10-12 各功能综合在一起,稍作改动,就可以构成一个较为实用的随机文件管理器。它具有随机文件记录的输入、显示、添加、插入和删除功能,运行时用户界面如图 10-4 所示。

随机文件管理器的窗体中增加了一个文本框,用于显示记录。此外还将 5 个记录操作按钮集中放置在 1 个框架内,便于用户选择。除了【显示】命令按钮 Command2 外,其余控件的程序代码不变。Command2 的单击事件过程代码如下:

图 10-4　随机文件管理器

```
Private Sub Command2_Click()
    Dim i As Integer
```

```
      Dim RecordNumber As Integer
      Open App. Path + "\examp3" For Random As #1 Len = Len(stu) '打开随机文件
      RecordNumber = LOF(1) / Len(stu) '计算随机文件总记录数
      Text1. Text = ""
      For i = 1 To RecordNumber
          Get #1, i, stu '将第 i 条记录读入 stu 变量
          Text1. Text = Text1. Text + stu. stuNo + Space(5) + stu. stuCourse + Space(5) + Str(stu. stuScore)
      + Chr(13) + Chr(10)
      Next i
      Close #1
    End Sub
```

## 10.2.3　二进制文件

二进制文件中的数据是按字节顺序排列的,对二进制文件的读写也是以字节为单位进行的。用户可以利用二进制文件读写操作,获取任何文件的原始字节,即不仅能获取 ASCII 文件,而且能获取非 ASCII 文件的原始字节,从而实现对文件的控制。所以,如果能理解文件中数据的组织结构,则任何文件都可以当作二进制文件来处理使用。

### 1. 二进制文件的打开与关闭

打开二进制文件也使用 Open 语句,其一般格式如下:

Open 文件名 For Binary As #文件号

说明:

(1)如果由文件名指定的文件已存在,则打开该文件,否则新建一个文件。

(2)关键字 Binary 表示打开的是二进制文件

关闭一个二进制文件也使用 Close 语句,其格式同前。

### 2. 二进制文件的读写操作

二进制文件与随机文件的存取操作类似,读写随机文件的语句也可以用于读写二进制文件。两者之间的区别在于:用二进制方式打开文件,读写的单位是字节,文件指针可以移到文件中的任一字节位置上,然后根据需要读、写任意多个字节。而用随机方式打开文件读写的单位是记录,文件指针只能移到一个记录的边界上,读取固定个数的字节(一个记录的长度)。

写二进制文件使用 Put 语句,其一般格式为:

Put #文件号,位置,变量

读二进制文件使用 Get 语句,其一般格式为:

Get #文件号,位置,变量

语句中"位置"与"变量"的概念说明如下:

二进制文件的读写操作是以一个独立的数据为单位进行的,数据单位则由语句中"变量"的类型来确定。语句中的变量可以是字符串型、整型、单精度型等任何类型,包括变长字符串和记录类型。如果是 1 个字节长度的字符串类型变量,一次只读写 1 个字节;如果

是整型变量,一次读写 2 个字节;如果是双精度 8 字节长度的浮点类型变量,则一次读写 8 个字节。

二进制文件中的"位置"相对于开头而言。即文件中第一个字节的位置是 1,第二个字节的位置是 2。一次数据读写完毕后,文件指针自动移到下一个数据的存储位置。例如,读完一个整型数据后,文件指针自动向后移动了 2 个字节位置。如果在 Get 或 Put 语句中省略位置参数,那么在进行一次读写后,文件指针自动指向下一个要读写数据的第一个字节位置。

对于文件字节指针的操纵,可以使用 Seek 语句,该语句格式如下:

```
Seek ♯文件号,位置
```

其中:"文件号"的含义同前。"位置"是一个数值表达式,指从文件开头到"位置"为止的字节数,即执行下一个操作的地址。

例如:

```
Seek ♯1,50
Get ♯1,intNum
```

这两条语句的功能是从二进制文件中的第 50 个字节位置开始读一个数据,如果 intNum 是整型变量,那么读完后文件指针将自动向后移动 2 个字节位置,指向下一个可读数据的第一个字节位置上。

### 3. Seek 和 Loc 函数

在二进制文件的读写操作中,为了控制文件指针,还可以使用 Visual Basic 语言提供的两个函数。

(1)Seek 函数

格式:Seek( 文件号 )

功能:返回一个长整型数值,表示一次读写后,下一个可以读写的文件指针位置。这个位置是从文件的第一个字节位置开始计算的。

(2)Loc 函数

格式:Loc( 文件号 )

功能:返回一个长整型数值,表示一次读写后,本次读写的最后一个字节位置。

下面举例说明这两个文件函数的用法与区别。

**例 10-13** 单击窗体,以二进制方式打开 examp3 文件,读取 5 条记录,在窗体上显示记录的内容以及读取过程中 Seek 和 Loc 函数值。

程序代码如下:

```
Private Sub Form_Click()
    Dim i As Integer
    Open App. Path + "\examp3" For Binary As ♯1            '打开二进制文件
    For i = 1 To 5
        Get ♯1, (i − 1) * 13 + 1, stu                    '每次读入 13 个字节到 stu 变量
        Print stu. stuNo, stu. stuCourse, stu. stuScore      '显示 stu 变量的内容
        Print "Seek="; Str $ (Seek(1)), "Loc="; Str $ (Loc(1))  '显示 Seek 和 Loc 函数值
    Next i
```

```
    Close #1
 End Sub
```

程序运行结果如图 10-5 所示。

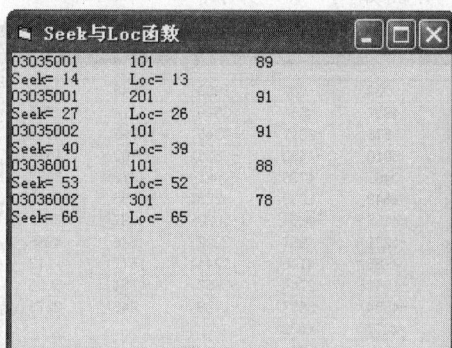

图 10-5　文件的 Seek 和 Loc 函数

分析：

程序代码中读二进制文件的语句为：

```
 Get #1, (i - 1) * 13 + 1, stu
```

由于 stu 是自定义结构类型变量，所以每次读写的数据单位是 13 个字节。文件读取位置与循环变量 i 有关。当 i=1 时，读取位置为 1，当 i=2 时，读取位置为 14，……，当 i=5 时，读取位置为 (5 - 1) * 13 + 1=53。读完 5 条记录后，本次读写的最后一个字节位置为 65，而下一个可以读写的文件指针位置则是 53+13=66。

4．二进制文件应用实例

二进制文件由于格式简单，存取方便，在计算机工业控制领域中被广泛使用。下面介绍一个综合应用实例。

**例 10-14**　在应用程序当前目录下有一个名为 Curve1.DAT 的二进制格式文件。文件中存放了一批测量数据，共有 58 个数据项。文件中数据存放格式如图 10-6 所示。第 1 个字节为 81H，这是文件标识。字节 2～字节 10 为保留字节。从第 11 个字节开始存放数据项，一个数据项由两个字节构成，所以文件总长度为 126 个字节 (10+58×2=126)。

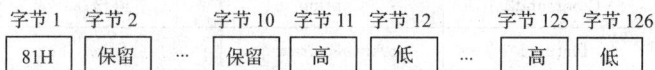

图 10-6　二进制文件 Curve1 的数据存放格式

文件中数据项表示 12 位 A/D 转换代码 (芯片为 AD574)，代码值=高字节×16+低字节。

为了得到测量值 (mV)，还须进行标度变换，转换公式如下：

测量值=(代码值- 2048)× 4.8828125

设计要求：

(1)打开二进制文件，读取文件中的数据。

(2)若文件的首字节是 81H，则将文件数据转换成测量值，共计 58 个测量值；否则显示出错信息后退出处理过程。

(3)用网格控件 MSFlexGrid 显示测量值。

(4)在图形框控件内绘制测量信号的曲线。

(5)程序运行后的用户界面如图 10-7 所示。

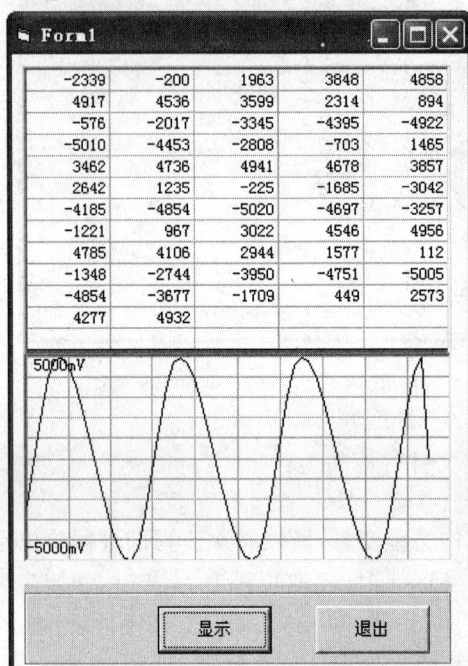

图 10-7  例 10-14 程序运行界面

设计说明：

(1)根据题意的功能要求，在窗体内建立 1 个图形框、1 个网格控件、1 个框架以及 2 个命令按钮。各控件主要属性设置见表 10-1。

表 10-1　　　　例 10-14 控件主要属性设置

| 控件名 | 属　　性 | 属性值 |
| --- | --- | --- |
| Command1 | Caption | 显示 |
| Command2 | Caption | 退出 |
| Picture1 | AutoRedraw | True |
| MSFlexGrid1 | Cols | 6 |
|  | Rows | 13 |

(2)【显示】命令按钮单击事件过程代码如下：

```
Private Sub Command1_Click()
    Call Open_file           '调用打开数据文件子程序
    Call list_FlexGrid       '调用表格显示测量值子程序
    Call draw_Curve          '调用绘制曲线子程序 End Sub
End Sub
```

过程中分别调用了 3 个子程序，用于打开文件并显示数据和曲线。

(3)打开文件子程序 Open_file 代码如下：

```
    Dim intCurve(60) As Integer                        '定义窗体级数组变量用于存放测量值
    Public Sub Open_file()
        Dim temp(130) As Byte
        Dim i As Integer
        Open App. Path + "\Curve1. DAT" For Binary As #1'打开二进制文件
        For i = 0 To 125
            Get #1, i + 1, temp(i)
        Next i
        Close #1
        If temp(0) <> 129 Then                         '如果文件标识错误则退出
            MsgBox "文件格式错误!", 48, "系统提示"
            Exit Sub
        End If
        For i = 0 To 57 '将文件中的 116 个连续字节转换成一条曲线共 58 个点的数据
            intCurve(i) = temp(i * 2 + 10) * 16             '从 temp(10)开始,前一字节为高位
            intCurve(i) = intCurve(i) + temp(i * 2 + 11)     '后一字节为低位
            intCurve(i) = (intCurve(i) - 2048) * 4. 8828125  '标度转换(转换成电压 mV)
        Next i
    End Sub
```

分析:Open_file 子程序代码中共使用了两个数组。一个是窗体级数组 intCurve(0~60),用来存放 58 个整型测量值。另一个是过程级临时数组 temp(0~130),用来存放从文件中读出的 126 个字节。文件打开后,先用循环语句将 126 个字节读到 temp 数组内,然后取出第 1 个字节判别是否为 81H,若是 81H 则继续往下处理,否则退出子程序。如果文件标识符正确,使用循环语句将 temp 数组内 116 个字节转换成测量值放到 intCurve数组内。处理时跳过 temp 数组内前 10 个字节。

(4)数据网格控件显示测量值子程序 list_FlexGrid 代码如下:

```
Public Sub list_FlexGrid()
    Dim i As Integer
    MSFlexGrid1. Clear
    For i = 1 To 57
        MSFlexGrid1. Row = (i - 1)\5
        MSFlexGrid1. Col = (i - 1) Mod 5
        MSFlexGrid1. Text = intCurve(i - 1)
    Next i
End Sub
```

分析:数据网格控件 MSFlexGrid 在第 9 章中已作过介绍。该控件除了绑定 Data 控件显示数据库记录外,还可以作为普通表格使用。本实例设计时用到了该控件的 2 个常用属性,表 10-1 中设置 MSFlexGrid1. Row=13,表示数据网格共 13 行;MSFlexGrid1. Col=6,表示数据网格共 6 列。子程序中还用到了该控件的 3 个常用属性,其中MSFlexGrid1. Row 表示当前行号,MSFlexGrid1. Col 表示当前列行号,MSFlexGrid1. Text 表示当前行、列所对应的网格内容。

(5)绘制测量值曲线子程序 draw_Curve 代码如下:

```
Public Sub draw_Curve()
    Dim xm, ym As Integer
    xm = 60; ym = 10000
    Picture1. Scale (0, ym / 2)-(xm, -ym / 2)            '定义坐标系
    Picture1. ForeColor = &HC0C0C0
    For i = 0 To xm Step xm / 10                         '画 X 轴分格线
        Picture1. Line (i, ym)-(i, -ym)
    Next i
    For i = -ym To ym Step ym / 10                       '画 Y 轴分格线
        Picture1. Line (0, i)-(xm, i)
    Next i
    Picture1. ForeColor = &H0&
    Picture1. CurrentX = 0
    Picture1. CurrentY = 0.5 * ym
    Picture1. Print Str(ym / 2) + "mV"                   '标 Y 最大电压值
    Picture1. CurrentY = -0.4 * ym
    Picture1. Print Str(-ym / 2) + "mV"                  '标一Y 最大电压值
    For i = 0 To 56                                      '绘制曲线
        Picture1. Line (i, intCurve(i))-(i + 1, intCurve(i + 1))
    Next i
End Sub
```

## 10.2.4 常用文件操作语句

Visual Basic 提供了许多与文件操作有关的语句,用于对文件或目录进行复制、删除等维护工作。

(1)FileCopy 语句

格式:FileCopy source,destination

功能:复制一个文件。

说明:参数 source 和 destination 分别表示要复制的源文件名和目标文件名。

(2)Kill 语句

格式:Kill pathname

功能:删除一个文件。

说明:pathname 中可以使用通配符"*"和"?"。

(3)Name 语句

格式:Name oldpathname As newpathname

功能:重新命名一个文件或目录。

说明:Name 语句具有文件移动功能,即重新命名文件并将其移动到另外一个文件夹中。该语句不能使用通配符。

(4)ChDrive 语句

格式:ChDrive drive

功能:改变当前驱动器。

(5) MkDir 语句

格式：MkDir path

功能：创建一个新的目录。

(6) ChDir 语句

格式：ChDir path

功能：改变当前目录。

说明：ChDir 语句能改变默认目录位置，但不能改变默认驱动器位置。

(7) RmDir 语句

格式：RmDir path

功能：删除一个存在的目录。

说明：RmDir 语句不能删除一个含有文件的目录。若必须要删除该目录，则应先使用 Kill 语句删除目录中的文件。

下面是 MkDir 和 ChDir 语句的应用实例。

**例 10-15**  应用程序运行时，在窗体的 Form_Load 事件过程中，先检查当前目录下是否含有名为 DATA 的子目录，如果有该子目录，正常加载窗体；如果没有该子目录，则使用程序代码建立 DATA 子目录后继续加载窗体。

程序代码如下：

```
Private Sub Form_Load()
    On Error Resume Next            '遇到错误继续执行下一语句
    ChDir (App.Path + "DATA")       '先试图进入 DATA,确定该子目录是否存在
    If Err = 76 Then                '错误代码:Err 为 76,表示该子目录不存在
        MkDir (App.Path + "\DATA")  '自动建立 DATA 子目录
        Err.Clear                   '清除错误标记
    End If
End Sub
```

# 10.3  文件系统控件

在文件处理中，如果文件位置已经确定，那么完全可以在应用程序中打开该文件并进行读写操作。但在更多场合，需要由用户选择并确定文件所在的目录以及文件名。也就是说，应用程序应该为用户使用文件提供一个方便的文件搜索工具，用于显示磁盘驱动器、目录和文件的信息。为了适应在应用程序中处理文件的需要，Visual Basic 为程序设计人员提供了两种选择方案。

第一种方案是首先在工程中添加通用对话框（CommonDialog），然后使用文件对话框获取文件的相关信息。该方案能实现简单的文件打开和保存功能，相关内容已在第 8 章中作了详细介绍。

第二种方案是使用文件系统控件。Visual Basic 为文件处理提供了 3 个标准控件。这 3 个控件是：驱动器列表框、目录列表框以及文件列表框。文件系统控件操作非常灵活，既可以单独使用，也能够组合起来使用。应用程序中利用这些控件可以建立如图10-8

所示文件管理界面。

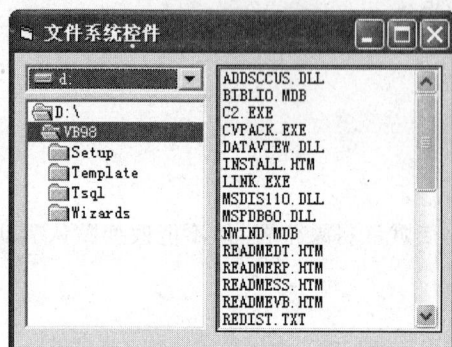

图 10-8　驱动器、目录和文件列表框

## 10.3.1　驱动器列表框和目录列表框

### 1.驱动器列表框

驱动器列表框(DriverListBox)是下拉式列表框。默认状态下显示当前驱动器。当该控件获得焦点时,用户可输入任何有效的驱动器标识符,或者单击驱动器列表框右侧的箭头打开下拉列表。下拉列表内将列举系统所有的有效驱动器。

驱动器列表框最重要的属性是 Drive 属性,它用来设置或返回当前驱动器。该属性不能在设计阶段通过属性窗口设置,必须在程序代码中设置或引用,格式如下:

[Object.] Drive[ =drive ]

其中:

Object:指驱动器列表框控件对象。

drive:指所选择的驱动器,是一个字符型表达式。该字符串不区别大小写,它的第一个字符是有效字符。字符串两边应使用双引号。如果所选择的驱动器在当前系统中不存在,则产生实时错误。

例如,语句 Drive1. Drive = "c:"设置当前驱动器的盘符为"C:"。

驱动器列表框最常用的事件是 Change 事件。当用户选择一个新的驱动器或通过代码改变 Drive 属性的设置时会引发该事件。

下面举例说明驱动器列表框的使用方法。

**例 10-16**　窗体内建立一个驱动器列表框控件 Drive1,用标签 Label1 同步显示当前驱动器,单击两个命令按钮则可以改变驱动器。窗体运行后用户界面如图 10-9 所示。

程序代码如下:

```
Private Sub Form_Load()
    Label1. Caption = "当前驱动器为:" + Drive1. Drive
End Sub
Private Sub Drive1_Change()
```

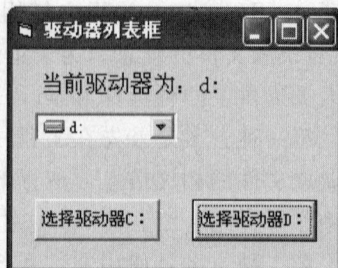

图 10-9　驱动器列表框应用

```
        Label1. Caption = "当前驱动器为:" + Drive1. Drive
    End Sub
    Private Sub Command1_Click()
        Drive1. Drive = "c:"
    End Sub
    Private Sub Command2_Click()
        Drive1. Drive = "d:"
    End Sub
```

### 2. 目录列表框

目录列表框(DirListBox)用于显示当前磁盘驱动器下目录的分层结构。顶层目录用一个打开的文件夹表示,当前目录用一个加阴影的文件夹表示,当前目录下的子目录用关闭的文件夹表示,如图 10-8 所示。

目录列表框中只能显示当前驱动器上的目录。如果要显示其他驱动器上的目录,必须改变路径,即重新设置它的 Path(路径)属性。

Path 属性用来设置和返回当前的路径。该属性不能在设计阶段通过属性窗口设置,必须在程序代码中设置或引用,格式如下:

　　[ Object.]Path[ =pathname]

其中:

Object:指目录列表框控件对象。

pathname:是一个表示路径名的字符串表达式,其默认值是当前路径。

例如,执行语句 Dir1. Path = "c:\windows\"将重新设置路径,目录列表框 Dir1 中显示的是 C:\WINDOWS 下面的目录结构。

目录列表框最常用的事件也是 Change 事件。当用户改变所选择的目录,例如双击一个新的目录或通过代码改变 Path 属性的设置时会引发该事件。

驱动器列表框与目录列表框之间有着密切的联系。在一般情况下,改变驱动器列表框中的驱动器名后,目录列表框中的目录应该随之变为该驱动器上的目录。也就是说,两者之间应该同步。同步效果只需通过简单的语句就可以实现,下面举例说明。

**例 10-17** 窗体内建立一个驱动器列表框控件 Drive1 和一个目录列表框控件 Dir1。要求程序运行时,在驱动器列表框中改变驱动器名,目录列表框中的目录也随之改变。窗体运行界面如图 10-10 所示。

程序代码如下:

```
    Private Sub Drive1_Change()
        Dir1. Path = Drive1. Drive
        Label1. Caption = "当前路径为:" + Dir1. Path
    End Sub
```

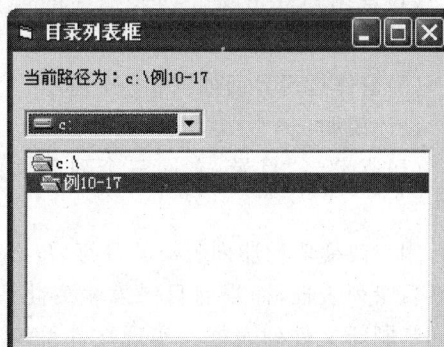

图 10-10　驱动器列表框和目录列表框

## 10.3.2　文件列表框

文件列表框(FileListBox)控件用于列出当前目录下的文件名。当文件数量多,无法在列表框中显示全部文件时,Visual Basic 会自动在列表框右边添加垂直滚动条。

文件列表框有 3 个重要的常用属性:Path,Pattern,FileName。

(1)Path 属性

该属性用于返回和设置文件列表框当前目录,默认值为系统的当前路径。设计时不可用。

说明:当 Path 值的改变时,会引发一个 PathChange 事件。

(2)Pattern 属性

该属性用来指定在文件列表框显示的文件类型,它的默认值为"＊.＊",即所有文件。

(3)FileName 属性

该属性用于在程序运行时设置或返回所选中的文件名。

最后结合一个综合性较强的实例说明文件系统控件用法。

**例 10-18**　设计一个文件管理器,功能要求如下:

(1)使用文件系统 3 个控件构成文件浏览界面,通过单选按钮确定所显示的文件类型。

(2)若用户单击选中文件列表框中的某个文本文件后,再单击【打开文本文件】命令按钮,则打开该文件,并将其内容显示在文本框中。

(3)若用户选中文件列表框中的某个可执行文件(.exe 文件)后,再单击【运行 EXE 文件】命令按钮,则运行该文件。如果因文件类型错误而无法运行,要求显示相应的错误信息并退出程序执行过程。

(4)若用户双击文件列表框中的可执行文件,则直接运行该文件。

(5)窗体运行界面如图 10-11 所示。

设计说明:

(1)驱动器、目录、文件三个列表框的同步操作

用户改变驱动器列表框的盘符后,必须同步刷新目录列表框,而当前目录发生变化后,也必须同步刷新文件列表框。实现文件系统三个控件联动操作的程序代码如下:

图 10-11　文件管理器运行界面

```
Private Sub Drive1_Change()
    Dir1.Path = Drive1.Drive
End Sub
Private Sub Dir1_Change()
```

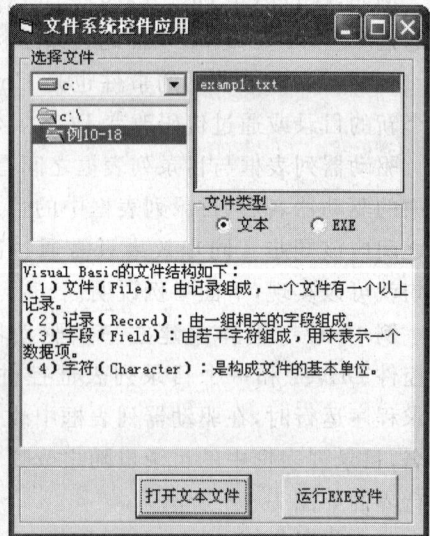

```
        File1. Path = Dir1. Path
        If Option1 Then
            File1. Pattern = "* . txt"          '文件列表框只显示文本文件
        Else
            File1. Pattern = "* . exe"          '文件列表框只显示 EXE 文件
        End If
    End Sub
```

(2)获取用户选择的文件路径及文件名

首先声明一个窗体级字符串变量 strFName,存放路径及文件名

```
Dim strFName As String
```

当用户单击一个文件,表示选中该文件,应用程序应该获取并保存该文件的路径及文件名。程序代码如下:

```
Private Sub File1_Click()
    strFName = File1. Path + "\" + File1. FileName
End Sub
```

(3)当用户双击一个文件时,直接运行该文件。程序代码如下:'

```
Private Sub File1_DblClick()
    Dim mx As Variant
    mx = Shell(File1. Path + "\" + File1. FileName, 1)
End Sub
```

(4)当用户单击【打开文本文件】命令按钮,则在文本框内显示文件内容。过程代码如下:

```
Private Sub Command1_Click()
    Dim strL1, strAll As String
    Open strFName For Input As #1 '用读方式打开文件
    Do While Not EOF(1) '文件未结束继续读
        Line Input #1, strL1 '读入文本文件一行
        strAll = strAll + strL1 + Chr(13) + Chr(10)
    Loop
    Close #1
    Text1. Text = strAll
End Sub
```

(5)当用户单击【运行 EXE 文件】命令按钮,应用程序调用 Shell 外部命令直接运行用户选定的可执行文件。过程代码如下:

```
Private Sub Command2_Click()
    Dim mx As Variant
    On Error GoTo errport
    mx = Shell(strFName, 1)
    Exit Sub
errport:
    MsgBox "无法运行该文件....", 48, "系统提示"
End Sub
```

将以上几个过程代码综合在一起,即可构成一个完整的文件管理器应用程序。

## 本章小结

Visual Basic 文件系统中有三种数据文件类型：顺序文件、随机文件和二进制文件。

顺序文件以 ASCII 码存储所有数据，每条记录长度可以不同。随机文件每个记录的长度是固定的，记录中的每个字段的长度也是固定的。二进制文件中数据用二进制编码值表示，以字节为单位存放，没有任何结构。

文件必须先用 Open 语句打开后才能读写，读写操作完成后，必须用 Close 语句关闭。

Visual Basic 用 Print ♯ 语句或 Write ♯ 语句向顺序文件写入数据，用 Input ♯ 和 Line Input ♯ 语句读入顺序文件中的数据。读写随机文件及二进制文件均使用 Get 语句和 Put 语句，但在使用中两者是有区别的。用随机方式打开文件读写的单位是记录；用二进制方式打开文件，读写的单位是字节。

为了方便文件管理，Visual Basic 为文件系统提供了三个标准控件：驱动器列表框、目录列表框以及文件列表框。

## 习　题

**一、填空题**

1.随机文件每个记录的长度是（　　）的，每个记录都有一个（　　）。

2.文本，数据以（　　）形式保存。

3.以 Append 方式打开顺序文件时，文件指针指向文件的（　　）。

4.用 Write 语句向文件写入数据时，能自动在各数据项之间插入（　　），并给各字符串加上（　　）。

5.用二进制方式打开文件，读写的单位是（　　），而用随机方式打开文件读写的单位是（　　）。

6.自定义数据类型也称为（　　）类型，它由若干个（　　）类型组成。使用自定义数据类型前必须先用（　　）语句定义。

**二、选择题**

1.Line Input ♯ 语句的功能是从打开的顺序文件中读出一行数据，直到遇到（　　）为止。

A.换行符　　　　　　　B.逗号　　　　　　　C.句号　　　　　　　D.文件结束符

2.以下叙述中正确的是（　　）。

A.一个记录中所包含的各个元素的数据类型必须相同

B.随机文件中每个记录的长度是固定的

C.Open 命令的作用是打开一个已经存在的文件

D.使用 Input ♯ 语句可以从随机文件中读取数据

3. 以下能判断是否到达文件尾的函数是（　　）。

A. BOF　　　　　　　B. LOC　　　　　　　C. LOF　　　　　　　D. EOF

4. 以下关于文件的叙述中,错误的是（　　）。

A. 顺序文件中的记录一个接一个地顺序存放

B. 随机文件中记录的长度是随机的

C. 执行打开文件的命令后,自动生成一个文件指针

D. LOF 函数返回给文件分配的字节数

5. 设有如下的用户定义类型:

```
Type Student
    number As String
    name As String
    age As Integer
End Type
```

则以下正确引用该类型成员的代码是（　　）。

A. Student. name＝"李明"

B. Dim s As Student

C. Dim s As Type Student

　　s. name＝"李明"

D. Dim s As Type

　　S. name＝"李明"

6. 目录列表框的 Path 属性的作用是（　　）。

A. 显示当前驱动器或指定驱动器上的目录结构

B. 显示当前驱动器或指定驱动器上的某目录下的文件名

C. 显示根目录下的文件名

D. 显示该路径下的文件

### 三、简答题

1. 什么是文件? 什么是记录?

2. 根据访问形式,文件分为哪几种类型?

3. 随机文件和二进制文件的读写操作有何不同?

4. 说明 Print ♯ 语句和 Write ♯ 语句的区别。

5. 说明 EOF（　　）和 LOF（　　）函数的功能。

### 四、操作题

1. 编写程序,将文本文件 examp1. txt 和 examp2. txt 合并,要求将 examp2 中的文本添加在文件 examp1 文本的后面。

2. 为例 10-14 应用程序增加一个功能:单击窗体,将二进制文件 Curve1. DAT 中前 10 个字节剔除后重新写入一个新文件,文件名为 Curve2. DAT,文件大小应为 116 个字节。写出 Sub Form_Click()过程的程序代码。